数理统计教程（第二版）学习指导

王震宇　张波睿

中国教育出版传媒集团

高等教育出版社·北京

内容提要

　　本书以王兆军、邹长亮、周永道编著的《数理统计教程》(第二版)为框架,
对其课后习题进行了详细的解答,并对部分难点做出点评。同时,又新增部分习题,
添加了统计计算、回归分析等多个领域的内容,以体现统计学思想。本书可帮助
读者学习解题技巧、领悟统计思想,对使用其他教材的师生也有一定的参考价值。

　　本书可作为高等学校数学类、统计学类以及数据科学相关专业本科生数理统
计课程的习题课教材,也可供其他专业、工程技术人员和统计应用工作者参考。

图书在版编目（CIP）数据

数理统计教程（第二版）学习指导／王震宇，张波
睿编著 . -- 北京：高等教育出版社，2024.10. --（南
开大学统计与数据科学丛书）. -- ISBN 978-7-04
-062660-5

　Ⅰ. O212

中国国家版本馆 CIP 数据核字第 2024PV0224 号

Shuli Tongji Jiaocheng (Di-er Ban) Xuexi Zhidao

策划编辑	张晓丽	责任编辑	杨　帆	封面设计	张　楠　马天驰	版式设计	杜微言
责任绘图	黄云燕	责任校对	吕红颖	责任印制	刘思涵		

出版发行	高等教育出版社		网　　址	http://www.hep.edu.cn
社　　址	北京市西城区德外大街4号			http://www.hep.com.cn
邮政编码	100120		网上订购	http://www.hepmall.com.cn
印　　刷	北京联兴盛业印刷股份有限公司			http://www.hepmall.com
开　　本	787mm×1092mm　1/16			http://www.hepmall.cn
印　　张	12.5			
字　　数	240 千字		版　　次	2024 年10月第 1 版
购书热线	010-58581118		印　　次	2024 年10月第 1 次印刷
咨询电话	400-810-0598		定　　价	29.80 元

本书如有缺页、倒页、脱页等质量问题,请到所购图书销售部门联系调换
版权所有　侵权必究
物 料 号　62660-00

前　言

本书基本涵盖了王兆军、邹长亮、周永道编写的《数理统计教程》(第二版) 全部习题，并给出了详细的解答；同时，在该书习题的基础上，笔者又改编、删减、新增了部分习题，以顺应统计学科与时代的发展。此外，笔者还在部分习题中融入了回归分析、多元统计分析与统计计算等多门课程的内容，力求最大程度地体现统计学思想，以飨读者。

笔者认为，唯有多做题、做难题，才能真正体会统计学定理的微妙之处。以最大似然为例，联合概率密度与最大似然函数在数学上相等，但前者是固定参数下样本的函数，描绘了一组样本出现的可能性，而后者则是固定样本下参数的函数，刻画了参数取各值的似然程度。这般数学与统计学的异同只有在优质的习题中才能深刻领悟。正如我国著名统计学家陈希孺院士在《高等数理统计学》一书的序言中所言："如果通过一个基础课的学习，只是记住了若干概念，背了几个定理，而未能在这方面有所长进，那就真是入宝山而空返了。"由此可见习题的重要性。

由于经历有限，笔者所接触的大部分习题解答往往是高屋建瓴，从答案反推过程，以精练的语言给出最简洁的方法。此举不失为帮助读者尽快掌握各个定理的好方法，但难以与读者产生共鸣。因此，本书的习题解答采用读者的视角，以常用的解题技巧入手，逐步分析、化归、剖解各个习题，让读者能在解题过程中学到统计思想，体会解题乐趣。

尽管本书是一本习题解答，但笔者并不建议广大读者在初学阶段将其视为作业题的辅助，而是作为一份"备而少用"的参考。"世之奇伟、瑰怪、非常之观，常在于险远，而人之所罕至焉，故非有志者不能至也。"解题如探险，只有经过艰苦奋斗后抵达终点，才能体会到无穷的乐趣与成就感。

在编写本书的过程中，笔者参阅了多位学者的书籍与讲义，如陈希孺院士的《高等数理统计学》、复旦大学编写的《概率论》、南开大学"数理统计"课程多名助教的工作记录、南开大学毕业生王云龙整理的数理统计答案等，这些著作和资料为本书的编写提供了许多宝贵的材料。同时，本书的成稿离不开王兆军教授的大力支持与辛勤教学，以及无数南开统计人的建议与帮助，这无愧是南开统计的集体成果。笔者谨借此机会，对上述学者表示衷心的感谢！

由于笔者的统训专业知识有限，编写过程中难免会有些许纰漏，诚恳希望广大读者与同行专家不吝赐教。

编者

2024 年 3 月于南开园

目　录

1

第 1 章
基 本 概 念

1. 设 $X_1, \cdots, X_n$ 为来自总体分布 $F(x)$ 的 IID 样本, 记其经验分布函数为 $F_n(x)$, 试证对于任意给定的 $x \in \mathbf{R}$, 有

$$E(F_n(x)) = F(x), \quad \operatorname{Var}(F_n(x)) = \frac{1}{n}F(x)(1 - F(x)).$$

证明. 由 $F_n(x)$ 的定义可知

$$F_n(x) = \frac{1}{n}\sum_{i=1}^{n} I_{(X_i < x)},$$

不妨令 $Y_i = I_{(X_i < x)}, \forall x \in \mathbf{R}$, 则

$$P\{Y_i = 1\} = P\{X_i < x\} = F(x), \quad P\{Y_i = 0\} = 1 - F(x),$$

由 Bernoulli 分布定义可知 $Y_i \sim b(1, F(x))$. 而

$$F_n(x) = \frac{1}{n}\sum_{i=1}^{n} Y_i,$$

根据 $X_1, \cdots, X_n$ IID 可得 $Y_1, \cdots, Y_n$ IID, 且由二项分布性质可知

$$E(Y_i) = F(x), \quad \operatorname{Var}(Y_i) = F(x)(1 - F(x)).$$

因此

$$E(F_n(x)) = E\left(\frac{1}{n}\sum_{i=1}^{n} Y_i\right) = \frac{1}{n}\sum_{i=1}^{n} E(Y_i) = F(x),$$

$$\operatorname{Var}(F_n(x)) = \operatorname{Var}\left(\frac{1}{n}\sum_{i=1}^{n} Y_i\right) = \frac{1}{n^2}\sum_{i=1}^{n} \operatorname{Var}(Y_i) = \frac{1}{n}F(x)(1 - F(x)). \quad \Box$$

2. 设 $X_1, \cdots, X_n$ 为来自总体分布 $F(x)$ 的 IID 样本, 记其经验分布函数为 $F_n(x)$, 试证对于任意给定的 $x \in \mathbf{R}$, 有

$$F_n(x) \xrightarrow{P} F(x).$$

证明. **法 1:** 由 $F_n(x)$ 的定义可知

$$F_n(x) = \frac{1}{n}\sum_{i=1}^{n} I_{(X_i < x)},$$

不妨令 $Y_i = I_{(X_i < x)}, \forall x \in \mathbf{R}$, 则

$$P\{Y_i = 1\} = P\{X_i < x\} = F(x), \quad P\{Y_i = 0\} = 1 - F(x),$$

由 Bernoulli 分布定义可知 $Y_i \sim b(1, F(x))$. 而

$$F_n(x) = \frac{1}{n}\sum_{i=1}^{n} Y_i,$$

根据 $X_1, \cdots, X_n$ IID 可得 $Y_1, \cdots, Y_n$ IID, 且由二项分布性质可知

$$E(Y_i) = F(x), \quad \mathrm{Var}(Y_i) = F(x)(1 - F(x)).$$

根据大数定律知:

$$\frac{1}{n} \sum_{i=1}^{n} Y_i \xrightarrow{P} E(Y_i) = F(x),$$

即

$$F_n(x) \xrightarrow{P} F(x).$$

法 2: 不妨直接由依概率收敛的定义入手. 我们已知 $E(F_n(x)) = F(x)$, 根据 Chebyshev 不等式: 对 $\forall \varepsilon > 0$,

$$P\{|F_n(x) - F(x)| \geqslant \varepsilon\} \leqslant \frac{\mathrm{Var}(F_n(x))}{\varepsilon^2} = \frac{F(x)(1 - F(x))}{n\varepsilon^2} \to 0 \quad (n \to \infty),$$

故有

$$F_n(x) \xrightarrow{P} F(x). \qquad \square$$

3. 设 $X_1, \cdots, X_{n+1}$ 为来自总体 X 的 IID 样本, 试证明

$$S_{n+1}^{*2} = \frac{n}{n+1}\left[S_n^{*2} + \frac{1}{n+1}(X_{n+1} - \bar{X}_n)^2\right].$$

证明. 我们先证明一个常用的化简公式:

$$(n-1)S_n^2 = nS_n^{*2} = \sum_{i=1}^{n}(X_i - \bar{X})^2$$

$$= \sum_{i=1}^{n}(X_i^2 - 2X_i\bar{X} + \bar{X}^2)$$

$$= \sum_{i=1}^{n}X_i^2 - 2\bar{X}\sum_{i=1}^{n}X_i + n\bar{X}^2$$

$$= \sum_{i=1}^{n}X_i^2 - 2n\bar{X}^2 + n\bar{X}^2$$

$$= \sum_{i=1}^{n}X_i^2 - n\bar{X}^2,$$

在本题中:

$$S_{n+1}^{*2} = \frac{1}{n+1}\sum_{i=1}^{n+1}(X_i - \bar{X}_{n+1})^2$$

$$= \frac{1}{n+1}\left[\sum_{i=1}^{n+1}X_i^2 - (n+1)\bar{X}_{n+1}^2\right]$$

$$= \frac{1}{n+1}\left[\sum_{i=1}^{n+1}X_i^2 - \frac{(n\bar{X}_n+X_{n+1})^2}{n+1}\right]$$

$$= \frac{1}{n+1}\left[\sum_{i=1}^{n+1}X_i^2 - \frac{n^2\bar{X}_n^2}{n+1} - \frac{X_{n+1}^2}{n+1} - \frac{2n\bar{X}_nX_{n+1}}{n+1}\right]$$

$$= \frac{1}{n+1}\left[\sum_{i=1}^{n}X_i^2 - n\bar{X}_n^2 + \frac{n}{n+1}(\bar{X}_n^2+X_{n+1}^2-2\bar{X}_nX_{n+1})\right]$$

$$= \frac{1}{n+1}\left[nS_n^{*2} + \frac{n}{n+1}(X_{n+1}-\bar{X}_n)^2\right]$$

$$= \frac{n}{n+1}\left[S_n^{*2} + \frac{1}{n+1}(X_{n+1}-\bar{X}_n)^2\right],$$

故原式得证. □

4. 设 $X_1,\cdots,X_n$ 为来自 $N(0,\sigma^2)$ 的 IID 样本, $\boldsymbol{A}=(a_{ij})$ 是一 n 阶正交矩阵, $\boldsymbol{c}=(c_1,\cdots,c_n)^{\mathrm{T}}$ 为一 n 维常向量, 记 $\boldsymbol{X}=(X_1,\cdots,X_n)^{\mathrm{T}}$, 证明 $\boldsymbol{Y}=\boldsymbol{A}\boldsymbol{X}+\boldsymbol{c}$ 的各分量相互独立, 且分别服从 $N(c_i,\sigma^2)$.

证明. **法 1:** 由 $X_1,\cdots,X_n \overset{\text{IID}}{\sim} N(0,\sigma^2)$ 可知

$$f(\boldsymbol{x}) = (2\pi\sigma^2)^{-\frac{n}{2}}\exp\left\{-\frac{1}{2\sigma^2}\boldsymbol{x}^{\mathrm{T}}\boldsymbol{x}\right\},$$

又 $\boldsymbol{Y}=\boldsymbol{A}\boldsymbol{X}+\boldsymbol{c}$, 故根据密度变换公式知

$$f(\boldsymbol{y}) = (2\pi\sigma^2)^{-\frac{n}{2}}|\boldsymbol{A}|\exp\left\{-\frac{(\boldsymbol{A}^{\mathrm{T}}(\boldsymbol{y}-\boldsymbol{c}))^{\mathrm{T}}(\boldsymbol{A}^{\mathrm{T}}(\boldsymbol{y}-\boldsymbol{c}))}{2\sigma^2}\right\}.$$

注意到 $\boldsymbol{A}$ 是正交矩阵, 故 $|\boldsymbol{A}|=1$, $\boldsymbol{A}^{\mathrm{T}}\boldsymbol{A}=\boldsymbol{I}$, 则 $\boldsymbol{Y}$ 的密度函数为

$$f(\boldsymbol{y}) = (2\pi\sigma^2)^{-\frac{n}{2}}\exp\left\{-\frac{(\boldsymbol{y}-\boldsymbol{c})^{\mathrm{T}}(\boldsymbol{y}-\boldsymbol{c})}{2\sigma^2}\right\}$$

$$= \prod_{i=1}^{n}(2\pi\sigma^2)^{-\frac{n}{2}}\exp\left\{-\frac{1}{2\sigma^2}(y_i-c_i)^2\right\},$$

故 $Y_1,\cdots,Y_n$ 相互独立, 且 $Y_i \sim N(c_i,\sigma^2)$.

法 2: 由多元统计分析知识可知: $\boldsymbol{X} \sim N_n(\boldsymbol{0},\sigma^2\boldsymbol{I}_n)$, 故

$$\boldsymbol{A}\boldsymbol{X}+\boldsymbol{c} \sim N_n(\boldsymbol{A}\cdot\boldsymbol{0}+\boldsymbol{c}, \sigma^2\boldsymbol{A}\boldsymbol{I}_n\boldsymbol{A}^{\mathrm{T}}),$$

即

$$\boldsymbol{Y}=\boldsymbol{A}\boldsymbol{X}+\boldsymbol{c} \sim N_n(\boldsymbol{c},\sigma^2\boldsymbol{I}).$$

因而 $Y_1,\cdots,Y_n$ 相互独立, 且 $Y_i \sim N(c_i,\sigma^2)$. □

5. 设 $X_1, \cdots, X_8$ 为来自 $N(0,1)$ 的 IID 样本, $Y = (X_1 + \cdots + X_4)^2 + (X_5 + \cdots + X_8)^2$, 试求常数 c, 使 cY 服从 χ^2 分布.

解. 由 $X_1, \cdots, X_8 \overset{\text{IID}}{\sim} N(0,1)$ 知

$$Y_1 = X_1 + \cdots + X_4 \sim N(0,4), \quad Y_2 = X_5 + \cdots + X_8 \sim N(0,4),$$

且 Y_1 与 Y_2 独立.

由于 $\frac{Y_1}{2}, \frac{Y_2}{2} \overset{\text{IID}}{\sim} N(0,1)$, 故

$$\left(\frac{Y_1}{2} \right)^2 + \left(\frac{Y_2}{2} \right)^2 \sim \chi^2(2),$$

即 $c = \frac{1}{4}$ 符合题意. 此外, 我们可以进一步验证 c 的唯一性.

由题意 $cY = cY_1^2 + cY_2^2$ 服从 χ^2 分布, 不妨计算其期望

$$E(cY) = cE(Y_1^2 + Y_2^2) = 4c \cdot E\left(\frac{Y_1^2}{4} + \frac{Y_2^2}{4} \right),$$

已知 $\frac{Y_1^2}{4} + \frac{Y_2^2}{4} \sim \chi^2(2)$, 根据 χ^2 分布性质可知 $E(cY) = 4c \cdot 2 = 8c$, 同理可得方差

$$\mathrm{Var}(cY) = c^2 \mathrm{Var}(Y) = c^2 \mathrm{Var}(Y_1^2 + Y_2^2) = 16c^2 \mathrm{Var}\left(\frac{Y_1^2}{4} + \frac{Y_2^2}{4} \right) = 64c^2.$$

又由 χ^2 分布的性质知: $64c^2 = 8c \cdot 2$, 且 $c \neq 0$, 故 $c = \frac{1}{4}$.

由此可知 $c = \frac{1}{4}$. □

6. 设 $X_1, \cdots, X_4$ 为来自 $N(0,1)$ 的 IID 样本, $X = a(X_1 - 2X_2)^2 + b(3X_3 - 4X_4)^2$, 试求 a, b, 使 X 服从 χ^2 分布.

解. 由题意 $X_1, \cdots, X_4 \overset{\text{IID}}{\sim} N(0,1)$, 不妨令

$$Y_1 = X_1 - 2X_2 \sim N(0,5), \quad Y_2 = 3X_3 - 4X_4 \sim N(0,25),$$

且 Y_1 与 Y_2 独立, 从而 $\frac{Y_1}{\sqrt{5}}, \frac{Y_2}{5} \overset{\text{IID}}{\sim} N(0,1)$.

情形 1: 自由度为 2.

$$\left(\frac{Y_1}{\sqrt{5}} \right)^2 + \left(\frac{Y_2}{5} \right)^2 \sim \chi^2(2),$$

即

$$\frac{1}{5}Y_1^2 + \frac{1}{25}Y_2^2 \sim \chi^2(2),$$

故可知

$$a = \frac{1}{5}, b = \frac{1}{25}.$$

情形 2: 自由度为 1.

$$a = \frac{1}{5}, b = 0 \text{ 或 } a = 0, b = \frac{1}{25}. \qquad \square$$

7. 设 $X_1, \cdots, X_n$ 为来自 $N(\mu, \sigma^2)$ 的 IID 样本, 请问当 k 为多少时,

$$P\{\bar{X} > \mu + kS_n\} = 0.95?$$

解. 由 $X_1, \cdots, X_n \overset{\text{IID}}{\sim} N(\mu, \sigma^2)$ 知 $\frac{\sqrt{n}(\bar{X}-\mu)}{S_n} \sim t(n-1)$, 故

$$P\{\bar{X} > \mu + kS_n\} = P\left\{\frac{\sqrt{n}(\bar{X}-\mu)}{S_n} > k\sqrt{n}\right\} = 0.95,$$

因而 $k\sqrt{n} = -t_{0.05}(n-1)$, 即

$$k = -\frac{1}{\sqrt{n}}t_{0.05}(n-1). \qquad \square$$

*8. 设 $X_1, \cdots, X_n$ 为来自某总体 $X \sim F$ 的 IID 样本, 且 $E(X) = \mu$, $\text{Var}(X) = \sigma^2$. 记 $T_n = \frac{\sqrt{n}(\bar{X}-\mu)}{\sigma}$, 则在某些连续性假设下, 证明: T_n 的分布函数可展成如下形式:

$$\Phi(x) - \phi(x)\left[\frac{\gamma_1}{6\sqrt{n}}H_2(x) + \frac{1}{n}\left(\frac{\gamma_2}{24}H_3(x) + \frac{\gamma_1^2}{72}H_5(x)\right) + r_n\right],$$

其中 γ_1, γ_2 分别为总体 X 的偏度与峰度, $r_n = o(n^{-1})$, $H_r(\cdot)$ 为 r 阶 Hermite 多项式, 其定义如下: $\frac{\mathrm{d}^r(\mathrm{e}^{-x^2/2})}{\mathrm{d}x^r} = (-1)^r H_r(x)\mathrm{e}^{-x^2/2}$. 上述展开式被称为 Edgeworth 展开.

证明. 不失一般性, 我们假设 $\mu = 0$, $\sigma^2 = 1$, 对于一般的 μ, σ^2, 我们只需将 x_j 替换为 $\frac{x_j - \mu}{\sigma}$ 即可. 由题意可知

$$\gamma_1 = E(X_1^3), \quad \gamma_2 = E(X_1^4) - 3, \quad T_n = \frac{1}{\sqrt{n}}\sum_{i=1}^{n} X_i.$$

不妨记 $\varphi_1(t) = E(\mathrm{e}^{\mathrm{i}tX_1/\sqrt{n}})$ 为 $X_1/\sqrt{n}$ 的特征函数. 将 $\mathrm{e}^{\mathrm{i}tX_1/\sqrt{n}}$ 在 $t = 0$ 处 Taylor 展开有

$$\varphi_1(t) = E\left[1 + \frac{\mathrm{i}tX_1}{\sqrt{n}} + \frac{(\mathrm{i}t)^2 X_1^2}{2n} + \frac{(\mathrm{i}t)^3 X_1^3}{6n\sqrt{n}} + \frac{(\mathrm{i}t)^4 X_1^4}{24n^2} + o\left(\frac{1}{n^2}\right)\right]$$

$$= \left(1 - \frac{t^2}{2n}\right) + \frac{(\mathrm{i}t)^3 \gamma_1}{6n\sqrt{n}} + \frac{(\mathrm{i}t)^4(\gamma_2 + 3)}{24n^2} + o\left(\frac{1}{n^2}\right),$$

因而

$$\varphi_{T_n}(t) = [\varphi_1(t)]^n$$

$$= \left(1 - \frac{t^2}{2n}\right)^n + \left(1 - \frac{t^2}{2n}\right)^{n-1}\left[\frac{(\mathrm{i}t)^3 \gamma_1}{6\sqrt{n}} + \frac{(\mathrm{i}t)^4(\gamma_2 + 3)}{24n}\right] +$$

$$\left(1 - \frac{t^2}{2n}\right)^{n-2} \frac{(n-1)(\mathrm{i}t)^6\gamma_1^2}{72n^2} + o\left(\frac{1}{n}\right),$$

由于

$$\left(1 + \frac{a}{n}\right)^{n-k} = \mathrm{e}^a\left[1 - \frac{a(a+2k)}{2n}\right] + o\left(\frac{1}{n}\right), \qquad (*)$$

故

$$\varphi_{T_n}(t) = \mathrm{e}^{-\frac{t^2}{2}}\left(1 - \frac{t^4}{8n}\right) + \mathrm{e}^{-\frac{t^2}{2}}\left(1 - \frac{\frac{t^4}{4} - t^2}{2n}\right)\left[\frac{(\mathrm{i}t)^3\gamma_1}{6\sqrt{n}} + \frac{(\mathrm{i}t)^4(\gamma_2+3)}{24n}\right] +$$

$$\mathrm{e}^{-\frac{t^2}{2}}\left(1 - \frac{\frac{t^4}{4} - 2t^2}{2n}\right)\frac{(n-1)(\mathrm{i}t)^6\gamma_1^2}{72n^2} + o\left(\frac{1}{n}\right)$$

$$= \mathrm{e}^{-\frac{t^2}{2}}\left[1 - \frac{t^4}{8n} + \frac{(\mathrm{i}t)^3\gamma_1}{6\sqrt{n}} + \frac{(\mathrm{i}t)^4(\gamma_2+3)}{24n} + \frac{n(\mathrm{i}t)^6\gamma_1^2}{72n^2}\right] + o\left(\frac{1}{n}\right)$$

$$= \mathrm{e}^{-\frac{t^2}{2}}\left[1 + \frac{(\mathrm{i}t)^3\gamma_1}{6\sqrt{n}} + \frac{(\mathrm{i}t)^4\gamma_2}{24n} + \frac{(\mathrm{i}t)^6\gamma_1^2}{72n}\right] + o\left(\frac{1}{n}\right),$$

由逆转公式可知, T_n 的 PDF $g(x)$ 满足

$$g(x) = \frac{1}{2\pi}\int_{-\infty}^{\infty} \mathrm{e}^{-\mathrm{i}tx}\varphi_{T_n}(t)\mathrm{d}t$$

$$= \frac{1}{2\pi}\left(\int_{-\infty}^{\infty} \mathrm{e}^{-\mathrm{i}tx}\mathrm{e}^{-\frac{t^2}{2}}\mathrm{d}t + \frac{\gamma_1}{6\sqrt{n}}\int_{-\infty}^{\infty} \mathrm{e}^{-\mathrm{i}tx}\mathrm{e}^{-\frac{t^2}{2}}(\mathrm{i}t)^3\mathrm{d}t +\right.$$

$$\left.\frac{\gamma_2}{24n}\int_{-\infty}^{\infty} \mathrm{e}^{-\mathrm{i}tx}\mathrm{e}^{-\frac{t^2}{2}}(\mathrm{i}t)^4\mathrm{d}t + \frac{\gamma_1^2}{72n}\int_{-\infty}^{\infty} \mathrm{e}^{-\mathrm{i}tx}\mathrm{e}^{-\frac{t^2}{2}}(\mathrm{i}t)^6\mathrm{d}t\right) + o\left(\frac{1}{n}\right).$$

注意到, 对 $\forall k \in \mathbf{N}^*$ 有

$$\frac{1}{2\pi}\int_{-\infty}^{\infty} \mathrm{e}^{-\mathrm{i}tx}\mathrm{e}^{-\frac{t^2}{2}}(\mathrm{i}t)^k\mathrm{d}t = \frac{(-1)^k}{2\pi}\frac{\mathrm{d}^k}{\mathrm{d}x^k}\int_{-\infty}^{\infty} \mathrm{e}^{-\mathrm{i}tx}\mathrm{e}^{-\frac{t^2}{2}}\mathrm{d}t$$

$$= (-1)^k\frac{\mathrm{d}^k}{\mathrm{d}x^k}\phi(x)$$

$$= H_k(x)\phi(x),$$

故可得

$$g(x) = \phi(x)\left(1 + \frac{\gamma_1}{6\sqrt{n}}H_3(x) + \frac{\gamma_2}{24n}H_4(x) + \frac{\gamma_1^2}{72n}H_6(x)\right) + r_n.$$

又注意到 $\frac{\mathrm{d}^r(\mathrm{e}^{-x^2/2})}{\mathrm{d}x^r} = (-1)^r H_r(x)\mathrm{e}^{-x^2/2}$, 因而

$$(-1)^r\frac{\mathrm{d}^r}{\mathrm{d}x^r}\phi(x) = H_r(x)\phi(x),$$

对等式两端求导可得

$$\frac{\mathrm{d}}{\mathrm{d}x}[H_r(x)\phi(x)] = -H_{r+1}(x)\phi(x),$$

因此 T_n 的分布函数 $G(x)$ 满足

$$G(x) = \Phi(x) + \frac{\gamma_1}{6\sqrt{n}}[-H_2(x)\phi(x)] + \frac{\gamma_2}{24n}[-H_3(x)\phi(x)] +$$

$$\frac{\gamma_1^2}{72n}[-H_5(x)\phi(x)] + o\left(\frac{1}{n}\right)$$

$$= \Phi(x) - \phi(x)\left[\frac{\gamma_1}{6\sqrt{n}}H_2(x) + \frac{\gamma_2}{24n}H_3(x) + \frac{\gamma_1^2}{72n}H_5(x)\right] + r_n$$

$$= \Phi(x) - \phi(x)\left[\frac{\gamma_1}{6\sqrt{n}}H_2(x) + \frac{1}{n}\left(\frac{\gamma_2}{24}H_3(x) + \frac{\gamma_1^2}{72}H_5(x)\right)\right] + r_n.$$

最后由 $0 < \phi(x) \leqslant \phi(0)$ 可知 r_n 与 $-\phi(x)r_n$ 等价. 故有

$$G(x) = \Phi(x) - \phi(x)\left[\frac{\gamma_1}{6\sqrt{n}}H_2(x) + \frac{1}{n}\left(\frac{\gamma_2}{24}H_3(x) + \frac{\gamma_1^2}{72}H_5(x)\right) + r_n\right].$$

下面证明 $(*)$ 式:

$$\left(1 + \frac{a}{n}\right)^{n-k} = \exp\left\{(n-k)\log\left(1 + \frac{a}{n}\right)\right\}$$

$$= \exp\left\{(n-k)\left[\frac{a}{n} - \frac{a^2}{2n^2} + o\left(\frac{1}{n^2}\right)\right]\right\}$$

$$= \exp\left\{a - \frac{ka}{n} - \frac{a^2}{2n} + o\left(\frac{1}{n}\right)\right\}$$

$$= \mathrm{e}^a \cdot \exp\left\{-\frac{a(a+2k)}{2n} + o\left(\frac{1}{n}\right)\right\}$$

$$= \mathrm{e}^a\left[1 - \frac{a(a+2k)}{2n}\right] + o\left(\frac{1}{n}\right),$$

原式得证. □

9. 由上述 Edgeworth 展开, 请验证: T_n 的 α 分位数可以近似为

$$u_\alpha + \frac{\gamma_1}{6\sqrt{n}}(u_\alpha^2 - 1) + \frac{\gamma_2}{24n}(u_\alpha^3 - 3u_\alpha) - \frac{\gamma_1^2}{36n}(2u_\alpha^3 - 5u_\alpha) + r_n,$$

其中 u_α 为标准正态分布的 α 分位数, 且上述展式被称为 Fisher–Cornish 展开.

证明. 由 Hermite 多项式定义知:

$$H_2(x) = x^2 - 1, H_3(x) = x^3 - 3x, H_5(x) = x^5 - 10x^3 + 15x.$$

不妨令

$$x = u_\alpha + \frac{\gamma_1}{6\sqrt{n}}(u_\alpha^2 - 1) + \frac{\gamma_2}{24n}(u_\alpha^3 - 3u_\alpha) + \frac{\gamma_1^2}{36n}(2u_\alpha^3 - 5u_\alpha) + r_n,$$

将 $\Phi(x)$ 在 u_α 点展开, 则有

$$\Phi(x) = \alpha + \phi(u_\alpha)\frac{\gamma_1}{6\sqrt{n}}(u_\alpha^2 - 1) + \phi(u_\alpha)\frac{\gamma_2}{24n}(u_\alpha^3 - 3u_\alpha) -$$

$$\phi(u_\alpha)\frac{\gamma_1^2}{72n}(u_\alpha^5 + 2u_\alpha^3 - 9u_\alpha) + o(n^{-1}),$$

而

$$\phi(x) = \phi(u_\alpha) - \phi(u_\alpha)u_\alpha\frac{\gamma_1}{6\sqrt{n}} + o(n^{-1}),$$

且

$$\frac{\gamma_1}{6\sqrt{n}}H_2(x) + \frac{1}{n}\left(\frac{\gamma_2}{24}H_3(x) + \frac{\gamma_1^2}{72}H_5(x)\right)$$

$$= \frac{\gamma_1}{6\sqrt{n}}(u_\alpha^2 - 1) + \frac{\gamma_1^2}{18n}(u_\alpha^3 - 3u_\alpha) + \frac{\gamma_2}{24n}(u_\alpha^3 - 3u_\alpha) +$$

$$\frac{\gamma_1^2}{72n}(u_\alpha^5 - 10u_\alpha^3 + 15u_\alpha) + o(n^{-1}),$$

代入上面结果可得

$$\Phi(x) - \phi(x)\left[\frac{\gamma_1}{6\sqrt{n}}H_2(x) + \frac{1}{n}\left(\frac{\gamma_2}{24}H_3(x) + \frac{\gamma_1^2}{72}H_5(x)\right)\right] + r_n = \alpha,$$

则由左式为分布函数的近似知, x 是 T_n 的 α 分位数.   □

习题讲解视频

10. $X_1, \cdots, X_n$ 为来自总体 $X \sim F$ 的 IID 样本, 总体概率密度函数为 $f(x)$, 证明对于给定的 $1 \leqslant j \leqslant k \leqslant n$, 统计量 $X_{(j)}$ 与 $X_{(k)}$ 的联合概率密度函数为

$$f_{j,k}(x,y) = \begin{cases} \dfrac{n!}{(j-1)!(k-j-1)!(n-k)!}F^{j-1}(x)[F(y) - F(x)]^{k-j-1} \cdot \\ [1 - F(y)]^{n-k}f(x)f(y), & x < y, \\ 0, & \text{其他.} \end{cases}$$

证明. 不妨将其化为多项分布, 求解 $P\{x \leqslant X_{(j)} < x + \Delta x, y \leqslant X_{(k)} < y + \Delta y\}$, 即:

① 在 $(-\infty, x)$ 内有 $j - 1$ 个样本;

② 在 $(x, x + \Delta x)$ 内有 1 个样本;

③ 在 $(x + \Delta x, y)$ 内有 $k - j - 1$ 个样本;

④ 在 $(y, y + \Delta y)$ 内有 1 个样本;

⑤ 在 $(y + \Delta y, \infty)$ 内有 $n - k$ 个样本. 故有

$$P\left\{x \leqslant X_{(j)} < x + \Delta x, y \leqslant X_{(k)} < y + \Delta y\right\}$$

$$= \frac{n!}{(j-1)!1!(k-j-1)!1!(n-k)!}\left[F(x)\right]^{j-1}f(x)\Delta x \cdot$$

$$\left[F(y)-F(x+\Delta x)\right]^{k-j-1}f(y)\Delta y\left[1-F(y+\Delta y)\right]^{n-k}.$$

由 CDF 与 PDF 之间的关系可知:

$$f_{j,k}(x,y)$$

$$= \lim_{\substack{\Delta x \to 0 \\ \Delta y \to 0}} \frac{P\left\{x \leqslant X_{(j)} < x+\Delta x, y \leqslant X_{(k)} < y+\Delta y\right\}}{\Delta x \Delta y}$$

$$= \begin{cases} \dfrac{n!}{(j-1)!(k-j-1)!(n-k)!}F^{j-1}(x)[F(y)-F(x)]^{k-j-1}[1-F(y)]^{n-k}f(x)f(y), & x<y, \\ 0, & \text{其他}. \end{cases}$$

$\square$

11. 设 $X_1, \cdots, X_{n+1}$ 为来自 $N(\mu, \sigma^2)$ 的 IID 样本, 试求统计量

$$T = \frac{X_{n+1} - \bar{X}_n}{S_n^*}\sqrt{\frac{n-1}{n+1}}$$

的抽样分布.

解. 由 $X_1, \cdots, X_{n+1} \overset{\text{IID}}{\sim} N(\mu, \sigma^2)$ 可知

$$X_{n+1} \sim N(\mu, \sigma^2), \quad \bar{X}_n \sim N\left(\mu, \frac{\sigma^2}{n}\right),$$

且 X_{n+1} 与 $\bar{X}_n$ 独立, 因此

$$X_{n+1} - \bar{X}_n \sim N\left(0, \frac{n+1}{n}\sigma^2\right).$$

又因为

$$nS_n^{*2} = (n+1)S_n^2 \sim \sigma^2\chi^2(n-1),$$

且 $\bar{X}_n$ 与 X_{n+1} 均与 S_n^{*2} 独立, 故 $\bar{X}_n - X_{n+1}$ 与 S_n^{*2} 独立. 由 t 分布的定义可知:

$$\frac{\frac{X_{n+1}-\bar{X}_n}{\sqrt{\frac{n+1}{n}\sigma^2}}}{\sqrt{\frac{nS_n^{*2}}{(n-1)\sigma^2}}} = \frac{X_{n+1}-\bar{X}_n}{S_n^*}\sqrt{\frac{n-1}{n+1}} \sim t(n-1). \qquad \square$$

12. 设 $X_1, \cdots, X_{m+n}$ 为来自 $N(0, \sigma^2)$ 的 IID 样本, 试求统计量

$$Z = \sqrt{\frac{m}{n}}\frac{\sum\limits_{i=1}^{n} X_i}{\sqrt{\sum\limits_{i=n+1}^{n+m} X_i^2}}, \quad F = \frac{m}{n}\frac{\sum\limits_{i=1}^{n} X_i^2}{\sum\limits_{i=n+1}^{n+m} X_i^2}$$

的抽样分布.

解. 由 $X_1, \cdots, X_{m+n} \overset{\text{IID}}{\sim} N(0, \sigma^2)$ 知

$$\sum_{i=1}^{n} X_i \sim N(0, n\sigma^2), \quad \sum_{i=n+1}^{n+m} (X_i/\sigma)^2 \sim \chi^2(m)$$

且两者独立, 故由 t 分布定义可知

$$\frac{\frac{1}{\sqrt{n}\sigma} \sum_{i=1}^{n} X_i}{\sqrt{\sum_{i=n+1}^{n+m} (X_i/\sigma)^2/m}} \sim t(m),$$

即 $Z \sim t(m)$. 同理可知

$$\sum_{i=1}^{n} (X_i/\sigma)^2 \sim \chi^2(n), \quad \sum_{i=n+1}^{n+m} (X_i/\sigma)^2 \sim \chi^2(m)$$

且两者独立. 由 F 分布定义可知

$$\frac{\sum_{i=1}^{n} (\frac{X_i}{\sigma})^2/n}{\sum_{i=n+1}^{n+m} (\frac{X_i}{\sigma})^2/m} \sim F(n, m),$$

即 $F \sim F(n, m)$. □

13. 设随机变量 X, Y 相互独立且均服从 $N(0, \sigma^2)$, 则

(1) $X^2 + Y^2$ 与 $X/\sqrt{X^2 + Y^2}$ 相互独立;

(2) $\Theta = \arcsin \frac{X}{\sqrt{X^2+Y^2}}$ 服从 $(-\pi/2, \pi/2)$ 上的均匀分布;

(3) X/Y 服从 Cauchy 分布.

证明. (1) 由 X, Y 相互独立且服从 $N(0, \sigma^2)$ 可知

$$f(x, y) = f_X(x) f_Y(y)$$
$$= \frac{1}{\sqrt{2\pi}\sigma} e^{-\frac{x^2}{2\sigma^2}} \frac{1}{\sqrt{2\pi}\sigma} e^{-\frac{y^2}{2\sigma^2}}$$
$$= \frac{1}{2\pi\sigma^2} e^{-\frac{x^2+y^2}{2\sigma^2}},$$

不妨令 $\begin{cases} X = R\sin\Phi, \\ Y = R\cos\Phi, \end{cases}$ 其中 $R \in [0, +\infty)$, $\Phi \in [0, 2\pi)$.

因此欲证 $X^2 + Y^2$ 与 $X/\sqrt{X^2+Y^2}$ 相互独立, 即证 R^2 与 $\sin\Phi$ 相互独立. 而由概率密度变换公式可得

$$g(r,\theta) = f(r\sin\phi, r\cos\phi)\left|\frac{D(x,y)}{D(r,\phi)}\right|$$
$$= \frac{1}{2\pi\sigma^2}e^{-\frac{r^2}{2\sigma^2}}r$$
$$= \frac{1}{2\pi}\frac{r}{\sigma^2}e^{-\frac{r^2}{2\sigma^2}},$$

即

$$g_R(r) = \frac{r}{\sigma^2}e^{-\frac{r^2}{2\sigma^2}}, \quad g_\Phi(\phi) = \frac{1}{2\pi}, \quad g(r,\phi) = g_R(r)g_\Phi(\phi),$$

故 R 与 Φ 独立, 因而 R^2 与 $\sin\Phi$ 独立.

(2) 由于

$$F_\Theta(\theta) = P\{\Theta \leqslant \theta\} = P\{\arcsin(\sin\Phi) \leqslant \theta\} = P\{\sin\Phi \leqslant \sin\theta\},$$

注意到

$$\theta \in \left[0, \frac{\pi}{2}\right) \text{ 时}, F_\Theta(\theta) = P\left\{0 \leqslant \Phi \leqslant \theta \text{ 或 } \pi - \theta \leqslant \Phi \leqslant 2\pi\right\} = \frac{\pi + 2\theta}{2\pi},$$
$$\theta \in \left(-\frac{\pi}{2}, 0\right) \text{ 时}, F_\Theta(\theta) = P\{\pi - \theta \leqslant \Phi \leqslant 2\pi + \theta\} = \frac{\pi + 2\theta}{2\pi},$$

则

$$f_\Theta(\theta) = F'_\Theta(\theta) = \frac{1}{\pi}, \quad \theta \in \left(-\frac{\pi}{2}, \frac{\pi}{2}\right),$$

故 $\Theta \sim U(-\frac{\pi}{2}, \frac{\pi}{2})$.

(3) 令 $C = \frac{X}{Y} = \tan\Theta$, 则

$$F_C(x) = P\{C \leqslant x\}$$
$$= P\{\tan\Theta \leqslant x\}$$
$$= \frac{1}{2\pi} \cdot 2\left(\arctan x + \frac{\pi}{2}\right)$$
$$= \frac{1}{2} + \frac{1}{\pi}\arctan x,$$

对等式两侧求导可得

$$f_C(x) = \frac{1}{\pi} \cdot \frac{1}{1 + x^2}, \quad x \in (-\infty, +\infty),$$

故 C 服从 Cauchy 分布.

注 1.1. 本题在划定 R 与 Φ 的定义域时, 倘若为了追求第 (2) 问的方便而直接取 $R \in (-\infty, +\infty)$, $\Phi \in (-\frac{\pi}{2}, \frac{\pi}{2})$, 则 $\frac{X}{\sqrt{X^2+Y^2}} = \frac{R\sin\Theta}{|R|} = \sin\Theta \cdot \text{sgn}(R)$, 从而导致第 (1) 问的讨论更复杂. $\quad\square$

14. 设 $X_1, \cdots, X_4$ 为来自 $N(0, \sigma^2)$ 的 IID 样本, $U = \frac{\sqrt{3}X_1}{\sqrt{X_2^2 + X_3^2 + X_4^2}}$, 试求 $E(U), \mathrm{Var}(U)$.

解. 由 $X_1, \cdots, X_4 \overset{\text{IID}}{\sim} N(0, \sigma^2)$ 知

$$X_1/\sigma \sim N(0, 1), \quad (X_2^2 + X_3^2 + X_4^2)/\sigma^2 \sim \chi^2(3),$$

且两者独立. 又由 t 分布的定义可知

$$\frac{X_1/\sigma}{\sqrt{(X_2^2 + X_3^2 + X_4^2)/3\sigma^2}} \sim t(3),$$

即 $U \sim t(3)$, 故 $E(U) = 0$, $\mathrm{Var}(U) = \frac{n}{n-2} = 3$. □

15. 设 $X_1, \cdots, X_{n+1}$ 为来自 $N(\mu, \sigma^2)$ 的 IID 样本, 记 $V_i = X_i - \frac{1}{n+1}\sum_{i=1}^{n+1} X_i$, $i = 1, \cdots, n+1$. 试求 V_i 的分布.

解. 已知 $X_1, \cdots, X_{n+1} \overset{\text{IID}}{\sim} N(\mu, \sigma^2)$, 又

$$V_i = X_i - \frac{1}{n+1}\sum_{i=1}^{n+1} X_i = -\frac{1}{n+1}X_1 - \frac{1}{n+1}X_2 - \cdots + \frac{n}{n+1}X_i - \cdots - \frac{1}{n+1}X_{n+1},$$

故由正态分布的性质可知, V_i 服从正态分布. 而

$$E(V_i) = E\left(\frac{n}{n+1}X_i\right) - nE\left(\frac{1}{n+1}X_1\right) = \frac{n}{n+1}\mu - n \cdot \mu\frac{1}{n+1} = 0,$$

$$\mathrm{Var}(V_i) = \sigma^2\left[\frac{1}{(n+1)^2}\cdot n + \frac{n^2}{(n+1)^2}\right] = \frac{n}{n+1}\sigma^2,$$

故可得 $V_i \sim N(0, \frac{n}{n+1}\sigma^2)$. □

16. 设 $X_1, \cdots, X_m$ 为来自 $N(\mu_1, \sigma^2)$ 的 IID 样本, $Y_1, \cdots, Y_n$ 为来自 $N(\mu_2, \sigma^2)$ 的 IID 样本, 且全样本独立, 又设 a, b 为两个常数, $Z = \frac{a(\bar{X} - \mu_1) + b(\bar{Y} - \mu_2)}{\sqrt{(m-1)S_{1m}^2 + (n-1)S_{2n}^2}}$, 试求常数 c, 使得 cZ 服从 t 分布, 并给出其自由度.

解. 由 $X_1, \cdots, X_m \overset{\text{IID}}{\sim} N(\mu_1, \sigma^2)$, $Y_1, \cdots, Y_n \overset{\text{IID}}{\sim} N(\mu_2, \sigma^2)$ 且全样本独立知

$$\bar{X} \sim N\left(\mu_1, \frac{\sigma^2}{m}\right), \quad \bar{Y} \sim N\left(\mu_2, \frac{\sigma^2}{n}\right)$$

且两者独立. 故有

$$a(\bar{X} - \mu_1) + b(\bar{Y} - \mu_2) \sim N\left(0, \left(\frac{a^2}{m} + \frac{b^2}{n}\right)\sigma^2\right),$$

对其标准化可得

$$a(\bar{X} - \mu_1) + b(\bar{Y} - \mu_2) \Big/ \sqrt{\left(\frac{a^2}{m} + \frac{b^2}{n}\right)\sigma^2} \sim N(0,1).$$

又因为

$$(m-1)S_{1m}^2/\sigma^2 \sim \chi^2(m-1), \quad (n-1)S_{2n}^2/\sigma^2 \sim \chi^2(n-1)$$

且两者独立, 因而由 χ^2 分布的可加性知

$$[(m-1)S_{1m}^2 + (n-1)S_{2n}^2]/\sigma^2 \sim \chi^2(m+n-2),$$

故由 t 分布定义有

$$\frac{\frac{a(\bar{X}-\mu_1)+b(\bar{Y}-\mu_2)}{\sqrt{(\frac{a^2}{m}+\frac{b^2}{n})\sigma^2}}}{\sqrt{\frac{(m-1)S_{1m}^2+(n-1)S_{2n}^2}{\sigma^2(m+n-2)}}} \sim t(m+n-2),$$

化简可得

$$\sqrt{\frac{m+n-2}{\frac{a^2}{m}+\frac{b^2}{n}}} Z \sim t(m+n-2),$$

因此

$$c = \sqrt{\frac{m+n-2}{\frac{a^2}{m}+\frac{b^2}{n}}},$$

cZ 的自由度为 $m+n-2$. □

17. 设 $X_1, \cdots, X_n$ 为来自指数分布 $Exp(\lambda)$ 的 IID 样本, 记 $T = 2\lambda \sum\limits_{i=1}^{n} X_i$, 证明 T 服从 $\chi^2(2n)$.

证明. 由题意知 $X_1, \cdots, X_n \overset{\text{IID}}{\sim} E(\lambda)$, 即 $X_1, \cdots, X_n \overset{\text{IID}}{\sim} \Gamma(1,\lambda)$. 由 Γ 分布形状参数可加性知

$$\sum_{i=1}^{n} X_i \sim \Gamma(n,\lambda),$$

又由 Γ 分布刻度参数可乘性知

$$2\lambda \sum_{i=1}^{n} X_i \sim \Gamma\left(n, \frac{\lambda}{2\lambda}\right)$$

即 $T \sim \Gamma(\frac{2n}{2}, \frac{1}{2}) = \chi^2(2n)$. □

18. 设随机变量 X 服从自由度为 n, m 的 F 分布, 试求 $Y = 1/X$ 的分布, 并证明:

$$Z = \frac{nX}{m+nX} \sim \beta(n/2, m/2).$$

证明. 不妨设 $\xi \sim \chi^2(n)$, $\eta \sim \chi^2(m)$ 且两者独立, 由 $X \sim F(n,m)$ 知

$$X \stackrel{\text{def}}{=\!=} \frac{\xi/n}{\eta/m},$$

故可知

$$Y = \frac{1}{X} = \frac{\eta/m}{\xi/n} \sim F(m,n).$$

而

$$Z = \frac{nX}{m+nX} = \frac{\xi}{\xi+\eta},$$

由 Γ 分布与 β 分布的关系可知

$$\frac{\xi}{\xi+\eta} \sim \beta(n/2, m/2),$$

故 $Z \sim \beta(n/2, m/2)$. □

19. 设 $X_1 \sim \beta(a_1, b_1)$, $X_2 \sim \beta(a_2, b_2)$, $a_1 = a_2 + b_2$, 且 X_1 与 X_2 独立, 则 $Y = X_1 X_2 \sim \beta(a_2, b_1 + b_2)$.

证明. 由 $X_1 \sim \beta(a_1, b_1)$, $X_2 \sim \beta(a_2, b_2)$ 知

$$f_{X_1}(x_1) = \frac{\Gamma(a_1+b_1)}{\Gamma(a_1)\Gamma(b_1)} x_1^{a_1-1} (1-x_1)^{b_1-1},$$

$$f_{X_2}(x_2) = \frac{\Gamma(a_2+b_2)}{\Gamma(a_2)\Gamma(b_2)} x_2^{a_2-1} (1-x_2)^{b_2-1}.$$

又由 X_1 与 X_2 独立可知

$$f(x_1, x_2) = f_{X_1}(x_1) f_{X_2}(x_2)$$
$$= \frac{\Gamma(a_2+b_2+b_1)}{\Gamma(b_1)\Gamma(a_2)\Gamma(b_2)} x_1^{a_1-1} (1-x_1)^{b_1-1} x_2^{a_2-1} (1-x_2)^{b_2-1}.$$

由概率论知识可得

$$f_Y(y) = \int_y^1 f\left(x_1, \frac{y}{x_1}\right) \frac{1}{x_1} \mathrm{d}x_1$$

$$= \int_y^1 \frac{\Gamma(a_2+b_2+b_1)}{\Gamma(b_1)\Gamma(a_2)\Gamma(b_2)} x_1^{a_1-1} (1-x_1)^{b_1-1} \left(\frac{y}{x_1}\right)^{a_2-1} \left(1-\frac{y}{x_1}\right)^{b_2-1} \cdot \frac{1}{x_1} \mathrm{d}x_1$$

$$= y^{a_2-1} \int_y^1 \frac{\Gamma(a_2+b_2+b_1)}{\Gamma(b_1)\Gamma(a_2)\Gamma(b_2)} (1-x_1)^{b_1-1} (x_1-y)^{b_2-1} \mathrm{d}x_1$$

$$= y^{a_2-1} (1-y)^{b_1+b_2-1} \int_y^1 \frac{\Gamma(a_2+b_2+b_1)}{\Gamma(b_1)\Gamma(a_2)\Gamma(b_2)} \left(\frac{1-x_1}{1-y}\right)^{b_1-1} \left(\frac{x_1-y}{1-y}\right)^{b_2-1} \mathrm{d}\left(\frac{x_1-y}{1-y}\right)$$

$$= y^{a_2-1}(1-y)^{b_1+b_2-1} \int_0^1 \frac{\Gamma(a_2+b_2+b_1)}{\Gamma(b_1)\Gamma(a_2)\Gamma(b_2)} t^{b_2-1}(1-t)^{b_1-1}\mathrm{d}t$$

$$= y^{a_2-1}(1-y)^{b_1+b_2-1} \frac{\Gamma(a_2+b_2+b_1)}{\Gamma(b_1)\Gamma(a_2)\Gamma(b_2)} \cdot \frac{\Gamma(b_1)\Gamma(b_2)}{\Gamma(b_1+b_2)}$$

$$= \frac{\Gamma(a_2+b_2+b_1)}{\Gamma(a_2)\Gamma(b_1+b_2)} y^{a_2-1}(1-y)^{b_1+b_2-1},$$

故 $Y \sim \beta(a_2, b_1+b_2)$. $\qquad\square$

20. 设 $X \sim N(0,1), T \sim t(n)$, 则存在一个正数 t_0, 使得

$$P\{|T| \geqslant t_0\} \geqslant P\{|X| \geqslant t_0\}.$$

证明. 不妨令

$$\begin{aligned}
F(t) &= P\{|T| \geqslant t\} - P\{|X| \geqslant t\} \\
&= 2(1 - F_T(t)) - 2(1 - F_X(t)) \\
&= 2F_X(t) - 2F_T(t),
\end{aligned}$$

由正态分布与 t 分布的对称性可知

$$F(0) = 1 - 1 = 0, \quad \lim_{t\to\infty} F(t) = 2 - 2 = 0.$$

又 $F'(t) = 2f_X(t) - 2f_T(t)$, 根据 t 分布的厚尾性可知

$$F'(0) = 2f_X(0) - 2f_T(0) > 0,$$

因此存在 $x_0 \in (0, +\infty)$, 在 $t \in (0, x_0)$ 上 $F'(t) > 0$, 因而对 $\forall t \in (0, x_0)$ 有 $F(t) > 0$. $\qquad\square$

21. 检验下列分布族是否是指数型分布族:

(1) Poisson 分布族;

(2) 双参数指数分布族;

(3) Γ 分布族 $\Gamma(\alpha, \lambda)$;

(4) Cauchy 分布族: $\{f(x, \lambda) = \frac{\lambda}{\pi(\lambda^2+x^2)} : \lambda > 0\}$.

解. (1) 对于 Poisson 分布族

$$f(x; \lambda) = \frac{\lambda^x}{x!}\mathrm{e}^{-\lambda} = \mathrm{e}^{-\lambda} \cdot \exp\{x \ln \lambda\} \frac{1}{x!},$$

即 $c(\lambda) = \mathrm{e}^{-\lambda}$, $T_1(x) = x$, $c_1(\lambda) = \ln \lambda$, $h(x) = \frac{1}{x!}$, 故 Poisson 分布族为指数型分布族.

(2) 对于双参数指数分布族

$$f(x; \lambda, \mu) = \lambda e^{-\lambda(x-\mu)} I_{(x > \mu)},$$

而 $f(x; \lambda, \mu) > 0 \Rightarrow x > \mu$, 即支撑集与参数 μ 相关, 故双参数指数分布族不是指数型分布族.

(3) 对于 Γ 分布族

$$\begin{aligned}
\Gamma(x; \alpha, \lambda) &= \frac{\lambda^\alpha}{\Gamma(\alpha)} x^{\alpha-1} e^{-\lambda x} \\
&= \frac{\lambda^\alpha}{\Gamma(\alpha)} e^{(\alpha-1)\ln x - \lambda x},
\end{aligned}$$

则 $\theta = \binom{\alpha}{\lambda}$, $c(\theta) = \frac{\lambda^\alpha}{\Gamma(\alpha)}$, $T_1(x) = \ln x$, $T_2(x) = x$, $Q_1(\theta) = \alpha - 1$, $Q_2(\theta) = -\lambda$, $h(x) = 1$, 即 Γ 分布族为指数型分布族.

(4) 由于 Cauchy 分布期望不存在, 即一阶矩不存在, 因此 Cauchy 分布族不是指数型分布族. $\qquad \square$

22. 设 $X_1, \cdots, X_n$ 为来自 PDF 为

$$f(x, \theta) = \frac{1}{2} \theta^{-1} \exp(-|x|/\theta), x \in \mathbf{R}, \theta > 0$$

的总体的 IID 样本, 证明: $T = \sum_{i=1}^{n} |X_i|$ 是 θ 的充分统计量.

证明. 由 $X_1, \cdots, X_n \overset{\text{IID}}{\sim} f(x, \theta)$ 可知

$$f_\theta(x_1, \cdots, x_n) = \frac{1}{2^n} \theta^{-n} \exp\left\{ -\sum_{i=1}^{n} |x_i| \Big/ \theta \right\},$$

不妨令

$$g_\theta(T(x_1, \cdots, x_n)) = \frac{1}{2^n} \cdot \frac{1}{\theta^n} \exp\left\{ -\sum_{i=1}^{n} |x_i| \Big/ \theta \right\},$$

$$h(x_1, \cdots, x_n) = 1,$$

其中 $T(x_1, \cdots, x_n) = \sum_{i=1}^{n} |x_i|$, 故由因子分解定理可知, $T = \sum_{i=1}^{n} |X_i|$ 为 θ 的充分统计量. $\qquad \square$

23. 设 $X_1, \cdots, X_n$ 为来自均匀分布族 $\{U(\theta_1, \theta_2) : -\infty < \theta_1 < \theta_2 < \infty\}$ 的 IID 样本, 证明: $(X_{(1)}, X_{(n)})$ 是 (θ_1, θ_2) 的充分统计量.

证明. 由 $X_1, \cdots, X_n \overset{\text{IID}}{\sim} U(\theta_1, \theta_2)$ 知

$$f(x) = \frac{1}{\theta_2 - \theta_1} I_{(\theta_1 < x < \theta_2)},$$

因而

$$f_\theta(x_1, \cdots, x_n) = \frac{1}{(\theta_2 - \theta_1)^n} I_{(\theta_1 < X_{(1)} \leqslant X_{(n)} \leqslant \theta_2)}.$$

不妨令

$$g_\theta(x_1, \cdots, x_n) = \frac{1}{(\theta_2 - \theta_1)^n} I_{(\theta_1 < X_{(1)} \leqslant X_{(n)} \leqslant \theta_2)},$$

$$h(x_1, \cdots, x_n) = 1,$$

故由因子分解定理可知, $(X_{(1)}, X_{(n)})$ 为 (θ_1, θ_2) 的充分统计量. $\quad\square$

24. 设 $Y_i \sim N(\alpha + \beta x_i, \sigma^2)$, $i = 1, \cdots, n$, 且诸 Y_i 相互独立, 其中 $\alpha, \beta \in \mathbf{R}$, $\sigma > 0$ 是未知参数, $x_1, \cdots, x_n$ 为已知的常数. 试证明统计量

$$\left(\sum_{i=1}^n Y_i, \sum_{i=1}^n x_i Y_i, \sum_{i=1}^n Y_i^2 \right)$$

是 $(\alpha, \beta, \sigma^2)$ 的充分统计量.

证明. 由 $Y_1, \cdots, Y_n$ 相互独立且 $Y_i \sim N(\alpha + \beta x_i, \sigma^2)$ 可知

$$f_{Y_i}(y_i) = (2\pi\sigma^2)^{-\frac{1}{2}} \exp \left\{ -\frac{1}{2\sigma^2}(y_i - \alpha - \beta x_i)^2 \right\},$$

因此

$$
\begin{aligned}
f_\theta(y_1, \cdots, y_n) &= (2\pi\sigma^2)^{-\frac{n}{2}} \exp \left\{ -\frac{1}{2\sigma^2} \sum_{i=1}^n (y_i - \alpha - \beta x_i)^2 \right\} \\
&= (2\pi\sigma^2)^{-\frac{n}{2}} \exp \left\{ -\frac{1}{2\sigma^2} \left[\sum_{i=1}^n y_i^2 + n\alpha^2 + \beta^2 \sum_{i=1}^n x_i^2 - \right.\right. \\
&\quad \left.\left. 2\alpha \sum_{i=1}^n y_i - 2\beta \sum_{i=1}^n x_i y_i + 2\alpha\beta \sum_{i=1}^n x_i \right] \right\} \\
&= (2\pi\sigma^2)^{-\frac{n}{2}} \exp \left\{ -\frac{1}{2\sigma^2} \left[n\alpha^2 + \beta^2 \sum_{i=1}^n x_i^2 + 2\alpha\beta \sum_{i=1}^n x_i \right] \right\} \cdot \\
&\quad \exp \left\{ -\frac{1}{2\sigma^2} \left[\sum_{i=1}^n y_i^2 - 2\alpha \sum_{i-1}^n y_i - 2\beta \sum_{i=1}^n x_i y_i \right] \right\},
\end{aligned}
$$

故由因子分解可知 $T = \left(\sum\limits_{i=1}^n Y_i^2, \sum\limits_{i=1}^n Y_i, \sum\limits_{i=1}^n x_i Y_i \right)$ 为 $(\alpha, \beta, \sigma^2)$ 的充分统计量. $\square$

25. 设 $X_1, \cdots, X_n$ 为来自 PDF 为

$$f(x, \theta) = \theta/x^2, \quad 0 < \theta < x < +\infty$$

的总体的 IID 样本, 试证明 $X_{(1)}$ 是充分统计量.

证明. 由 $X_1, X_2, \cdots, X_n \overset{\text{IID}}{\sim} f(x, \theta)$ 可知

$$f_\theta(x_1, x_2, \cdots, x_n) = \frac{\theta^n}{x_1^2 x_2^2 \cdots x_n^2} I_{(x_1, x_2, \cdots, x_n > \theta)}$$

$$= \theta^n (x_1 x_2 \cdots x_n)^{-2} I_{(x_{(1)} > \theta)},$$

不妨令

$$h(x_1, \cdots, x_n) = (x_1 \cdots x_n)^{-2}, \quad g_\theta(T(x_1, \cdots, x_n)) = \theta^n I_{(x_{(1)} > \theta)},$$

因此 $X_{(1)}$ 为 θ 的充分统计量. □

26. 设 $X_1, \cdots, X_n$ 为来自 Bernoulli 分布 $b(1, p)$ 的 IID 样本, 试写出 $X_1, \cdots, X_n$ 的联合分布, 并指出 $X_1 + X_2, X_{(n)}, X_n + 2p, (X_n - X_1)^2$ 中哪些是统计量, 为什么?

解. 由 $X_i \sim b(1, p)$ 可知

$$f(x_i) = p^{x_i}(1-p)^{1-x_i} I_{(x_i \in \{0,1\})},$$

又由 $X_1, \cdots, X_n$ IID 知

$$f(x_1, \cdots, x_n) = p^{\sum\limits_{i=1}^{n} x_i} (1-p)^{n - \sum\limits_{i=1}^{n} x_i} I_{(x_i \in \{0,1\}, i=1,2,\cdots,n)},$$

其中 $X_1 + X_2, X_{(n)}, (X_n - X_1)^2$ 为统计量. 当 p 为已知数时, $X_n + 2p$ 为统计量, 反之则不是. □

27. 设 $X_1, \cdots, X_n$ 为来自 PDF 为

$$f(x) = \begin{cases} 2x, & 0 < x < 1, \\ 0, & \text{其他} \end{cases}$$

的总体的 IID 样本, 试求 $X_{(1)}, X_{(n)}$ 的 PDF.

解. 由于 $F(x) = \begin{cases} 0, & x \leqslant 0, \\ \displaystyle\int_0^x 2x \mathrm{d}x = x^2, & 0 < x < 1, \text{ 且} \\ 1, & x \geqslant 1, \end{cases}$

$$F_1(x) = P\{X_{(1)} \leqslant x\} = 1 - P\{X_{(1)} > x\} = 1 - P\{X_1, \cdots, X_n > x\}$$

$$= 1 - (1 - F(x))^n,$$

故当 $x \in (0, 1)$ 时

$$f_1(x) = F_1'(x) = nf(x)(1 - F(x))^{n-1} = 2nx(1 - x^2)^{n-1},$$

因此

$$f_1(x) = 2nx(1 - x^2)^{n-1}I_{(0<x<1)}.$$

又由于

$$F_n(x) = P\left\{X_{(n)} \leqslant x\right\} = F^n(x),$$

故当 $x \in (0, 1)$ 时

$$f_n(x) = F_n'(x) = nf(x)F^{n-1}(x) = n \cdot 2x \cdot x^{2n-2} = 2nx^{2n-1},$$

因此

$$f_n(x) = 2nx^{2n-1}I_{(0<x<1)}. \qquad \square$$

28. 设 $X_1, \cdots, X_n$ 为来自 PDF 为 $f(x)$ 的总体的 IID 样本, 试证明: 样本极差 $R = X_{(n)} - X_{(1)}$ 的 PDF 为

$$f_R(x) = n(n-1)\int_{-\infty}^{\infty}[F(t+x) - F(t)]^{n-2}f(x+t)f(t)\mathrm{d}t,$$

其中 F 为总体的 CDF.

证明. 由第 1 章第 10 题可知

$$f(x_{(1)}, x_{(n)}) = f(x_{(1)})f(x_{(n)}) \cdot n(n-1)(F(x_{(n)}) - F(x_{(1)}))^{n-2},$$

则由卷积公式可知

$$f_R(x) = \int_{-\infty}^{\infty}f(x_{(1)})f(x + x_{(1)})n(n-1)(F(x_{(1)} + x) - F(x_{(1)}))^{n-2}\mathrm{d}x_{(1)}$$

$$\xlongequal{t=x_{(1)}} n(n-1)\int_{-\infty}^{\infty}f(t)f(t + x)(F(t + x) - F(t))^{n-2}\mathrm{d}t,$$

原式得证. $\qquad \square$

29. 设 $X_1, \cdots, X_m$ 为来自 $N(\mu, \sigma_1^2)$ 的 IID 样本, $Y_1, \cdots, Y_n$ 为来自 $N(\mu, \sigma_2^2)$ 的 IID 样本, 且全样本独立. 记 $\alpha_1 = S_{1m}^2/(S_{1m}^2 + S_{2n}^2)$, $\alpha_2 = S_{2n}^2/(S_{1m}^2 + S_{2n}^2)$. 试求 $Z = \alpha_1\bar{X} + \alpha_2\bar{Y}$ 的期望.

解. 由题意可知

$$X_1, \cdots, X_m \overset{\mathrm{IID}}{\sim} N(\mu, \sigma_1^2), \quad Y_1, \cdots, Y_n \overset{\mathrm{IID}}{\sim} N(\mu, \sigma_2^2)$$

且全样本独立. 根据 Fisher 定理可得, $\bar{X}, \bar{Y}, S_{1m}, S_{2n}$ 相互独立. 因此 $\alpha_1 = \frac{S_{1m}^2}{S_{1m}^2 + S_{2n}^2}$ 与 $\bar{X}$ 独立, $\alpha_2 = \frac{S_{2n}^2}{S_{1m}^2 + S_{2n}^2}$ 与 $\bar{Y}$ 独立, 故

$$EZ = E\alpha_1 \cdot E\bar{X} + E\alpha_2 \cdot E\bar{Y}$$

$$= \mu(E\alpha_1 + E\alpha_2)$$

$$= \mu E(\alpha_1 + \alpha_2)$$

$$= \mu. \qquad \square$$

30. 设 $X \sim B(n, p)$, 对 $k \geqslant 1$, 请证明:

$$P\{X \geqslant k\} = \sum_{i=k}^{n} C_n^i p^i (1-p)^{n-i} = k C_n^k \int_0^p t^{k-1}(1-t)^{n-k}\mathrm{d}t.$$

证明. 不妨记

$$f(p) = \sum_{i=k}^{n} C_n^i p^i (1-p)^{n-i},$$

$$g(p) = k C_n^k \int_0^p t^{k-1}(1-t)^{n-k}\mathrm{d}t,$$

则有

$$f'(p) = \sum_{i=k}^{n} \left[i C_n^i p^{i-1}(1-p)^{n-i} - (n-i) C_n^i p^i (1-p)^{n-i-1} \right]$$

$$= k C_n^k p^{k-1}(1-p)^{n-k} +$$

$$\sum_{i=k+1}^{n} i C_n^i p^{i-1}(1-p)^{n-i} - \sum_{i=k}^{n} (n-i) C_n^i p^i (1-p)^{n-i-1}$$

$$= k C_n^k p^{k-1}(1-p)^{n-k} +$$

$$\sum_{i=k}^{n-1} (i+1) C_n^{i+1} p^i (1-p)^{n-i-1} - \sum_{i=k}^{n-1} (n-i) C_n^i p^i (1-p)^{n-i-1}$$

$$= k C_n^k p^{k-1}(1-p)^{n-k} + \sum_{i=k}^{n-1} \left[(i+1) C_n^{i+1} - (n-i) C_n^i \right] p^i (1-p)^{n-i-1}$$

$$= k C_n^k p^{k-1}(1-p)^{n-k},$$

又 $g'(p) = k C_n^k p^{k-1}(1-p)^{n-k}$, 故 $f'(p) = g'(p)$. 注意到 $f(0) = g(0) = 0$, 因此 $f(p) = g(p)$ 恒成立. 故原式得证. $\qquad \square$

31. 设 $X_1, \cdots, X_n$ 为来自总体分布为 F 的 IID 样本, $X_{(1)} \leqslant \cdots \leqslant X_{(n)}$ 为其次序统计量, 如果 $F(x)$ 连续, 则

$$E[F(X_{(i)})] = \frac{i}{n+1}, \quad \mathrm{Var}[F(X_{(i)})] = \frac{i(n+1-i)}{(n+1)^2(n+2)}.$$

证明. 不妨设 $X_{(i)}$ 的 PDF 为 $f_i(x)$, 则

$$f_i(x) = \binom{n}{i-1}F^{i-1}(x)\binom{n-i+1}{1}f(x)(1-F(x))^{n-i},$$

因而

$$\begin{aligned}
E[F(X_{(i)})] &= \int_{-\infty}^{\infty}F(x)\binom{n}{i-1}F^{i-1}(x)\binom{n-i+1}{1}f(x)(1-F(x))^{n-i}\mathrm{d}x \\
&= \binom{n}{i-1}(n-i+1)\int_{-\infty}^{\infty}F^i(x)(1-F(x))^{n-i}\mathrm{d}F(x) \\
&= \binom{n}{i-1}(n-i+1)\int_0^1 t^i(1-t)^{n-i}\mathrm{d}t \\
&= \binom{n}{i-1}(n-i+1)\beta(i+1,n-i+1) \\
&= \frac{n!(n-i+1)}{(i-1)!(n-i+1)!}\frac{i!(n-i)!}{(n+1)!} \\
&= \frac{i}{n+1}.
\end{aligned}$$

同理可知

$$\begin{aligned}
E[F^2(X_{(i)})] &= (n-i+1)\binom{n}{i-1}\beta(i+2,n-i+1) \\
&= \frac{i(i+1)}{(n+1)(n+2)},
\end{aligned}$$

因而

$$\begin{aligned}
\mathrm{Var}(F(X_{(i)})) &= E[F^2(X_{(i)})] - E[F(X_{(i)})]^2 \\
&= \frac{i(n+1-i)}{(n+1)^2(n+2)},
\end{aligned}$$

则原命题得证. $\qquad\qquad\qquad\qquad\qquad\qquad\qquad\qquad\qquad\qquad$ $\square$

32. 设 $X_1,\cdots,X_n$ 是 n 个相互独立的随机变量, 且 $X_i \sim N(0,\sigma_i^2)$. 记

$$Y = \frac{\sum\limits_{i=1}^n X_i/\sigma_i^2}{\sum\limits_{i=1}^n 1/\sigma_i^2}, \quad Z = \sum_{i=1}^n \frac{(X_i-Y)^2}{\sigma_i^2},$$

试证明 $Z \sim \chi^2(n-1)$.

证明. 根据题意 $X_1,\cdots,X_n$ 相互独立且 $X_i \sim N(0,\sigma_i^2)$, 不妨令 $T_i = \frac{X_i}{\sigma_i}$, 则 $T_1,\cdots,T_n \overset{\text{IID}}{\sim} N(0,1)$. 作正交变换

$$\begin{pmatrix} Y_1 \\ Y_2 \\ \vdots \\ Y_n \end{pmatrix} = \begin{pmatrix} \dfrac{\frac{1}{\sigma_1}}{\sqrt{\sum\limits_{i=1}^{n}\frac{1}{\sigma_i^2}}} & \dfrac{\frac{1}{\sigma_2}}{\sqrt{\sum\limits_{i=1}^{n}\frac{1}{\sigma_i^2}}} & \cdots & \dfrac{\frac{1}{\sigma_n}}{\sqrt{\sum\limits_{i=1}^{n}\frac{1}{\sigma_i^2}}} \\ & & * & \end{pmatrix} \begin{pmatrix} T_1 \\ T_2 \\ \vdots \\ T_n \end{pmatrix} \triangleq \boldsymbol{AT},$$

其中 $\boldsymbol{A}$ 为正交矩阵, 因而

$$Y_1 = \sum_{i=1}^{n} \frac{T_i/\sigma_i}{\sqrt{\sum\limits_{i=1}^{n}\frac{1}{\sigma_i^2}}} = \sum_{i=1}^{n} \frac{X_i/\sigma_i^2}{\sqrt{\sum\limits_{i=1}^{n}\frac{1}{\sigma_i^2}}} = \sqrt{\sum_{i=1}^{n}\frac{1}{\sigma_i^2}}\, Y.$$

又因为

$$\begin{aligned}
Z &= \sum_{i=1}^{n} \frac{(X_i - Y)^2}{\sigma_i^2} = \sum_{i=1}^{n} \left(\frac{X_i}{\sigma_i} - \frac{Y}{\sigma_i} \right)^2 \\
&= \sum_{i=1}^{n} \frac{X_i^2}{\sigma_i^2} + \sum_{i=1}^{n} \frac{1}{\sigma_i^2} \cdot Y^2 - 2Y \sum_{i=1}^{n} \frac{X_i}{\sigma_i^2} \\
&= \sum_{i=1}^{n} \frac{X_i^2}{\sigma_i^2} + \sum_{i=1}^{n} \frac{1}{\sigma_i^2} \cdot Y^2 - 2Y \cdot Y \sum_{i=1}^{n} \frac{1}{\sigma_i^2} \\
&= \sum_{i=1}^{n} \frac{X_i^2}{\sigma_i^2} - \sum_{i=1}^{n} \frac{1}{\sigma_i^2} \cdot Y^2 \\
&= \sum_{i=1}^{n} T_i^2 - \left(\sum_{i=1}^{n} \frac{1}{\sigma_i^2} \right) \cdot Y_1^2 / \sum_{i=1}^{n} \frac{1}{\sigma_i^2} \\
&= \sum_{i=1}^{n} T_i^2 - Y_1^2,
\end{aligned}$$

由正交变换可知, $\sum\limits_{i=1}^{n} T_i^2 = \sum\limits_{i=1}^{n} Y_i^2$, 因而

$$Z = \sum_{i=1}^{n} Y_i^2 - Y_1^2 = \sum_{i=2}^{n} Y_i^2.$$

又考虑到 $T_1, \cdots, T_n \overset{\text{IID}}{\sim} N(0,1)$, 因此经过正交变换后 $Y_2, \cdots, Y_n \overset{\text{IID}}{\sim} N(0,1)$, 故 $Z \sim \chi^2(n-1)$. $\qquad \square$

*33. 设 $X_1, \cdots, X_n$ 为来自正态总体 $N(\mu, \sigma^2)$ 的 IID 样本, 记

$$\tau = \frac{X_1 - \bar{X}}{S} \sqrt{\frac{n}{n-1}},$$

试证明 $t = \dfrac{\tau\sqrt{n-2}}{\sqrt{n-1-\tau^2}} \sim t(n-2)$.

证明. 由 $\tau = \frac{X_1 - \bar{X}}{S}\sqrt{\frac{n}{n-1}}$ 可知

$$t = \frac{\frac{X_1 - \bar{X}}{S}\sqrt{\frac{n}{n-1}}\sqrt{n-2}}{\sqrt{n-1-\frac{(X_1-\bar{X})^2}{S^2}\cdot\frac{n}{n-1}}}$$

$$= \frac{\sqrt{n}(X_1-\bar{X})\sqrt{n-2}}{\sqrt{(n-1)^2 S^2 - n(X_1-\bar{X})^2}}$$

$$= \frac{\sqrt{n(n-2)}(X_1-\bar{X})}{\sqrt{(n-1)\sum\limits_{i=1}^{n}(X_i-\bar{X})^2 - n(X_1-\bar{X})^2}},$$

注意到

$$\sum_{i=1}^{n}(X_i-\bar{X})^2 - \frac{n}{n-1}(X_1-\bar{X})^2$$

$$= \sum_{i=1}^{n}X_i^2 - n\bar{X}^2 - \frac{n}{n-1}X_1^2 - \frac{n}{n-1}\bar{X}^2 + \frac{2n}{n-1}X_1\bar{X}$$

$$= \sum_{i=2}^{n}X_i^2 - \frac{1}{n-1}X_1^2 - \frac{1}{n-1}\left(\sum_{i=1}^{n}X_i\right)^2 + \frac{2}{n-1}X_1\left(\sum_{i=1}^{n}X_i\right)$$

$$= \sum_{i=2}^{n}X_i^2 - \frac{1}{n-1}\left[X_1^2 - 2X_1\left(\sum_{i=1}^{n}X_i\right) + \left(\sum_{i=1}^{n}X_i\right)^2\right]$$

$$= \sum_{i=2}^{n}X_i^2 - \frac{1}{n-1}\left(\sum_{i=2}^{n}X_i\right)^2$$

$$= \sum_{i=2}^{n}(X_i-\bar{X}')^2,$$

其中 $\bar{X}' = \frac{1}{n-1}\sum\limits_{i=2}^{n}X_i$, 因而

$$\left(\sum_{i=1}^{n}(X_i-\bar{X})^2 - \frac{n}{n-1}(X_1-\bar{X})^2\right)\Big/\sigma^2 \sim \chi^2(n-2).$$

又因为

$$X_1 - \bar{X} \sim N\left(0, \frac{n-1}{n}\sigma^2\right),$$

故

$$\frac{X_1-\bar{X}}{\sqrt{\frac{n-1}{n}\sigma^2}} \sim N(0,1),$$

根据 Fisher 定理可知, $\sum\limits_{i=2}^{n}(X_i - \bar{X}')^2$ 与 $\bar{X}'$ 相互独立. 因而

$$\frac{X_1 - \bar{X}}{\sqrt{\frac{n-1}{n}\sigma^2}} \bigg/ \sqrt{\left(\sum_{i=1}^{n}(X_i - \bar{X})^2 - \frac{n}{n-1}(X_1 - \bar{X})^2\right)\bigg/ \sigma^2(n-2)} \sim t(n-2)$$

即 $t \sim t(n-2)$.

注 1.2. 由于一般情形下, 两两独立并不能推得相互独立, 因此我们给出上述独立性的第二种证明方法.

不妨记 $\boldsymbol{x} = (X_1, \cdots, X_n)^{\mathrm{T}}$, 则

$$\sum_{i=2}^{n}(X_i - \bar{X}')^2 = \boldsymbol{x}^{\mathrm{T}}\left[\begin{pmatrix} 0 & \\ & I_{n-1} \end{pmatrix} - \frac{1}{n-1}\begin{pmatrix} 0 \\ \mathbf{1}_{n-1} \end{pmatrix}\begin{pmatrix} 0 & \mathbf{1}_{n-1}^{\mathrm{T}} \end{pmatrix}\right]\boldsymbol{x} \triangleq \boldsymbol{x}^{\mathrm{T}}\boldsymbol{A}\boldsymbol{x},$$

$$X_1 - \bar{X} = \left[\begin{pmatrix} 1 & \mathbf{0}_{n-1} \end{pmatrix} - \frac{1}{n}\mathbf{1}_n^{\mathrm{T}}\right]\boldsymbol{x},$$

又由 $\boldsymbol{x} \sim N_n(0, I_n)$, $\boldsymbol{x}^{\mathrm{T}}\boldsymbol{A}\boldsymbol{x} \sim \chi^2(n-1)$, 且有 $\mathrm{Cov}(\boldsymbol{Ax}, \boldsymbol{Bx}) = \boldsymbol{AB}^{\mathrm{T}} = \boldsymbol{O}$. 根据 χ^2 分布与正态分布的独立性可知, $X_1 - \bar{X}$ 与 $\sum\limits_{i=2}^{n}(X_i - \bar{X}')^2$ 相互独立. □

*34. 设 $\begin{pmatrix} X_1 \\ Y_1 \end{pmatrix}, \cdots, \begin{pmatrix} X_n \\ Y_n \end{pmatrix}$ 为来自二维正态总体 $N(\boldsymbol{\mu}, \boldsymbol{\Sigma})$ 的 IID 样本, 其中 $\boldsymbol{\mu} = (\mu_1, \mu_2)^{\mathrm{T}}$, $\boldsymbol{\Sigma} = \begin{pmatrix} \sigma_1^2 & \rho\sigma_1\sigma_2 \\ \rho\sigma_1\sigma_2 & \sigma_2^2 \end{pmatrix}$. 定义两样本间的相关系数为

$$r(X, Y) = \frac{\sum\limits_{i=1}^{n}(X_i - \bar{X})(Y_i - \bar{Y})}{\left[\sum\limits_{i=1}^{n}(X_i - \bar{X})^2 \sum\limits_{i=1}^{n}(Y_i - \bar{Y})^2\right]^{1/2}},$$

试证明: 如果 $\rho = 0$, 则统计量

$$t = \sqrt{n-2}\frac{r(X, Y)}{\sqrt{1 - r^2(X, Y)}} \sim t(n-2).$$

证明. 对于给定的 $Y_1, \cdots, Y_n$, 不妨对 $Y_1, \cdots, Y_n$ 中心标准化, 即令

$$Z_i = \frac{Y_i - \bar{Y}}{\sqrt{\sum\limits_{i=1}^{n}(Y_i - \bar{Y})^2}},$$

注意到

$$\sum_{i=1}^{n} \bar{X} Z_i = \bar{X} \left(\sum_{i=1}^{n} Z_i \right) = 0,$$

故

$$r(X, Y) = \frac{\sum\limits_{i=1}^{n} X_i Z_i}{\sqrt{\sum\limits_{i=1}^{n} (X_i - \bar{X})^2}},$$

因此

$$t = \sqrt{n-2} \frac{r(X, Y)}{\sqrt{1 - r^2(X, Y)}}$$

$$= \frac{\sqrt{n-2} \dfrac{\sum\limits_{i=1}^{n} X_i Z_i}{\sqrt{\sum\limits_{i=1}^{n}(X_i - \bar{X})^2}}}{\sqrt{1 - \dfrac{\left(\sum\limits_{i=1}^{n} X_i Z_i\right)^2}{\sum\limits_{i=1}^{n}(X_i - \bar{X})^2}}}$$

$$= \frac{\sqrt{n-2} \sum\limits_{i=1}^{n} X_i Z_i}{\sqrt{\sum\limits_{i=1}^{n}(X_i - \bar{X})^2 - \left(\sum\limits_{i=1}^{n} X_i Z_i\right)^2}}.$$

不妨令 $\boldsymbol{x} = (X_1, \cdots, X_n)^{\mathrm{T}}$, $\boldsymbol{z} = (Z_1, \cdots, Z_n)^{\mathrm{T}}$, 因此

$$t = \frac{\sqrt{n-2} \boldsymbol{z}^{\mathrm{T}} \boldsymbol{x}}{\sqrt{\boldsymbol{x}^{\mathrm{T}}(\boldsymbol{I} - \frac{1}{n} \mathbf{1}_n \mathbf{1}_n^{\mathrm{T}})\boldsymbol{x} - \boldsymbol{x}^{\mathrm{T}} \boldsymbol{z} \boldsymbol{z}^{\mathrm{T}} \boldsymbol{x}}}.$$

又记 $\boldsymbol{A} = \boldsymbol{I} - \frac{1}{n} \mathbf{1}_n \mathbf{1}_n^{\mathrm{T}} - \boldsymbol{z} \boldsymbol{z}^{\mathrm{T}}$, 且可验证 $\boldsymbol{A}$ 为对称幂等矩阵, 即 $\boldsymbol{A}^2 = \boldsymbol{A}$, $\boldsymbol{A}^{\mathrm{T}} = \boldsymbol{A}$. 注意到 $\boldsymbol{z}^{\mathrm{T}} \boldsymbol{A} = \boldsymbol{0}$, 因此由正态分布与 χ^2 分布的独立性可知, $\boldsymbol{z}^{\mathrm{T}} \boldsymbol{x}$ 与 $\boldsymbol{x}^{\mathrm{T}}(\boldsymbol{I} - \frac{1}{n} \mathbf{1}_n \mathbf{1}_n^{\mathrm{T}})\boldsymbol{x} - \boldsymbol{x}^{\mathrm{T}} \boldsymbol{z} \boldsymbol{z}^{\mathrm{T}} \boldsymbol{x}$ 相互独立. 又

$$\mathrm{rank}(\boldsymbol{A}) = \mathrm{tr}(\boldsymbol{A})$$
$$- \mathrm{tr}(\boldsymbol{I}) \quad \frac{1}{n} \mathrm{tr}(\mathbf{1}_n \mathbf{1}_n^{\mathrm{T}}) - \frac{1}{n} \mathrm{tr}(\boldsymbol{z} \boldsymbol{z}^{\mathrm{T}})$$
$$= n - \frac{1}{n} \cdot n - \frac{1}{n} \cdot n$$
$$= n - 2,$$

故 $\boldsymbol{x}^{\mathrm{T}} \boldsymbol{A} \boldsymbol{x}/\sigma_1^2 \sim \chi^2(n-2)$. 注意到, $\boldsymbol{x}/\sigma_1 \sim N_n(\mu_1/\sigma_1 \mathbf{1}_n, \boldsymbol{I})$, 且当 $Y_1, \cdots, Y_n$ 给定时

$$E[\boldsymbol{z}^{\mathrm{T}}\boldsymbol{x}/\sigma_1] = \boldsymbol{z}^{\mathrm{T}}E[\boldsymbol{x}/\sigma_1] = (\mu_1/\sigma_1)\boldsymbol{z}^{\mathrm{T}}\mathbf{1}_n = 0,$$

$$\mathrm{Var}(\boldsymbol{z}^{\mathrm{T}}\boldsymbol{x}/\sigma_1) = \boldsymbol{z}^{\mathrm{T}}\mathrm{Cov}(\boldsymbol{x}/\sigma_1)\boldsymbol{z} = \boldsymbol{z}^{\mathrm{T}}\boldsymbol{z} = 1,$$

因此 $\boldsymbol{z}^{\mathrm{T}}\boldsymbol{x}/\sigma_1 \sim N(0,1)$, 故 $t \sim t(n-2)$. 又由于上述证明对于任意 $Y_1, \cdots, Y_n$ 均成立, 因此 $t \sim t(n-2)$. $\qquad\square$

35. 证明: 服从非中心 t 分布的随机变量的平方服从非中心 F 分布.

证明. 不妨设 $T \sim t(n,\delta)$ $(\delta \neq 0)$, 又设 $\xi \sim N(\delta,1)$, $\eta \sim \chi^2(n)$ 且 ξ 与 η 相互独立, 则 $T \overset{\mathrm{def}}{=} \frac{\xi}{\sqrt{\eta/n}}$, 因而 $T^2 = \frac{\xi^2}{\eta/n}$. 注意到 $\xi^2 \sim \chi^2(1,\delta^2)$ 且与 η 相互独立, 因此 $\frac{\xi^2}{\eta/n} \sim F(1,n,\delta^2)$, 即 T^2 服从非中心 F 分布. $\qquad\square$

36. 一个总体有 N 个元素, 其指标值分别为 $a_1 > a_2 > \cdots > a_N$. 指定正整数 $M < N, n < N$, 并设 $m = nM/N$ 为整数. 在 $(a_1, \cdots, a_M)$ 中不放回地抽取 m 个. 在 $(a_{M+1}, \cdots, a_N)$ 中不放回地抽取 $n-m$ 个. 写出所得样本的分布.

解. 我们首先在 $(a_1, \cdots, a_M)$ 中不放回地抽取 m 个元素, 不妨记这部分元素对应的指标值为 $(a_{i_1}, a_{i_2}, \cdots, a_{i_m})$, 其中 $1 \leqslant i_1 < i_2 < \cdots < i_m \leqslant M$, 对应的概率为 $1/\binom{M}{m}$. 再从 $(a_{M+1}, \cdots, a_N)$ 中不放回地抽取 $n-m$ 个元素, 类似地, 记对应元素的指标值为 $(a_{j_1}, a_{j_2}, \cdots, a_{j_{n-m}})$, 其中 $M+1 \leqslant j_1 < j_2 < \cdots < j_{n-m} \leqslant N$, 对应的概率为 $1/\binom{N-M}{n-m}$. 注意到两次抽取相互独立, 因此最终抽取的 n 个样本及对应概率为

$$p(a_{i_1}, a_{i_2}, \cdots, a_{i_m}, a_{j_1}, a_{j_2}, \cdots, a_{j_{n-m}}) = \frac{1}{\binom{M}{m}\binom{N-M}{n-m}},$$

其中 $1 \leqslant i_1 < i_2 < \cdots < i_m \leqslant M < j_1 < j_2 < \cdots < j_{n-m} \leqslant N$. $\qquad\square$

37. 设 $X_1, \cdots, X_n$ 为来自区间 (a,b) 内均匀分布的 IID 样本, $-\infty < a < b < \infty$. 试证明对于任何 a 和 b, $(X_{(i)} - X_{(1)})/(X_{(n)} - X_{(1)})$, $i = 2, \cdots, n-1$ 与 $(X_{(1)}, X_{(n)})$ 是相互独立的.

证明. 不妨令 $Y_i = \frac{X_i - a}{b-a}$, 由 $X_1, \cdots, X_n \overset{\mathrm{IID}}{\sim} U(a,b)$ 可知, $Y_1, \cdots, Y_n \overset{\mathrm{IID}}{\sim} U(0,1)$. 而

$$\frac{X_{(i)} - X_{(1)}}{X_{(n)} - X_{(1)}} = \frac{Y_{(i)} - Y_{(1)}}{Y_{(n)} - Y_{(1)}}$$

分布与参数 a,b 无关, 故 $\frac{X_{(i)} - X_{(1)}}{X_{(n)} - X_{(1)}}$ $(i = 2, \cdots, n-1)$ 均为辅助统计量. 又对于样本 $X_1, \cdots, X_n$ 有密度函数

$$f(x_1, \cdots, x_n; a, b) = \frac{1}{(b-a)^n} I_{(a < X_{(1)} \leqslant X_{(n)} < b)},$$

故 $T = (X_{(1)}, X_{(n)})$ 为充分统计量, 又 T 为完备统计量, 其证明可见陈希孺 (1997). 故 T 为充分完备统计量. 由 Basu 定理可知, 对于任何 a 和 b, $\frac{X_{(i)} - X_{(1)}}{X_{(n)} - X_{(1)}}$ $(i = 2, \cdots, n-1)$ 独立于 $(X_{(1)}, X_{(n)})$.

定理 1.1. (Basu 定理) 设 $\mathcal{F} = \{f(x, \theta), \theta \in \Theta\}$ 为一分布族, Θ 是参数空间. 样本 $\boldsymbol{X} = (X_1, \cdots, X_n)$ 是从分布族 $\mathcal{F}$ 中抽取的简单样本, 设 $T(\boldsymbol{X})$ 是一有界完备统计量, 且是充分统计量. 若随机变量 $V(\boldsymbol{X})$ 的分布与 θ 无关, 则对任何 $\theta \in \Theta$, $V(\boldsymbol{X})$ 与 $T(\boldsymbol{X})$ 独立. $\qquad\square$

38. 设 $X_1, \cdots, X_n$ 为来自总体 $P_\theta \in \{P_\theta : \theta \in \Theta\}$ 的 IID 样本. 在下列几种情况下, 找出一个与 $\theta \in \Theta$ 相同维数的充分统计量.

(1) P_θ 是 Poisson 分布 $P(\theta)$, $\theta \in (0, \infty)$;

(2) P_θ 是负二项分布 $NB(\theta, r)$, 且 r 已知, $\theta \in (0, 1)$;

(3) P_θ 是指数分布 $Exp(\theta)$, $\theta \in (0, \infty)$.

解. (1) 由 $X_1, \cdots, X_n \overset{\text{IID}}{\sim} P(\theta)$ 可知

$$f(x_i; \theta) = \frac{\theta^{x_i}}{x_i!} \mathrm{e}^{-\theta},$$

故可得联合概率密度

$$\begin{aligned} f_\theta(x_1, \cdots, x_n) &= \frac{\theta^{x_1 + \cdots + x_n}}{x_1! \cdots x_n!} \mathrm{e}^{-n\theta} \\ &= \theta^{\sum\limits_{i=1}^{n} x_i} \mathrm{e}^{-n\theta} \cdot \frac{1}{x_1! \cdots x_n!}, \end{aligned}$$

由因子分解定理知 $T = \sum\limits_{i=1}^{n} X_i$ 为充分统计量.

(2) 由 $X_1, \cdots, X_n \overset{\text{IID}}{\sim} NB(\theta, r)$ 可知

$$f(x; \theta) = \binom{x + r - 1}{r - 1} \theta^r (1 - \theta)^x,$$

故可得联合概率密度

$$\begin{aligned} f_\theta(x_1, \cdots, x_n) &= \binom{x_1 + r - 1}{r - 1} \cdots \binom{x_n + r - 1}{r - 1} \theta^{nr} (1 - \theta)^{x_1 + \cdots + x_n} \\ &= \theta^{nr} (1 - \theta)^{\sum\limits_{i=1}^{n} x_i} \binom{x_1 + r - 1}{r - 1} \cdots \binom{x_n + r - 1}{r - 1}, \end{aligned}$$

由因子分解定理知 $T = \sum\limits_{i=1}^{n} X_i$ 为充分统计量.

(3) 由 $X_1, \cdots, X_n \overset{\text{IID}}{\sim} E(\theta)$ 可知

$$f_\theta(x) = \theta \mathrm{e}^{-\theta x},$$

故可得联合概率密度

$$f_\theta(x_1, \cdots, x_n) = \theta^n \mathrm{e}^{-\theta(x_1+\cdots+x_n)}$$

$$= \theta^n \mathrm{e}^{-\theta \sum\limits_{i=1}^{n} x_i},$$

由因子分解定理知 $T = \sum\limits_{i=1}^{n} X_i$ 为充分统计量. □

39. 设 $X_1, \cdots, X_n$ 为来自 $N(\theta, \theta^2)(\theta > 0)$ 的 IID 样本. 问 $\bar{X}$ 是否仍为充分统计量?

解. 由 $X_1, \cdots, X_n \overset{\text{IID}}{\sim} N(\theta, \theta^2) \ (\theta > 0)$ 可知

$$f(x; \theta) = (2\pi\theta^2)^{-\frac{1}{2}} \exp\left\{-\frac{1}{2\theta^2}(x-\theta)^2\right\},$$

因此

$$f_\theta(x_1, \cdots, x_n) = (2\pi\theta^2)^{-\frac{n}{2}} \exp\left\{-\frac{1}{2\theta^2}\left(\sum_{i=1}^{n} x_i^2 - 2\theta \sum_{i=1}^{n} x_i + n\theta^2\right)\right\}.$$

又 $\bar{X} \sim N(\theta, \frac{\theta^2}{n})$, 因而

$$f_{\bar{X}}(t) = \left(2\pi\frac{\theta^2}{n}\right)^{-\frac{1}{2}} \exp\left\{-\frac{n}{2\theta^2}(t-\theta)^2\right\},$$

故由充分统计量的定义

$$f_{\boldsymbol{x}|\bar{X}}(x_1, \cdots, x_n | t) = \frac{f\left(x_1, \cdots, x_{n-1}, nt - \sum\limits_{i=1}^{n-1} x_i\right)}{f_{\bar{X}}(t)}$$

$$= \frac{(2\pi\theta^2)^{-\frac{n}{2}} \exp\left\{-\frac{1}{2\theta^2}\left[\sum\limits_{i=1}^{n-1} x_i^2 + \left(nt - \sum\limits_{i=1}^{n-1} x_i\right)^2 - 2\theta nt + n\theta^2\right]\right\}}{(2\pi\frac{\theta^2}{n})^{-\frac{1}{2}} \exp\left\{-\frac{n}{2\theta^2}(t-\theta)^2\right\}}$$

$$= n^{-\frac{1}{2}}(2\pi\theta^2)^{-\frac{n-1}{2}} \exp\left\{-\frac{1}{2\theta^2}\left[\sum\limits_{i=1}^{n-1} x_i^2 + \left(nt - \sum\limits_{i=1}^{n-1} x_i\right)^2 - nt^2\right]\right\}$$

仍与参数 θ 相关, 故 $\bar{X}$ 不是充分统计量. □

40. 设 $X_1, \cdots, X_n \overset{\text{IID}}{\sim} N(0, \sigma^2)$, $\bar{X}$ 为样本均值, $\xi = f(X_1, \cdots, X_n)$ 满足条件 $f(X_1+c, \cdots, X_n+c) = f(X_1, \cdots, X_n)$ (对任何常数 c). 证明: ξ 与 $\bar{X}$ 独立.

证明. 法 1: Basu 定理

我们不妨人为引进参数, 加强所证结论. 即证明当 $X_1, \cdots, X_n \overset{\text{IID}}{\sim} N(\mu, \sigma^2)$

时, ξ 与 $\bar{X}$ 相互独立. 先将 σ^2 固定为 σ_0^2, 则 $\bar{X}$ 是分布 $N(\mu, \sigma_0^2)$ 中参数 μ 的充分完备统计量. 又记

$$f(X_1, X_2, \cdots, X_n) = f(X_1 - \mu, X_2 - \mu, \cdots, X_n - \mu)$$
$$\stackrel{\text{记为}}{=} f(Z_1, Z_2, \cdots, Z_n),$$

而 $Z_1, Z_2, \cdots, Z_n \stackrel{\text{IID}}{\sim} N(0, \sigma_0^2)$ 与 μ 无关. 因此 $f(X_1, X_2, \cdots, X_n)$ 的分布与 μ 无关, 为辅助统计量. 由 Basu 定理可知, $\bar{X}$ 与 ξ 独立, 又由 σ_0^2 的任意性, 故对任意 $\mu \in \mathbf{R}$ 以及 $\sigma^2 > 0$, $\bar{X}$ 和 ξ 都是独立的.

法 2: 正交变换

不妨做正交变换

$$\begin{pmatrix} Y_1 \\ \vdots \\ Y_n \end{pmatrix} = \begin{pmatrix} \dfrac{1}{\sqrt{n}} & \cdots & \dfrac{1}{\sqrt{n}} \\ a_{21} & \cdots & a_{2n} \\ \vdots & & \vdots \\ a_{n1} & \cdots & a_{nn} \end{pmatrix} \begin{pmatrix} X_1 \\ \vdots \\ X_n \end{pmatrix},$$

因而 $Y_1, \cdots, Y_n$ 相互独立且 $Y_1 = \sqrt{n}\bar{X}$. 不妨再做逆变换

$$\begin{pmatrix} X_1 \\ \vdots \\ X_n \end{pmatrix} = \begin{pmatrix} \dfrac{1}{\sqrt{n}} & a_{21} & \cdots & a_{n1} \\ \vdots & \vdots & & \vdots \\ \dfrac{1}{\sqrt{n}} & a_{2n} & \cdots & a_{nn} \end{pmatrix} \begin{pmatrix} Y_1 \\ \vdots \\ Y_n \end{pmatrix},$$

即

$$\begin{cases} X_1 = \dfrac{1}{\sqrt{n}}Y_1 + a_{21}Y_2 + \cdots + a_{n1}Y_n, \\ \qquad\qquad \cdots\cdots\cdots\cdots \\ X_n = \dfrac{1}{\sqrt{n}}Y_1 + a_{2n}Y_2 + \cdots + a_{nn}Y_n, \end{cases}$$

因而

$$\xi = f(X_1, \cdots, X_n)$$
$$= f\left(\frac{1}{\sqrt{n}}Y_1 + a_{21}Y_2 + \cdots + a_{n1}Y_n, \cdots, \frac{1}{\sqrt{n}}Y_1 + a_{2n}Y_2 + \cdots + a_{nn}Y_n\right).$$

由 f 的平移不变性可知

$$\xi = f(a_{21}Y_2 + \cdots + a_{n1}Y_n, \cdots, a_{2n}Y_2 + \cdots + a_{nn}Y_n),$$

故 ξ 与 Y_1 独立, 即 ξ 与 $\bar{X}$ 独立. $\qquad\qquad\square$

41. 非中心 χ^2 变量 $\xi = \sum\limits_{i=1}^{n}(X_i + a_i)^2$, $X_1, \cdots, X_n \overset{\text{IID}}{\sim} N(0, 1)$, $a_1, \cdots, a_n$ 为常数. 证明: ξ 的分布只依赖于 n 和 $\delta = \sqrt{\sum\limits_{i=1}^{n} a_i^2}$ (提示: 作正交变换, 使 $Y_1 = \sum\limits_{j=1}^{n} a_j X_j / \delta$).

证明. 不妨做正交变换

$$
\begin{pmatrix} Y_1 \\ Y_2 \\ \vdots \\ Y_n \end{pmatrix} = \begin{pmatrix} \dfrac{a_1}{\delta} & \dfrac{a_2}{\delta} & \cdots & \dfrac{a_n}{\delta} \\ & & * & \end{pmatrix} \begin{pmatrix} X_1 \\ X_2 \\ \vdots \\ X_n \end{pmatrix}
$$

因而

$$
\begin{aligned}
\xi &= \sum_{i=1}^{n} X_i^2 + 2\sum_{i=1}^{n} a_i X_i + \sum_{i=1}^{n} a_i^2 \\
&= \sum_{i=1}^{n} Y_i^2 + 2\delta Y_1 + \delta^2.
\end{aligned}
$$

又 $X_1, \cdots, X_n \overset{\text{IID}}{\sim} N(0, 1)$, 故由正交变换的性质可知, $Y_1, \cdots, Y_n \overset{\text{IID}}{\sim} N(0, 1)$. 则由 $\xi = \sum\limits_{i=1}^{n} Y_i^2 + 2\delta Y_1 + \delta^2$ 知, ξ 的分布只依赖于 n 和 δ. $\qquad\square$

42. 设 $X_1, X_2, \cdots, X_n$ 为来自某总体 F 的 IID 样本, 且二阶矩有限, 试证明样本方差 $S_n^2 = \frac{1}{n-1}\sum\limits_{i=1}^{n}(X_i - \bar{X})^2$ 的期望等于总体方差 σ^2, 即 $ES_n^2 = \sigma^2$.

证明. 由 $X_1, \cdots, X_n$ IID 可知

$$
ES_n^2 = \frac{1}{n-1} E\left[\sum_{i=1}^{n} X_i^2 - n\bar{X}^2 \right] = \frac{n}{n-1}(EX_1^2 - E\bar{X}^2),
$$

又

$$
\text{Var}(\bar{X}) = \text{Var}\left(\frac{1}{n}\sum_{i=1}^{n} X_i \right) = \frac{1}{n^2}\sum_{i=1}^{n} \text{Var}(X_i) = \frac{\sigma^2}{n},
$$

$$
E\bar{X} = E\left(\frac{1}{n}\sum_{i=1}^{n} X_i \right) = EX_1,
$$

因而

$$
E\bar{X}^2 = \text{Var}\bar{X} + (E\bar{X})^2 = \frac{\sigma^2}{n} + (EX_1)^2,
$$

$$
EX_1^2 = \text{Var}X_1 + (EX_1)^2 = \sigma^2 + (EX_1)^2,
$$

代入可得

$$ES_n^2 = \frac{n}{n-1}\left[(\sigma^2 + (EX_1)^2) - \left(\frac{\sigma^2}{n} + (EX_1)^2\right)\right]$$
$$= \frac{n}{n-1} \cdot \frac{n-1}{n}\sigma^2$$
$$= \sigma^2. \qquad \square$$

43. 证明: 对于任意常数 c, d, 有

$$\sum_{i=1}^{n}(x_i - c)(y_i - d) = \sum_{i=1}^{n}(x_i - \bar{x})(y_i - \bar{y}) + n(\bar{x} - c)(\bar{y} - d).$$

证明.

$$\sum_{i=1}^{n}(x_i - c)(y_i - d) = \sum_{i=1}^{n}(x_i - \bar{x} + \bar{x} - c)(y_i - \bar{y} + \bar{y} - d)$$
$$= \sum_{i=1}^{n}[(x_i - \bar{x})(y_i - \bar{y}) + (x_i - \bar{x})(\bar{y} - d) +$$
$$(\bar{x} - c)(y_i - \bar{y}) + (\bar{x} - c)(\bar{y} - d)]$$
$$= \sum_{i=1}^{n}[(x_i - \bar{x})(y_i - \bar{y}) + (\bar{x} - c)(\bar{y} - d)] +$$
$$(\bar{y} - d)\sum_{i=1}^{n}(x_i - \bar{x}) + (\bar{x} - c)\sum_{i=1}^{n}(y_i - \bar{y})$$
$$= \sum_{i=1}^{n}(x_i - \bar{x})(y_i - \bar{y}) + n(\bar{x} - c)(\bar{y} - d). \qquad \square$$

44. 设 X 为一维随机变量, 对于两个常数 $a < b$, 定义

$$Y = \begin{cases} a, & X < a, \\ X, & a \leqslant X \leqslant b, \\ b, & X > b. \end{cases}$$

假设 $\mathrm{Var}(X)$ 存在, 且对于待估参数 $\theta \in [a, b]$, $\mathrm{MSE}_\theta(X) = E(X - \theta)^2$ 也存在. 证明:

(1) $\mathrm{MSE}_\theta(Y) \leqslant \mathrm{MSE}_\theta(X)$;

(2) $\mathrm{Var}(Y) \leqslant \mathrm{Var}(X)$, 等号当且仅当 $P\{X < a\} = P\{X > b\} = 0$ 时成立.

证明. (1) 由于 $\theta \in [a, b]$,

$$\mathrm{MSE}_\theta(Y) = E(Y - \theta)^2$$

$$= \int_{-\infty}^{a} (a-\theta)^2 \mathrm{d}F(x) + \int_{a}^{b} (x-\theta)^2 \mathrm{d}F(x) + \int_{b}^{\infty} (b-\theta)^2 \mathrm{d}F(x)$$

$$\leqslant \int_{-\infty}^{a} (x-\theta)^2 \mathrm{d}F(x) + \int_{a}^{b} (x-\theta)^2 \mathrm{d}F(x) + \int_{b}^{\infty} (x-\theta)^2 \mathrm{d}F(x)$$

$$= E(X-\theta)^2 = \mathrm{MSE}_\theta(X).$$

(2) **法一：**

由概率论知识, $EX = \arg\min_\theta E[(X-\theta)^2]$. 当 $EX \in [a,b]$ 时, 由 (1) 问, 不妨令 $\theta = EX$, 则

$$\mathrm{Var}(Y) = E[(Y-EY)^2] \leqslant E[(Y-EX)^2] \leqslant E[(X-EX)^2] = \mathrm{Var}(X).$$

当 $EX < a$ 时,

$$\mathrm{Var}(Y) = E[(Y-EY)^2] \leqslant E[(Y-a)^2]$$

$$= \int_{-\infty}^{a} (a-a)^2 \mathrm{d}F(x) + \int_{a}^{b} (x-a)^2 \mathrm{d}F(x) + \int_{b}^{\infty} (b-a)^2 \mathrm{d}F(x)$$

$$\leqslant \int_{-\infty}^{a} (x-EX)^2 \mathrm{d}F(x) + \int_{a}^{b} (x-EX)^2 \mathrm{d}F(x) + \int_{b}^{\infty} (x-EX)^2 \mathrm{d}F(x)$$

$$= E[(X-EX)^2] = \mathrm{Var}(X), \tag{1}$$

类似地可以证明当 $EX > b$ 时也有 $\mathrm{Var}(Y) \leqslant \mathrm{Var}(X)$.

综上所述, $\mathrm{Var}(Y) \leqslant \mathrm{Var}(X)$.

充分性：

当 $P\{X < a\} = P\{X > b\} = 0$ 时 $X \overset{d}{=} Y$, 因此 $\mathrm{Var}(X) = \mathrm{Var}(Y)$.

必要性：

当 $\mathrm{Var}(X) = \mathrm{Var}(Y)$ 时, 此时如果 $EX < a$ (X 不以概率 1 等于 EX), 则 (1) 式中不等号严格成立, 与 X 和 Y 方差相等矛盾, 同样 $EX > b$ 也是不可能的, 因此 $EX \in [a,b]$, 由 (1) 中证明知当且仅当 $P\{X < a\} = P\{X > b\} = 0$ 时成立等号.

法二： 对称构造法

假设 $X_1, X_2 \overset{\mathrm{IID}}{\sim} X, Y_1, Y_2 \overset{\mathrm{IID}}{\sim} Y$, 则

$$E(X_1 - X_2)^2 = 2E(X^2) - 2E(X)^2 = 2\mathrm{Var}(X),$$

$$E(Y_1 - Y_2)^2 = 2E(Y^2) - 2E(Y)^2 = 2\mathrm{Var}(Y),$$

且对任意样本空间内的事件 w_1, w_2, 有

$$|X_1(w_1) - X_2(w_2)| \geqslant |Y_1(w_1) - Y_2(w_2)|,$$

故 $E(X_1 - X_2)^2 \geqslant E(Y_1 - Y_2)^2$, 也即 $\mathrm{Var}(X) \geqslant \mathrm{Var}(Y)$.

进一步, $\mathrm{Var}(X) = \mathrm{Var}(Y)$ 成立当且仅当 $|X_1(w_1) - X_2(w_2)| = |Y_1(w_1) - Y_2(w_2)|$ 对任意 w_1, w_2 成立, 此时对应事件集合为 $\{w : a \leqslant X(w) \leqslant b\}$, 故 $P\{X < a\} = P\{X > b\} = 0$.

注 1.3. 严格地说, 当 $\mathrm{Var}(X) = \mathrm{Var}(Y)$ 时, $P\{X < a\}$ 或 $P\{X > b\}$ 不一定全为 0, 一个例子是, 如果 X 以概率 1 为一个常数 c, 且 $c < a$, 则 $\mathrm{Var}(X) = \mathrm{Var}(Y) = 0$. 在这道题中我们忽略这种特殊情况. $\square$

45. 设 T_k 是强度为 λ 的 Poisson 过程中第 k 个事件的发生时刻, 证明:

(1) $T_1, T_2 - T_1, \cdots, T_n - T_{n-1}$ 独立同分布;

(2) $T_k \sim \Gamma(n, \lambda)$.

证明. (1) 记 $T_0 = 0$, $X_n = T_n - T_{n-1}, n \in \mathbf{N}^*$ 为到达间隔时间序列.

$$P\{X_1 > t\} = P\{N(t) = 0\} = \mathrm{e}^{-\lambda t},$$

即 X_1 具有均值为 $1/\lambda$ 的指数分布, 同理

$$\begin{aligned}
P\{X_2 > t | X_1 = s\} &= P\{(s, s+t] \text{ 中 } 0 \text{ 个事件} | X_1 = s\} \\
&= P\{(s, s+t] \text{ 中 } 0 \text{ 个事件}\} \\
&= \mathrm{e}^{-\lambda t},
\end{aligned}$$

即 X_2 同样具有均值为 $1/\lambda$ 的指数分布, 且 X_2 与 X_1 独立. 类似地可以归纳证明 X_k 与 $(X_{k-1}, X_{k-2}, \cdots, X_1)$ 独立且同样具有均值为 $1/\lambda$ 的指数分布, 即 $T_1, T_2 - T_1, \cdots, T_n - T_{n-1}$ 独立同分布.

(2) 由 Gamma 分布的可加性, $T_k = \sum_{i=1}^{k} (T_i - T_{i-1}) \sim \Gamma(n, \lambda)$.

注 1.4. 注意两两独立和相互独立的区别, 归纳法只证明 X_k 与 X_{k-1} 独立是有问题的; 同时, 单独的独立增量性不能推出到达间隔时间独立, 一个反例是非时齐泊松过程, 同样具有独立增量性, 但其到达间隔时间是不独立的. $\square$

46. 设 $X_1, \cdots, X_n$ 为来自指数分布 $Exp(1)$ 的 IID 样本, 记 $Z_i = X_{(i)} - X_{(i-1)}, X_{(0)} = 0$. 证明

(1) $Z_1, \cdots, Z_n$ 独立;

(2) $2\left[\sum_{i=1}^{r} X_{(i)} + (n-r)X_{(r)}\right] \sim \chi^2(2r)$.

证明. (1) 由概率论知识, $X_{(1)}, X_{(2)}, \cdots, X_{(n)}$ 的联合密度为

$$f_{X_{(1)}, \cdots, X_{(n)}}(x_1, \cdots, x_n) = n! \exp\left(-\sum_{i=1}^{n} x_i\right) I_{(0 < x_1 < \cdots < x_n)},$$

利用概率密度变换公式可得

$$f_{Z_1, \cdots, Z_n}(z_1, \cdots, z_n) = n! \exp\left(-\sum_{i=1}^{n}(n+1-i)z_i\right),$$

注意到联合密度可因式分解, 故 $Z_1, Z_2, \cdots, Z_n$ 独立, 且 $Z_i \sim \Gamma(1, n+1-i)$.

(2) 注意到

$$2\left[\sum_{i=1}^{r}X_{(i)} + (n-r)X_{(r)}\right] = \sum_{i=1}^{r}2(n+1-i)Z_i,$$

由 Gamma 分布的可加性和伸缩性, $2(n+1-i)Z_i \sim \Gamma(r, 1/2)$, 故可得

$$2\left[\sum_{i=1}^{r}X_{(i)} + (n-r)X_{(r)}\right] \sim \chi^2(2r). \qquad \square$$

2

第 2 章

点 估 计

1. 设总体 X 的 CDF 为

$$P\{X = x\} = p(1-p)^{x-1}, \quad x = 1, 2, \cdots,$$

$X_1, \cdots, X_n$ 为来自此总体的 IID 样本, 试求 p 的矩估计和 MLE.

解. 矩估计:

$\bar{X} = E(X)$, 而 $E(X) = \sum\limits_{n=1}^{\infty} p(1-p)^{n-1} \cdot n = \frac{1}{p}$, 故 $\bar{X} = \frac{1}{p} \Rightarrow \hat{p} = \frac{1}{\bar{X}}$.

MLE: 联合概率密度函数为

$$p(\boldsymbol{x}; p) = p^n (1-p)^{\sum\limits_{i=1}^{n} x_i - n} I_{(x_i = 1, 2, \cdots)},$$

从而

$$l(p; \boldsymbol{x}) = n \ln p + \left(\sum_{i=1}^{n} x_i - n \right) \ln(1-p),$$

求导得似然方程为

$$\frac{\partial l}{\partial p} = \frac{n}{p} - \frac{\sum\limits_{i=1}^{n} x_i - n}{1-p} = 0,$$

因而 $\hat{p}_{\mathrm{MLE}} = \frac{1}{\bar{X}}$. $\qquad\qquad\qquad\qquad\qquad\qquad\qquad\square$

2. 设 $X_1, \cdots, X_n$ 为来自总体分布

$$f(x; \alpha) = \begin{cases} (\alpha + 1) x^{\alpha}, & 0 < x < 1, \\ 0, & \text{其他} \end{cases}$$

的 IID 样本, 试求 α 的矩估计和 MLE.

解. 矩估计:

$a_1 = E(X)$, 而 $E(X) = \int_0^1 x(\alpha + 1) x^{\alpha} \mathrm{d}x = \frac{\alpha+1}{\alpha+2}$, 即 $\bar{X} = \frac{\alpha+1}{\alpha+2}$, 因而 $\hat{\alpha} = \frac{2\bar{X}-1}{1-\bar{X}}$.

MLE:

联合概率密度函数为

$$f(\boldsymbol{x}; \alpha) = (\alpha + 1)^n (x_1 \cdots x_n)^{\alpha} I_{(0 < x_{(1)} \leqslant x_{(n)} < 1)},$$

因而

$$l(\alpha; \boldsymbol{x}) = n \ln(\alpha + 1) + \alpha \left(\sum_{i=1}^{n} \ln x_i \right),$$

由

$$\frac{\partial l}{\partial \alpha} = \frac{n}{\alpha + 1} + \sum_{i=1}^{n} \ln x_i = 0,$$

解得 $\hat{\alpha}_{\mathrm{MLE}} = -\dfrac{n}{\sum\limits_{i=1}^{n} \ln X_i} - 1.$ $\qquad\square$

3. 设 $X_1, \cdots, X_n$ 为来自总体 X 的 IID 样本, n 个正常数 α_i 满足 $\sum\limits_{i=1}^{n} \alpha_i = 1$. 试证在 $E(X)$ 的所有形如 $\sum\limits_{i=1}^{n} \alpha_i X_i$ 的 UE 中, 以 $\bar{X}$ 为最优 (最优的标准为方差最小).

证明. 由样本 $X_1, \cdots, X_n$ IID 可知

$$\mathrm{Var}\left(\sum_{i=1}^{n} \alpha_i x_i\right) = \left(\sum_{i=1}^{n} \alpha_i^2\right) \mathrm{Var}(X),$$

又由 Cauchy–Schwarz 不等式

$$\left(\sum_{i=1}^{n} \alpha_i^2\right) \mathrm{Var}(X) \geqslant \frac{1}{n}\left(\sum_{i=1}^{n} \alpha_i\right)^2 \mathrm{Var}(X) = \frac{1}{n}\,\mathrm{Var}(X),$$

当且仅当 $\alpha_1 = \alpha_2 = \cdots = \alpha_n$ 时, 等号成立, 即以 $\bar{X}$ 为最优. $\qquad\square$

4. 设 $X_1, \cdots, X_n$ 为来自双指数分布

$$f(x; \theta, \lambda) = \begin{cases} \dfrac{1}{\lambda} \mathrm{e}^{-(x-\theta)/\lambda}, & x \geqslant \theta, \lambda > 0, \\ 0, & \text{其他} \end{cases}$$

的 IID 样本, 试求 θ, λ 的 MLE.

解. 联合概率密度函数为

$$f(\boldsymbol{x}; \theta, \lambda) = \frac{1}{\lambda^n} \exp\left\{-\frac{1}{\lambda}\left(\sum_{i=1}^{n} x_i - n\theta\right)\right\} I_{(x_{(1)} \geqslant \theta)},$$

故对数似然函数为

$$l(\theta, \lambda; \boldsymbol{x}) = -n \ln \lambda - \frac{n}{\lambda}(\bar{X} - \theta) \quad (\lambda > 0, \theta \leqslant x_{(1)}),$$

则 $\frac{\partial l}{\partial \theta} = \frac{n}{\lambda} > 0$, 故 $\hat{\theta}$ 取 $\theta_{\max} = X_{(1)}$. 再通过似然方程

$$\frac{\partial l}{\partial \lambda} = -\frac{n}{\lambda} + \frac{n}{\lambda^2}(\bar{X} - \theta) = 0$$

解得 $\hat{\lambda} = \bar{X} - \hat{\theta} = \bar{X} - X_{(1)}$, 综上可得 MLE 为

$$\begin{cases} \hat{\theta} = X_{(1)}, \\ \hat{\lambda} = \bar{X} - X_{(1)}. \end{cases}$$ $\qquad\square$

5. 设 $X_1, \cdots, X_n$ 为来自总体 $N(\mu, \sigma^2)$ 的 IID 样本, 求满足

$$P\{X > a\} = \int_a^\infty \frac{1}{\sqrt{2\pi}\sigma} \mathrm{e}^{-\frac{(x-\mu)^2}{2\sigma^2}} \mathrm{d}x = 0.05$$

的点 a 的 MLE.

解. 由题意

$$P\left\{ \frac{X-\mu}{\sigma} > \frac{a-\mu}{\sigma} \right\} = 0.05,$$

即 $\Phi\left(\frac{a-\mu}{\sigma}\right) = 0.95$, 故 $\frac{a-\mu}{\sigma} = \Phi^{-1}(0.95)$, 解得 $a = \mu + \sigma \Phi^{-1}(0.95)$. 由 MLE 的不变性知

$$\hat{a} = \hat{\mu}_{\mathrm{MLE}} + \hat{\sigma}_{\mathrm{MLE}} \Phi^{-1}(0.95).$$

而 $\hat{\mu}_{\mathrm{MLE}} = \bar{X}$, $\hat{\sigma}^2_{\mathrm{MLE}} = S_n^{*2}$. 又由 MLE 的不变性可知 $\hat{\sigma}_{\mathrm{MLE}} = S_n^*$, 从而 $\hat{a}_{\mathrm{MLE}} = \bar{X} + 1.64 S_n^*$. $\qquad\square$

6. 设 $X_1, \cdots, X_n$ 为来自均匀分布 $U(a, b)$ 的 IID 样本, 试求 a^2 的 MLE.

解. X_i 的概率密度函数为

$$f(x; a, b) = \frac{1}{b-a} I_{(a < x < b)},$$

因而联合概率密度函数为

$$f(\boldsymbol{x}; a, b) = \frac{1}{(b-a)^n} I_{(a < x_{(1)} \leqslant x_{(n)} < b)},$$

从而

$$L(a, b; \boldsymbol{x}) = \frac{1}{(b-a)^n} I_{(a < x_{(1)} \text{ 且 } b > x_{(n)})}.$$

显然, a 越大, $L(a, b; \boldsymbol{x})$ 越大, 故 $\hat{a} = \sup\{a : a < X_{(1)}\} = X_{(1)}$, 从而由 MLE 的不变性知 $\hat{a^2} = X_{(1)}^2$. $\qquad\square$

7. 设某种产品的寿命 X 服从指数分布 $Exp(\lambda)$, t_0 为给定常数, $X_1, \cdots, X_n$ 是独立观测到的 n 件产品的寿命, 求产品在 t_0 前失效的概率 $P\{X \leqslant t_0\} = 1 - \mathrm{e}^{-\lambda t_0} = g(\lambda)$ 的 UMVUE.

解. 联合概率密度函数为

$$f(\boldsymbol{x}; \lambda) = \lambda^n \exp\left\{ -\lambda \left(\sum_{i=1}^n x_i \right) \right\},$$

其中 $\eta = -\lambda < 0$, 有内点、满秩, 故 $\sum_{i=1}^n X_i$ 为充分完备统计量, 再构造一个 UE:

$$\psi(X) = \begin{cases} 1, & X_1 \leqslant t_0, \\ 0, & X_1 > t_0, \end{cases}$$

则 $E\psi(X) = P\{X_1 \leqslant t_0\} = g(\lambda)$, 故

$$E\left[\psi(X) \mid \sum_{i=1}^{n} X_i = t\right] = P\left\{\psi(X) = 1 \mid \sum_{i=1}^{n} X_i = t\right\} = P\left\{X_1 \leqslant t_0 \mid \sum_{i=1}^{n} X_i = t\right\}$$

$$= \int_0^{t_0} f_{X_1 \mid \sum\limits_{i=1}^{n} X_i}(x \mid t) \mathrm{d}x,$$

从而由 $\sum\limits_{i=2}^{n} X_i \sim \Gamma(n-1,\lambda), \sum\limits_{i=1}^{n} X_i \sim \Gamma(n,\lambda)$ 可得

$$f_{X_1 \mid \sum\limits_{i=1}^{n} X_i}(x \mid t) = \frac{f(x,t)}{f(t)} = \frac{f(x;\lambda) \cdot f(t-x;n-1,\lambda)}{f(t;n,\lambda)}$$

$$= \frac{\lambda \mathrm{e}^{-\lambda x} \cdot \frac{\lambda^{n-1}}{\Gamma(n-1)}(t-x)^{n-2}\mathrm{e}^{-\lambda(t-x)}}{\frac{\lambda^n}{\Gamma(n)}t^{n-1}\mathrm{e}^{-\lambda t}}$$

$$= (n-1) \cdot \frac{1}{t}\left(1-\frac{x}{t}\right)^{n-2},$$

故

$$E\left[\psi(X) \mid \sum_{i=1}^{n} X_i = t\right] = 1 - \left(1 - \frac{t_0}{t}\right)^{n-1},$$

从而 $g(\lambda)$ 的 UMVUE 为 $1 - \left(1 - \frac{t_0}{T}\right)^{n-1}$, 其中 $T = \sum\limits_{i=1}^{n} X_i$. $\qquad \square$

8. 设 $X_1, \cdots, X_n$ 为来自均匀分布 $U(0,\theta)$ 的 IID 样本, 其中 $\theta > 0$ 为未知参数.

(1) 试证明 $\hat{\theta}_1 = \frac{n+1}{n} X_{(n)}, \hat{\theta}_2 = (n+1)X_{(1)}$ 均是 θ 的 UE.

(2) 上述两个估计中哪个方差最小?

(3) 试证明 $\hat{\theta}_1$ 是 θ 的 UMVUE.

解. (1) 令 $Y_i = \frac{X_i}{\theta}$, 则 $Y_1, \cdots, Y_n \sim U(0,1)$, 从而 $Y_{(n)} \sim \beta(n,1)$, $Y_{(1)} \sim \beta(1,n)$,

$$EY_{(1)} = \frac{1}{n+1} = \frac{1}{\theta}EX_{(1)}, \quad EY_{(n)} = \frac{n}{n+1} = \frac{1}{\theta}EX_{(n)},$$

因而 $E\left(\frac{n+1}{n}X_{(n)}\right) = \theta, E[(n+1)X_{(1)}] = \theta$, 即 $\hat{\theta}_1$ 与 $\hat{\theta}_2$ 均为 θ 的 UE.

(2) 分别计算 $\hat{\theta}_1$ 与 $\hat{\theta}_2$ 的方差

$$\mathrm{Var}(\hat{\theta}_1) = \frac{(n+1)^2}{n^2}\mathrm{Var}(X_{(n)}) = \frac{(n+1)^2}{n^2} \cdot \frac{n\theta^2}{(n+1)^2(n+2)} = \frac{\theta^2}{n(n+2)},$$

$$\mathrm{Var}(\hat{\theta}_2) = (n+1)^2 \mathrm{Var}(X_{(1)}) = (n+1)^2 \frac{n\theta^2}{(n+1)^2(n+2)} = \frac{n}{n+2}\theta^2,$$

显然 $\hat{\theta}_1$ 方差更小.

(3) 由于 $\hat{\theta}_1$ 为充分统计量, 我们只需证明 $\hat{\theta}_1$ 是完备的, 任取 $\nu(\hat{\theta}_1) \in U_0$, 有 $E\nu(\hat{\theta}_1) = 0$, 而 $\hat{\theta}_1$ 的密度函数为

$$f(x,\theta) = nx^{n-1}/\theta^n I_{(0<x<\theta)},$$

因而

$$\int_0^\theta \nu(\hat{\theta}_1) nx^{n-1}/\theta^n \mathrm{d}x = 0,$$

即

$$\int_0^\theta \nu(\hat{\theta}_1) x^{n-1} \mathrm{d}x = 0.$$

对 θ 求导得: $\nu(\hat{\theta}_1)\theta^{n-1} = 0$, 即有 $\nu(\hat{\theta}_1) = 0$, 故可得 $E\nu(\hat{\theta}_1)\hat{\theta}_1 = 0$. 因而 $\hat{\theta}_1$ 是 θ 的充分完备统计量, 又 $\hat{\theta}_1$ 为 θ 的 UE, 故 $\hat{\theta}_1$ 为 θ 的 UMVUE. $\qquad \square$

9. 设 $X_1, \cdots, X_n$ 为来自 $N(0,\sigma^2)$ 的 IID 样本, 试求 σ^2 的充分完备统计量, σ 和 $3\sigma^4$ 的 UMVUE, 并证明 $\frac{1}{n}\sum_{i=1}^n X_i^2$ 是 σ^2 的有效估计和相合估计.

证明. 联合概率密度函数为

$$f(\boldsymbol{x},\theta) = (2\pi\sigma^2)^{-\frac{n}{2}} \exp\left\{ -\frac{1}{2\sigma^2}\sum_{i=1}^n x_i^2 \right\},$$

而 $\eta = -\frac{1}{2\sigma^2} < 0$ 有内点, 故 $\sum_{i=1}^n X_i^2$ 为充分完备统计量. 注意到

$$E\left[\sqrt{\sum_{i=1}^n X_i^2} \right] = \sigma E\left[\sqrt{\sum_{i=1}^n \left(\frac{X_i}{\sigma}\right)^2} \right],$$

又由 $\frac{X_i}{\sigma} \sim N(0,1)$, $\sum_{i=1}^n \left(\frac{X_i}{\sigma}\right)^2 \sim \chi^2(n)$, 故

$$
\begin{aligned}
E\left[\sqrt{\sum_{i=1}^n X_i^2} \right] &= \sigma \int_0^\infty \sqrt{x} \cdot \frac{1}{2^{n/2}\Gamma\left(\frac{n}{2}\right)} x^{\frac{n}{2}-1} \mathrm{e}^{-\frac{x}{2}} \mathrm{d}x \\
&= \frac{\sigma}{2^{n/2}\Gamma\left(\frac{n}{2}\right)} \cdot 2^{\frac{n+1}{2}}\Gamma\left(\frac{n+1}{2}\right) \\
&= \frac{\sqrt{2}\Gamma\left(\frac{n+1}{2}\right)}{\Gamma\left(\frac{n}{2}\right)}\sigma,
\end{aligned}
$$

因而 $T_1\left(\sum\limits_{i=1}^{n} X_i^2\right) = \dfrac{\Gamma\left(\frac{n}{2}\right)}{\sqrt{2}\Gamma\left(\frac{n+1}{2}\right)}\sqrt{\sum\limits_{i=1}^{n} X_i^2}$ 为 σ 的 UMVUE. 又因为

$$E\left[\left(\sum_{i=1}^{n} X_i^2\right)^2\right] = E\left[\left(\sum_{i=1}^{n}\left(\frac{X_i}{\sigma}\right)^2\right)^2\right]\sigma^4$$

$$= \sigma^4 \int_0^\infty x^2 \cdot \frac{1}{2^{n/2}\Gamma\left(\frac{n}{2}\right)} x^{\frac{n}{2}-1}\mathrm{e}^{-\frac{x}{2}}\mathrm{d}x$$

$$= \frac{\sigma^4}{2^{n/2}\Gamma\left(\frac{n}{2}\right)} \cdot 2^{\frac{n}{2}+2}\Gamma\left(\frac{n}{2}+2\right)$$

$$= n(n+2)\sigma^4,$$

因此 $T_2\left(\sum\limits_{i=1}^{n} X_i^2\right) = \dfrac{3}{n(n+2)}\left(\sum\limits_{i=1}^{n} X_i^2\right)^2$ 为 $3\sigma^4$ 的 UMVUE, 又

$$\mathrm{Var}\left(\frac{1}{n}\sum_{i=1}^{n} X_i^2\right) = \frac{\sigma^4}{n^2}\cdot 2n = \frac{2\sigma^4}{n},$$

$$\frac{\partial}{\partial\sigma^2}\ln f(x,\sigma^2) = \frac{x^2}{2\sigma^4} - \frac{1}{2\sigma^2}, \quad \frac{\partial^2}{\partial(\sigma^2)^2}\ln f(x,\sigma^2) = -\frac{x^2}{\sigma^6} + \frac{1}{2\sigma^4},$$

故 $I(\theta) = -E\left[\frac{\partial^2}{\partial(\sigma^2)^2}\ln f(X,\sigma^2)\right] = \frac{1}{2\sigma^4}$, 计算效率得

$$e_n\left(\frac{1}{n}\sum_{i=1}^{n} X_i^2\right) = \left[\mathrm{Var}\left(\frac{1}{n}\sum_{i=1}^{n} X_i^2\right)nI(\theta)\right]^{-1} = 1,$$

故上述为有效估计. 又 $E\left[\frac{1}{n}\sum\limits_{i=1}^{n} X_i^2\right] = \sigma^2 < \infty$, 由 Kolmogorov 强大数定律知:

$$\frac{1}{n}\sum_{i=1}^{n} X_i^2 \xrightarrow{\text{a.s.}} \sigma^2,$$

即强相合估计. □

10. 设 $a_1,\cdots,a_n$ 是 n 个实数, 定义函数 $h(a) = \sum\limits_{i=1}^{n}|a_i - a|$. 证明:

(1) 当 a 为 $a_1,\cdots,a_n$ 的样本中位数时, $h(a)$ 达到最小值;

(2) 设 $X_1,\cdots,X_n$ 为来自具有 PDF 为 $\mathrm{e}^{-|x-\theta|}/2$ 的总体 (此分布称为 Laplace 分布) 的 IID 样本, 求参数 θ 的矩估计与 MLE.

解. (1) 利用几何意义绘制直线图易知

当 n 为奇数时:

当 $a < a_{\left(\frac{n+1}{2}\right)}$ 时, $h(a) \geqslant \left(\frac{n-1}{2}\right)(x_{(n)} - x_{(1)})$; 当 $a > a_{\left(\frac{n+1}{2}\right)}$ 时同理.

当 n 为偶数时:

当 $a_{\left(\frac{n}{2}\right)} \leqslant a \leqslant a_{\left(\frac{n}{2}+1\right)}$ 时, 均能取到 $h(a)_{\min} = \frac{n}{2}\left(x_{(n)} - x_{(1)}\right)$.

因而取 $a = a_{\mathrm{med}}$ 时总能取到 $h(a)$ 的最小值.

(2) 由 $f(x;\theta) = \frac{1}{2}\mathrm{e}^{-|x-\theta|}$, 因而 $EX = \int_{-\infty}^{\infty} x f(x;\theta)\mathrm{d}x = \theta$, 即矩估计 $\hat{\theta}_1 = \bar{X}$; 又联合概率密度函数为

$$f(\boldsymbol{x},\theta) = \frac{1}{2^n}\mathrm{e}^{-\sum\limits_{i=1}^{n}|x_i-\theta|} = L(\theta;\boldsymbol{x}),$$

欲使 $L(\theta;\boldsymbol{x})$ 达到最大值, 即使 $\sum\limits_{i=1}^{n}|x_i - \theta|$ 达到最小值. 由 (1) 所证, θ 取 $x_1,\cdots,x_n$ 的中位数即可, 即 $\hat{\theta}_{\mathrm{MLE}} = X_{\mathrm{med}}$. $\qquad\square$

11. (1) 证明

$$f(x;a,\sigma) = (\sqrt{2\pi}\sigma^3)^{-1}(x-a)^2\exp\{-(x-a)^2/2\sigma^2\}, \quad x \in \mathbf{R}$$

作为 x 的函数是一 PDF, 其中 $a \in \mathbf{R}$, $\sigma > 0$ 为参数.

(2) 设 $X_1,\cdots,X_n$ 为来自此上述总体的 IID 样本, 求 a,σ^2 的矩估计.

(3) 给出 a,σ^2 的 MLE 所满足的方程, 并给出一种迭代求解方法.

解. (1) $f(x;a,\sigma) \geqslant 0$, 同时

$$\int_{-\infty}^{\infty}\left(\sqrt{2\pi}\sigma^3\right)^{-1}(x-a)^2\exp\left\{-(x-a)^2/2\sigma^2\right\}\mathrm{d}x$$

$$= \left(\sqrt{2\pi}\sigma^3\right)^{-1}\int_{-\infty}^{\infty}(x-a)^2\exp\left\{-(x-a)^2/2\sigma^2\right\}\mathrm{d}(x-a)$$

$$= \left(\sqrt{2\pi}\sigma^3\right)^{-1}\int_{-\infty}^{\infty}t^2\exp\left\{-\frac{t^2}{2\sigma^2}\right\}\mathrm{d}t$$

$$= \left(\sqrt{2\pi}\sigma^3\right)^{-1}\int_{0}^{\infty}2\sigma^2\cdot\sqrt{2}\sigma\frac{t}{\sqrt{2}\sigma}\exp\left\{-\frac{t^2}{2\sigma^2}\right\}\mathrm{d}\left(\frac{t^2}{2\sigma^2}\right)$$

$$= \left(\sqrt{2\pi}\sigma^3\right)^{-1}2\sqrt{2}\sigma^3\Gamma\left(\frac{3}{2}\right)$$

$$= \left(\sqrt{2\pi}\sigma^3\right)^{-1}2\sqrt{2}\sigma^3\cdot\frac{1}{2}\sqrt{\pi}$$

$$= 1,$$

故 $f(x;a,\sigma)$ 为一个 PDF.

(2) 注意到

$$E(X) = \int_{-\infty}^{\infty} x\left(\sqrt{2\pi}\sigma^3\right)^{-1}(x-a)^2\exp\left\{-(x-a)^2/2\sigma^2\right\}\mathrm{d}x$$

$$= \int_{-\infty}^{\infty}(x-a)^3\left(\sqrt{2\pi}\sigma^3\right)^{-1}\exp\left\{-(x-a)^2/2\sigma^2\right\}\mathrm{d}x+$$

$$a \int_{-\infty}^{\infty} \left(\sqrt{2\pi}\sigma^3\right)^{-1} (x-a)^2 \exp\left\{-(x-a)^2/2\sigma^2\right\} \mathrm{d}x$$

$$= a + \int_{-\infty}^{\infty} \left(\sqrt{2\pi}\sigma^3\right)^{-1} t^3 \exp\left\{-t^2/2\sigma^2\right\} \mathrm{d}t,$$

由于 $\left(\sqrt{2\pi}\sigma^3\right)^{-1} t^3 \exp\left\{-t^2/2\sigma^2\right\}$ 为奇函数, 故 $E(X) = a$. 又

$$\mathrm{Var}(X) = E(X-a)^2 = \int_{-\infty}^{\infty} \left(\sqrt{2\pi}\sigma^3\right)^{-1} (x-a)^4 \exp\left\{-(x-a)^2/2\sigma^2\right\} \mathrm{d}x$$

$$= \left(\sqrt{2\pi}\sigma^3\right)^{-1} \int_{-\infty}^{\infty} t^4 \exp\left\{-\frac{t^2}{2\sigma^2}\right\} \mathrm{d}t$$

$$= \left(\sqrt{2\pi}\sigma^3\right)^{-1} 2 \int_{0}^{\infty} \sigma^2 \cdot 2\sqrt{2}\sigma^3 \left(\frac{t}{\sqrt{2}\sigma}\right)^3 \exp\left\{-\frac{t^2}{2\sigma^2}\right\} \mathrm{d}\frac{t}{\sqrt{2}\sigma}$$

$$= \frac{24\sigma^2}{\sqrt{\pi}},$$

因此可得矩估计 $\bar{X} = \hat{a}, \hat{\sigma^2} = \frac{\sqrt{\pi}S_n^{*2}}{24}$.

(3) 由概率密度函数

$$f\left(x; a, \sigma^2\right) = \left(\sqrt{2\pi}\sigma^3\right)^{-1} (x-a)^2 \exp\left\{-(x-a)^2/2\sigma^2\right\}$$

可得似然函数

$$L\left(a, \sigma^2; \boldsymbol{x}\right) = \left(\sqrt{2\pi}\sigma^3\right)^{-n} \prod_{i=1}^{n} (x_i - a)^2 \exp\left\{-\frac{1}{2\sigma^2} \sum_{i=1}^{n} (x_i - a)^2\right\},$$

从而, 可得对数似然函数为

$$l\left(a, \sigma^2; \boldsymbol{x}\right) = -\frac{3}{2}n \ln \sigma^2 + \sum_{i=1}^{n} \ln (x_i - a)^2 - \frac{1}{2\sigma^2} \sum_{i=1}^{n} (x_i - a)^2,$$

因而, 似然方程为

$$\begin{cases} \dfrac{\partial l}{\partial a} = 2 \sum_{i=1}^{n} \dfrac{1}{|a - x_i|} - \dfrac{1}{\sigma^2} \sum_{i=1}^{n} (a - x_i) = 0, \\[2mm] \dfrac{\partial l}{\partial \sigma^2} = -\dfrac{3}{2}n \cdot \dfrac{1}{\sigma^2} + \dfrac{1}{2\sigma^4} \sum_{i=1}^{n} (x_i - a)^2 = 0. \end{cases}$$

利用迭代算法: Newton–Raphson 算法/Fisher 得分法可得到该问题的数值解. □

12. 设 X 为来自 Poisson 分布 $P(\lambda)$ 的一个样本, 参数 λ 的先验 PDF 为 $\pi(\lambda) = \mathrm{e}^{-\lambda}$, $\lambda > 0$ (当 $\lambda \leqslant 0$ 时, $\pi(\lambda) = 0$). 试求 λ 的 Bayes 估计.

解. 联合概率密度为

$$f(x;\lambda) = f(x \mid \lambda)\pi(\lambda) = \mathrm{e}^{-\lambda}\frac{\lambda^x}{x!} \cdot \mathrm{e}^{-\lambda} = \mathrm{e}^{-2\lambda}\lambda^x \cdot \frac{1}{x!},$$

因而后验分布为

$$f(\lambda \mid x) = \frac{f(x,\lambda)}{f(x)} \propto f(x,\lambda) \propto 2\mathrm{e}^{-2\lambda}(2\lambda)^x,$$

从而 $\Lambda \mid X \sim \Gamma(X+1,2)$, 有 Bayes 估计 $\hat{\lambda} = E[\Lambda \mid X] = \frac{X+1}{2}$. $\qquad\square$

13. 设 $X_1, \cdots, X_n$ 为来自均匀分布 $U(0,\theta)$ 的 IID 样本, 证明:

(1) $\hat{\theta}_1 = X_{(n)} + X_{(1)}$ 是 θ 的一个 UE;

(2) 对适当选择的常数 c_n, $\hat{\theta}_2 = c_n X_{(1)}$ 是 θ 的 UE, 但这个估计的方差比另外两个 UE: $\hat{\theta}_3 = 2\bar{X}$ 和 $\hat{\theta}_4 = \frac{n+1}{n}X(n)$ 都大 (除非 $n = 1$).

证明. (1) 考虑到 $\frac{X_{(n)}}{\theta} \sim \beta(n,1), \frac{X_{(1)}}{\theta} \sim \beta(1,n)$, 因而

$$E\left(\frac{X_{(n)}}{\theta}\right) = \frac{n}{n+1}, \quad E\left(\frac{X_{(1)}}{\theta}\right) = \frac{1}{n+1},$$

故 $E\left(X_{(1)} + X_{(n)}\right) = \theta$, 即 $X_{(n)} + X_{(1)}$ 为 θ 的 UE.

(2) 计算 $X_{(1)}$ 的概率密度函数:

$$f_{X_{(1)}}(x) = n(1 - x/\theta)^{n-1} \cdot \frac{1}{\theta},$$

因而

$$EX_{(1)}^2 = \int_0^\theta nx^2(1-x/\theta)^{n-1} \cdot \frac{1}{\theta}\mathrm{d}x = \frac{2\theta^2}{(n+2)(n+1)},$$

$$\mathrm{Var}(X_{(1)}) = EX_{(1)}^2 - (EX_{(1)})^2 = \frac{2\theta^2}{(n+2)(n+1)} - \frac{\theta^2}{(n+1)^2} = \frac{n\theta^2}{(n+2)(n+1)^2}.$$

令 $c_n = n + 1$, 则 $\hat{\theta}_2$ 为 θ 的 UE, 此时

$$\mathrm{Var}(\hat{\theta}_2) = (n+1)^2 \mathrm{Var}\, X_{(1)} = \frac{n\theta^2}{n+2},$$

$$\mathrm{Var}(\hat{\theta}_3) = 4\,\mathrm{Var}(\bar{X}) = 4\,\mathrm{Var}\left(\frac{1}{n}\sum_{i=1}^n X_i\right) = \frac{4}{n}\,\mathrm{Var}(X_1) = \frac{\theta^2}{3n} < \mathrm{Var}(\hat{\theta}_2),$$

而 $\hat{\theta}_4$ 为 UMVUE, 方差最小. $\qquad\square$

14. 设 $X_1, \cdots, X_n$ 为来自 PDF 为

$$f(x,\theta) = \begin{cases} 2\sqrt{\theta/\pi}\exp\{-\theta x^2\}, & x > 0, \\ 0, & x \leqslant 0 \end{cases}$$

的总体的 IID 样本, 证明: 对适当选取的常数 c, $\hat{\theta} = c\sum\limits_{i=1}^{n} X_i^2/n$ 是 $1/\theta$ 的 UMVUE.

证明. 由于联合概率密度函数

$$f(\boldsymbol{x};\theta) = 2^n \left(\frac{\theta}{\pi}\right)^{\frac{n}{2}} \exp\left\{-\theta\sum_{i=1}^{n} x_i^2\right\}$$

为指数族, 且 $\sum\limits_{i=1}^{n} X_i^2$ 为充分完备统计量. 故题中 $\hat{\theta} = c\sum\limits_{i=1}^{n} X_i^2/n$ 当为 $1/\theta$ 的 UE 时, 必能为 UMVUE. 下面只需求 UE:

$$
\begin{aligned}
E(X^2) &= \int_0^\infty 2\sqrt{\frac{\theta}{\pi}} x^2 \cdot \exp\left\{-\theta x^2\right\} \mathrm{d}x \\
&= 2\sqrt{\frac{\theta}{\pi}} \int_0^\infty \frac{1}{2\theta\sqrt{\theta}} \left(\theta x^2\right)^{\frac{1}{2}} \exp\left\{-\theta x^2\right\} \mathrm{d}\left(\theta x^2\right) \\
&= 2\sqrt{\frac{\theta}{\pi}} \cdot \frac{1}{2\theta\sqrt{\theta}} \cdot \frac{\sqrt{\pi}}{2} = \frac{1}{2\theta},
\end{aligned}
$$

则 $E(\hat{\theta}) = \frac{c}{2\theta} = \frac{1}{\theta}$, 可得当 $c = 2$ 时, 满足题目条件. $\square$

15. 证明: (1) 若 $\hat{\theta}_1, \hat{\theta}_2$ 是 θ 的 UMVUE, 则 $(\hat{\theta}_1 + \hat{\theta}_2)/2$ 也是.

(2) 如果 $\hat{\theta}$ 是 θ 的 UMVUE, 而 $a \neq 0$ 和 b 都是已知常数, 则 $a\hat{\theta} + b$ 是 $a\theta + b$ 的 UMVUE.

证明. (1) 由 UMVUE 存在即唯一可知 $\hat{\theta}_1$ 与 $\hat{\theta}_2$ 以概率 1 相等, 从而 $(\hat{\theta}_1 + \hat{\theta}_2)/2 = \hat{\theta}_1$ 为 UMVUE.

(2) 由于

$$E(a\hat{\theta} + b) = aE(\hat{\theta}) + b = a\theta + b,$$

故 $a\hat{\theta} + b$ 为 UE, 从而对任意的 $a\theta + b$ 的无偏估计 T, 满足 $\frac{T-b}{a}$ 为 $\hat{\theta}$ 的 UE. 又 $\hat{\theta}$ 为 θ 的 UMVUE, 即

$$\mathrm{Var}(\hat{\theta}) \leqslant \mathrm{Var}\left(\frac{T-b}{a}\right) \leqslant \frac{1}{a^2}\mathrm{Var}(T),$$

故

$$\mathrm{Var}(T) \geqslant a^2\mathrm{Var}(\hat{\theta}) = \mathrm{Var}(a\hat{\theta} + b),$$

因此 $a\hat{\theta} + b$ 为 $a\theta + b$ 的 UMVUE. $\square$

16. 设 $X_1, \cdots, X_n$ 为来自 PDF 为

$$f(x,\theta) = \begin{cases} \mathrm{e}^{-(x-\theta)}, & x > \theta, \\ 0, & \text{其他}, \end{cases}$$

的总体的 IID 样本.

    (1) 求 θ 的矩估计 $\hat\theta_M$;

    (2) 求 θ 的 MLE$\hat\theta_{ML}$;

    (3) $\hat\theta_M$ 是否是 θ 的相合估计? 为什么?

    解. (1) 注意到

$$EX = \int_\theta^\infty x\mathrm{e}^{-(x-\theta)}\mathrm{d}x = 1 + \theta = \bar{X},$$

故 $\hat\theta_M = \bar{X} - 1$.

    (2) 由联合概率密度函数

$$f(\boldsymbol{x};\theta) = \mathrm{e}^{-\sum\limits_{i=1}^{n} x_i + n\theta} I_{(x_{(1)}>\theta)}$$

可知对数似然函数为

$$l(\theta;\boldsymbol{x}) = -\sum_{i=1}^{n} x_i + n\theta I_{(\theta<x_{(1)})},$$

因此 $\hat\theta_{ML} = X_{(1)}$.

    (3)

$$E(\bar{X} - 1) = \frac{1}{n} E\left(\sum_{i=1}^{n} X_i\right) - 1 = \theta < \infty,$$

由 Kolmogorov 强大数定律知: $\hat\theta_M$ 强相合于 θ.   □

    17. 设 $X_1, \cdots, X_n$ 为来自总体

$$X \sim \begin{pmatrix} -1 & 0 & 2 \\ 2\theta & \theta & 1-3\theta \end{pmatrix}$$

的 IID 样本, 其中 $0 < \theta < 1/3$. 试求参数 θ 的 MLE.

    解. 样本 $X_1, \cdots, X_n$ 有似然函数

$$L(\theta;\boldsymbol{x}) = (2\theta)^{\#\{i:x_i=-1\}} \theta^{\#\{i:x_i=0\}} (1-3\theta)^{\#\{i:x_i=2\}},$$

因而

$$l(\theta;\boldsymbol{x}) = \#\{i:x_i=-1\}\ln\theta + \#\{i:x_i=0\}\ln\theta +$$
$$\#\{i:x_i=2\}\ln(1-3\theta) + c,$$

故

$$\frac{\partial l}{\partial \theta} = \frac{\#\{i:x_i=-1\} + \#\{i:x_i=0\}}{\theta} - \frac{3\#\{i:x_i=2\}}{1-3\theta} = 0,$$

可解得 $\hat\theta_{\mathrm{MLE}} = \frac{\#\{i:x_i=-1\}+\#\{i:x_i=0\}}{3n}$.   □

18. 在买面包作早点的男、女购买者中, 男性购买者的比例 p 未知, 但知道 $\frac{1}{3} \leqslant p \leqslant \frac{1}{2}$, 设在 70 个购买者中发现 12 个是男性, 58 个是女性, 试求 p 的 MLE. 如果对 p 没有限制, 试求 p 的 MLE.

解. 显然 $X_i \sim b(1, p)$, 其中第 i 位购买者为男性时, X_i 为 1, 否则为 0. 可得联合概率密度

$$f(\boldsymbol{x}; p) = p^{\sum\limits_{i=1}^{n} x_i} (1-p)^{n - \sum\limits_{i=1}^{n} x_i},$$

因而

$$l(p; \boldsymbol{x}) = \sum_{i=1}^{n} x_i \cdot \ln p + \ln(1-p) \cdot \left(n - \sum_{i=1}^{n} x_i \right),$$

求导可得

$$\frac{\partial l}{\partial p} = \sum_{i=1}^{n} x_i \cdot \frac{1}{p} - \left(n - \sum_{i=1}^{n} x_i \right) \cdot \frac{1}{1-p},$$

故当 $\frac{1}{3} \leqslant p \leqslant \frac{1}{2}$ 时, 取 $\hat{p}_{\mathrm{MLE}} = \frac{1}{3}$; 当 p 无限制时, 有 $\hat{p}'_{\mathrm{MLE}} = \bar{X} = \frac{12}{70} = \frac{6}{35}$. $\square$

19. 设 $X_1, \cdots, X_n$ 为来自 PDF 为 $f(x, \theta) = \frac{1}{\sigma} \exp\{-(x-\mu)/\sigma\}$, $x \geqslant \mu$ 的 IID 样本, 其中 $\mu \in \mathbf{R}$, $\sigma^2 > 0$ 为未知参数.

(1) 求 μ, σ^2 的 MLE;

(2) 对给定的 $t > \mu$, 求 $P\{X_1 \geqslant t\}$ 的 MLE.

解. (1) 由概率密度函数

$$f(x; \theta) = \frac{1}{\sigma} \mathrm{e}^{-\frac{x-\mu}{\sigma}} I_{(x \geqslant \mu)}$$

可得联合概率密度函数为

$$f(\boldsymbol{x}; \theta) = \frac{1}{\sigma^n} \mathrm{e}^{-\frac{1}{\sigma} \left(\sum\limits_{i=1}^{n} x_i - n\mu \right)} I_{(x_{(1)} \geqslant \mu)},$$

故

$$L(\theta; \boldsymbol{x}) = \frac{1}{\sigma^n} \mathrm{e}^{-\frac{1}{\sigma} \left(\sum\limits_{i=1}^{n} x_i - n\mu \right)} \quad (\sigma > 0, \mu \leqslant x_{(1)}),$$

因而

$$l(\theta; \boldsymbol{x}) = -n \ln \sigma - \frac{1}{\sigma} \left(\sum_{i=1}^{n} x_i - n\mu \right),$$

则 $\frac{\partial l}{\partial \mu} = \left(-\frac{1}{\sigma} \right)(-n) = \frac{n}{\sigma} > 0$ 恒成立, 故 μ 越大, l 越大, 取 $\mu = X_{(1)}$,

$$\frac{\partial l}{\partial \sigma} = -\frac{n}{\sigma} + \frac{1}{\sigma^2} \left(\sum_{i=1}^{n} x_i - n\mu \right) = 0,$$

因而 $\hat{\mu} = X_{(1)}$, $\hat{\sigma} = \bar{X} - X_{(1)}$, 由 MLE 的不变性知 $\hat{\sigma^2} = (\bar{X} - X_{(1)})^2$.

(2) 设 $a = P\{X_1 \geqslant t\}$, 而

$$X_1 - \mu \sim Exp\left(\frac{1}{\sigma}\right) = \Gamma\left(1, \frac{1}{\sigma}\right),$$

因而

$$\frac{X_1 - \mu}{\sigma} \sim \Gamma(1, 1) = Exp(1),$$

则

$$a = P\left\{\frac{X_1 - \mu}{\sigma} \geqslant \frac{t - \mu}{\sigma}\right\}.$$

令 $F(x)$ 为 $Exp(1)$ 的 CDF, 故 $a = 1 - F\left(\frac{t-\mu}{\sigma}\right)$. 又 $F(x) = 1 - \mathrm{e}^{-x}$, 由 MLE 的不变性可知

$$\hat{a} = \exp\left\{-\frac{t - \min\{t, X_{(1)}\}}{\bar{X} - \min\{t, X_{(1)}\}}\right\}.$$

注 2.1. 对于 PDF, $f(\boldsymbol{x}; \boldsymbol{\theta})$ 是确定的 $\boldsymbol{\theta}$, 因而 $I_{(\cdot)}$ 是对 $\boldsymbol{x}$ 的限制, 而对于似然函数, $l(\boldsymbol{\theta}; \boldsymbol{x})$ 确定了样本 $\boldsymbol{x}$, 自然符合一切条件, 但 $\boldsymbol{\theta}$ 是未知量, 因而 $I_{(\cdot)}$ 是对 $\boldsymbol{\theta}$ 的限制. □

*20. 设 $X_1, \cdots, X_n$ 为来自 PDF 为 $f(x, \theta) = \frac{1}{\pi(1+(x-\theta)^2)}$ 的 Cauchy 分布的 IID 样本, 试证:

(1) 若 $n = 1$, 则 θ 的 MLE 为 X_1;

(2) 若 $n = 2$, 则 θ 的 MLE 存在并不唯一.

证明. (1) 由 $n = 1$ 知, 对数似然函数为

$$l(\theta; x) = -\ln \pi - \ln(1 + (x - \theta)^2),$$

故由似然方程

$$\frac{\partial l}{\partial \theta} = \frac{2(x - \theta)}{1 + (x - \theta)^2} = 0,$$

解得 $x = \theta$, 即有 $\hat{\theta}_{\mathrm{MLE}} = X_1$.

(2) 联合概率密度函数为

$$f(\boldsymbol{x}; \theta) = \frac{1}{\pi^2(1 + (x_1 - \theta)^2)(1 + (x_2 - \theta)^2)},$$

因而可得对数似然函数

$$l(\theta; \boldsymbol{x}) = -2\ln \pi - \ln\left(1 + (x_1 - \theta)^2\right) - \ln\left(1 + (x_2 - \theta)^2\right),$$

对其求导得

$$\frac{\partial l}{\partial \theta} = \frac{2(x_1 - \theta)}{1 + (x_1 - \theta)^2} + \frac{2(x_2 - \theta)}{1 + (x_2 - \theta)^2} = 0,$$

有

$$[(x_1 - \theta)(x_2 - \theta) + 1](x_1 + x_2 - 2\theta) = 0,$$

可解得 $\hat{\theta}_1 = \bar{X}$, $\hat{\theta}_2 = \frac{(X_1 + X_2) \pm \sqrt{(X_1 - X_2)^2 - 4}}{2}$ (当 $|X_1 - X_2| \geqslant 2$ 时). 而 $\frac{\partial l}{\partial \theta}$ 与 $[(x_1 - \theta)(x_2 - \theta) + 1](x_1 + x_2 - 2\theta)$ 符号相同. 由对称性, 因而在 $\hat{\theta}_{2+}$ 与 $\hat{\theta}_{2-}$ 处, 对数似然函数均取到最大值, 即 MLE 存在并不唯一. □

*21. 设随机变量 X 以均等机会按 $N(0,1)$ 分布和按 $N(\mu, \sigma^2)$ 分布取值, 其中 $\mu \in \mathbf{R}, \sigma^2 > 0$ 均未知. 此时 X 的 PDF 为上述两个正态分布的平均:

$$f(x; \mu, \sigma^2) = \frac{1}{2}\frac{1}{\sqrt{2\pi}}e^{-x^2/2} + \frac{1}{2}\frac{1}{\sqrt{2\pi}\sigma}e^{-(x-\mu)^2/2\sigma^2}.$$

设 $X_1, \cdots, X_n$ 为来自此混合分布总体的 IID 样本, 试证明 μ, σ^2 不存在 MLE.

证明. 概率密度函数为

$$f(x; \mu, \sigma^2) = \frac{1}{2}\frac{1}{\sqrt{2\pi}}e^{-x^2/2} + \frac{1}{2}\frac{1}{\sqrt{2\pi}\sigma}e^{-(x-\mu)^2/2\sigma^2},$$

当 $\mu = x_k$ 时

$$f(x_k; \mu, \sigma^2) = \frac{1}{2}\frac{1}{\sqrt{2\pi}}e^{-x_k^2/2} + \frac{1}{2}\frac{1}{\sqrt{2\pi}\sigma},$$

令 $\sigma \to 0^+$, $f(x_k; \mu, \sigma^2) = +\infty$. 而 $i \neq k$ 时,

$$f(x_i; \mu, \sigma^2) = \frac{1}{2}\frac{1}{\sqrt{2\pi}}e^{-x_i^2/2} + \frac{1}{2}\frac{1}{\sqrt{2\pi}\sigma}e^{-(x_i-x_k)^2/2\sigma^2},$$

因此

$$f(\boldsymbol{x}; \mu, \sigma^2) = \prod_{i=1}^{n} f(x_i; \mu, \sigma^2).$$

当令 $\hat{\mu} = x_k$, $\sigma \to 0^+$ 时, $f(\boldsymbol{x}; \mu, \sigma^2) \to +\infty$, 即 σ 足够小, $L(\mu, \sigma^2; \boldsymbol{x})$ 可任意大, 因此不存在 MLE. □

22. 设 $X_1, \cdots, X_n$ 为来自正态总体 $N(\mu, \sigma^2)$ 的 IID 样本, 求常数 c 使 $c\sum\limits_{i=1}^{n}|X_i - \bar{X}|$ 是 σ 的 UE.

解. 即求

$$E\left(\sum_{i=1}^{n}|X_i - \bar{X}|\right) = \sum_{i=1}^{n}E\left(|X_i - \bar{X}|\right)$$

$$= nE\left(|X_1 - \bar{X}|\right) = nE\left(\left|\frac{n-1}{n}X_1 - \frac{1}{n}X_2 - \cdots - \frac{1}{n}X_n\right|\right),$$

而

$$\frac{n-1}{n}X_1 - \frac{1}{n}X_2 - \cdots - \frac{1}{n}X_n \sim N\left(0, \frac{n-1}{n}\sigma^2\right),$$

不妨令

$$\frac{n-1}{n}X_1 - \frac{1}{n}X_2 - \cdots - \frac{1}{n}X_n = Y,$$

即求 $E|Y|$. 假定 X 服从正态分布 $N(0, \sigma_1^2)$, 先考虑

$$E|X| = \int_{-\infty}^{\infty} |x| f(x; 0, \sigma_1^2) \mathrm{d}x$$

$$= 2\int_0^{\infty} x \cdot \frac{1}{\sqrt{2\pi}\sigma_1} \mathrm{e}^{-\frac{x^2}{2\sigma_1^2}} \mathrm{d}x$$

$$= \frac{2\sigma_1}{\sqrt{2\pi}},$$

故此处 $E|Y| = \sqrt{\frac{2}{\pi}} \cdot \sqrt{\frac{n-1}{n}}\sigma$, 由此可知

$$E\left(c\sum_{i=1}^n |X_i - \bar{X}|\right) = c\sqrt{n(n-1)\frac{2}{\pi}}\sigma = \sigma,$$

因而 $c = \sqrt{\frac{\pi}{2n(n-1)}}$. $\qquad\qquad\qquad\qquad\qquad\qquad\qquad$ $\square$

23. 设 X_1, X_2 为来自 PDF 为

$$f(x, \theta) = \begin{cases} 3x^2/\theta^3, & 0 < x < \theta, \\ 0, & \text{其他} \end{cases}$$

的总体的 IID 样本, 其中 $\theta > 0$ 为参数.

(1) 证明: $T_1 = \frac{2}{3}(X_1 + X_2)$ 和 $T_2 = \frac{7}{6}\max\{X_1, X_2\}$ 是 θ 的 UE;

(2) 计算 T_1, T_2 的方差, 并指出何者更有效;

(3) 证明在均方误差意义下, 在形为 $T_c = c\max\{X_1, X_2\}$ 的估计中, $T_{\frac{8}{7}}$ 最有效.

解. (1) 计算期望:

$$EX = \int_0^\theta x \cdot \frac{3x^2}{\theta^3} \mathrm{d}x = \frac{3}{4}\theta,$$

因此

$$ET_1 = \frac{2}{3}E(X_1 + X_2) = \theta,$$

即 T_1 为 UE, 而

$$f_{X_{(2)}}(x) = 2f(x)F(x) = \frac{6x^2}{\theta^3} \cdot \frac{x^3}{\theta^3} = \frac{6x^5}{\theta^6},$$

可得

$$EX_{(2)} = \int_0^\theta x \cdot \frac{6x^5}{\theta^6} \mathrm{d}x = \frac{6}{7}\theta,$$

即 $ET_2 = \theta$, 因而 T_2 为 UE.

(2) 计算 T_1 与 T_2 的方差:

$$\operatorname{Var} T_1 = \frac{4}{9} \cdot 2 \operatorname{Var} X = \frac{1}{30}\theta^2, \quad \operatorname{Var} T_2 = \frac{49}{36} \operatorname{Var} X_{(2)} = \frac{1}{48}\theta^2,$$

故 T_2 更有效.

(3) 先计算 T_c 的 MSE:

$$\begin{aligned}
\operatorname{MSE}(T_c) &= E[T_c - \theta]^2 = \operatorname{Var} T_c + (ET_c - \theta)^2 \\
&= \frac{36}{49} \cdot \frac{1}{48} \cdot c^2\theta^2 + \left(\frac{6}{7}c - 1\right)^2 \theta^2 \\
&= \frac{3}{4}\theta^2 c^2 - \frac{12}{7}\theta^2 c + \theta^2,
\end{aligned}$$

由二次函数性质可知, 当 $c = \frac{8}{7}$ 时, MSE 达到最小值. $\qquad\square$

24. 设 $X_1, \cdots, X_n$ 为来自 PDF 为

$$f(x;\theta) = \begin{cases} \theta^2 x \mathrm{e}^{-\theta x}, & x \geqslant 0, \\ 0, & x < 0 \end{cases}$$

的总体的 IID 样本, 其中 $\theta > 0$.

(1) 求 θ 的 MLE $\hat{\theta}_{ML}$;

(2) 求 θ 的 UMVUE;

(3) $\hat{\theta}_{ML}$ 是 θ 的相合估计吗? 为什么?

解. (1) 联合概率密度函数为

$$f(\boldsymbol{x};\theta) = \theta^{2n} x_1 \cdots x_n \mathrm{e}^{-\theta \sum\limits_{i=1}^n x_i},$$

故对数似然函数为

$$l(\theta;\boldsymbol{x}) = 2n \ln \theta + \sum_{i=1}^n \ln x_i - \theta \sum_{i=1}^n x_i,$$

对其求导可得

$$\frac{\partial l}{\partial \theta} = \frac{2n}{\theta} - \sum_{i=1}^{n} X_i = 0,$$

解得

$$\hat{\theta}_{ML} = \frac{2n}{\sum\limits_{i=1}^{n} X_i} = \frac{2}{\bar{X}}.$$

(2) $f(\boldsymbol{x}; \theta)$ 为指数族, 故 $\sum\limits_{i=1}^{n} X_i$ 为充分完备统计量, 而 $\sum\limits_{i=1}^{n} X_i \sim \Gamma(2n, \theta)$, 因此

$$E\left(\frac{1}{\sum\limits_{i=1}^{n} X_i}\right) = \int_0^\infty \frac{1}{x} \cdot \frac{\theta^{2n}}{\Gamma(2n)} x^{2n-1} \mathrm{e}^{-\theta x} \mathrm{d}x = \frac{\theta}{2n-1},$$

故 $\dfrac{2n-1}{\sum\limits_{i=1}^{n} X_i}$ 为 θ 的 UMVUE.

(3) 不妨先计算期望

$$E\hat{\theta}_{ML} = E\frac{2n}{\sum\limits_{i=1}^{n} X_i} = \frac{2n}{2n-1}\theta \to \theta (n \to \infty),$$

即为渐近无偏估计. 又由

$$\begin{aligned}
E\hat{\theta}_{ML}^2 &= 4n^2 E \frac{1}{\left(\sum\limits_{i=1}^{n} X_i\right)^2} \\
&= 4n^2 \int_0^\infty \frac{1}{x^2} \cdot \frac{\theta^n}{\Gamma(2n)} x^{2n-1} \mathrm{e}^{-\theta x} \mathrm{d}x \\
&= \frac{4n^2}{(2n-1)(2n-2)}\theta^2,
\end{aligned}$$

从而

$$\mathrm{Var}\,\hat{\theta}_{ML} = \frac{4n^2}{(2n-1)(2n-2)}\theta^2 - \left(\frac{2n}{2n-1}\theta\right)^2 \to 0 \quad (n \to \infty),$$

故为二阶矩相合, 为相合估计. □

25. 设 $X_1, \cdots, X_n \ (n \geqslant 2)$ 为来自均匀分布 $U(\theta - 0.5, \theta + 0.5)$ 的 IID 样本, $-\infty < \theta < \infty$ 为未知参数.

(1) 求 θ 的矩估计 $\hat{\theta}_M$;

(2) $\hat{\theta}_M$ 和 $\hat{\theta}_1 = (X_{(1)} + X_{(n)})/2$ 是 θ 的 UE 吗? 为什么?

(3) $\hat{\theta}_M$ 和 $\hat{\theta}_1$ 哪个方差较小? 为什么?

解. (1) 注意到 $E\bar{X} = \theta$, 则 $\hat{\theta}_M = \bar{X}$.

(2) 不妨令 $Y_i = X_i - (\theta - 0.5)$, 则 $Y_1, \cdots, Y_n \overset{\text{IID}}{\sim} U(0,1)$, 则

$$E(Y_{(1)} + Y_{(n)}) = \frac{1}{n+1} + \frac{n}{n+1} = 1,$$

可得

$$E(X_{(1)} + X_{(n)}) = 2\theta - 1 + 1 = 2\theta,$$

因而 $E\hat{\theta}_1 = \theta$, 即 $\hat{\theta}_1$ 为 θ 的 UE. 又 $E\hat{\theta}_M = E\bar{X} = EX_1 = \theta$, 故 $\hat{\theta}_M$ 也为 θ 的 UE.

(3) 分别计算 $\hat{\theta}_1$ 与 $\hat{\theta}_M$ 的方差:

$$\begin{aligned}
\operatorname{Var}\hat{\theta}_1 &= \frac{1}{4}\left[\operatorname{Var}X_{(1)} + \operatorname{Var}X_{(n)}\right] \\
&= \frac{1}{4}\left[\operatorname{Var}\left(Y_{(1)} + Y_{(n)}\right)\right] \\
&= \frac{n}{2(n+1)^2(n+2)}, \\
\operatorname{Var}\hat{\theta}_M &= \frac{1}{n^2}\operatorname{Var}\left(\sum_{i=1}^{n}X_i\right) = \frac{1}{12n},
\end{aligned}$$

显然, $\hat{\theta}_1$ 方差更小. $\qquad\qquad\square$

26. 设 $X_1, \cdots, X_n$ 为来自均匀分布 $U(\theta_1 - \theta_2, \theta_1 + \theta_2)$ 的 IID 样本, 其中 $\theta_1 \in \mathbf{R}, \theta_2 > 0$ 为未知参数.

(1) 试求 θ_1, θ_2 的矩估计;

(2) 试求 θ_1, θ_2 的 UMVUE;

(3) 试求 $\frac{\theta_1}{\theta_2}$ 的 UMVUE.

解. (1) 注意到

$$EX = \theta_1 = \bar{X}, \operatorname{Var}X = \frac{(2\theta_2)^2}{12} = \frac{\theta_2^2}{3} = S_n^{*2},$$

故 $\hat{\theta}_{1M} = \bar{X}, \hat{\theta}_{2M} = \sqrt{3}S_n^*$.

(2) 概率密度函数为

$$f(x; \boldsymbol{\theta}) = \frac{1}{2\theta_2}I_{(\theta_1 - \theta_2 < x < \theta_1 + \theta_2)},$$

故联合概率密度函数为

$$f(\boldsymbol{x}; \boldsymbol{\theta}) = \frac{1}{(2\theta_2)^n}I_{(\theta_1 - \theta_2 < X_{(1)} \leqslant X_{(n)} < \theta_1 + \theta_2)},$$

从而 $(X_{(1)}, X_{(n)})$ 为 (θ_1, θ_2) 的充分统计量. 该统计量的完备性证明可见陈希孺 (1981), 因此 $(X_{(1)}, X_{(n)})$ 为充分完备统计量.

$$\frac{X_{(n)} - (\theta_1 - \theta_2)}{2\theta_2} \sim \beta(n, 1) \Rightarrow EX_{(n)} = 2\theta_2 \frac{n}{n+1} + (\theta_1 - \theta_2),$$

即 $EX_{(n)} = \theta_1 + \frac{n-1}{n+1}\theta_2$, 同理

$$EX_{(1)} = 2\theta_2 \cdot \frac{1}{n+1} + (\theta_1 - \theta_2) = \theta_1 - \frac{n-1}{n+1}\theta_2,$$

故 $\frac{X_{(1)} + X_{(n)}}{2}$ 为 θ_1 的 UE. 由于统计量的充分完备性, 因此为 UMVUE. 同理 $\frac{n+1}{2(n-1)}\left(X_{(n)} - X_{(1)}\right)$ 为 θ_2 的 UMVUE.

(3) 我们不妨先尝试 $E\left(\frac{X_{(n)} + X_{(1)}}{X_{(n)} - X_{(1)}}\right)$, 令 $Y_i = \frac{X_i - (\theta_1 - \theta_2)}{2\theta_2}$, 则

$$E\left(\frac{X_{(n)} + X_{(1)}}{X_{(n)} - X_{(1)}}\right) = E\left(\frac{Y_{(n)} + Y_{(1)}}{Y_{(n)} - Y_{(1)}}\right) + \frac{\theta_1 - \theta_2}{\theta_2} E\left(\frac{1}{Y_{(n)} - Y_{(1)}}\right),$$

显然 $Y_1, \cdots, Y_n \overset{\text{IID}}{\sim} U(0, 1)$, 因而

$$f(y_{(1)}, y_{(n)}) = n(n-1)(y_{(n)} - y_{(1)})^{n-2},$$

则可计算期望

$$\begin{aligned}
E\left(\frac{Y_{(n)} + Y_{(1)}}{Y_{(n)} - Y_{(1)}}\right) &= \int_0^1 \mathrm{d}y_{(1)} \int_{y_{(1)}}^1 \frac{y_{(n)} + y_{(1)}}{y_{(n)} - y_{(1)}} n(n-1)(y_{(n)} - y_{(1)})^{n-2} \mathrm{d}y_{(n)} \\
&= \frac{n}{n-2}, \\
E\left(\frac{1}{Y_{(n)} - Y_{(1)}}\right) &= \int_0^1 \mathrm{d}y_{(1)} \int_{y_{(1)}}^1 \frac{1}{y_{(n)} - y_{(1)}} n(n-1)(y_{(n)} - y_{(1)})^{n-2} \mathrm{d}y_{(n)} \\
&= \frac{n}{n-2},
\end{aligned}$$

因此

$$E\left(\frac{X_{(n)} + X_{(1)}}{X_{(n)} - X_{(1)}}\right) = \frac{n}{n-2} \cdot \frac{\theta_1}{\theta_2},$$

故 $\frac{\theta_1}{\theta_2}$ 的 UMVUE 为 $\frac{n-2}{n}\frac{X_{(n)} + X_{(1)}}{X_{(n)} - X_{(1)}}$. $\qquad\square$

27. 验证 (1.5.1) 式给出的统计量 d 是 σ 的渐近效率 UE, 并求其渐近效率.

注 2.2. (1.5.1) 式为

$$d = \sqrt{\frac{\pi}{2}} \frac{1}{n} \sum_{i=1}^n \left|X_i - \bar{X}\right|.$$

解. $X_1, \cdots, X_n \overset{\text{IID}}{\sim} N(\mu, \sigma^2)$,

$$d = \sqrt{\frac{\pi}{2}} \frac{1}{n} \sum_{i=1}^n \left|X_i - \bar{X}\right|.$$

由于 $X_i - \bar{X} \sim N\left(0, \frac{n-1}{n}\sigma^2\right)$, 设 $Y \sim N(0, \sigma^2)$, 则

$$
\begin{aligned}
E|Y| &= \int_{\mathbf{R}} \frac{1}{\sqrt{2\pi}\sigma} |y| \exp\left\{-\frac{y^2}{2\sigma^2}\right\} \mathrm{d}y \\
&= \frac{2}{\sqrt{2\pi}\sigma} \int_0^\infty y \exp\left\{-\frac{y^2}{2\sigma^2}\right\} \mathrm{d}y \\
&= \frac{2}{\sqrt{2\pi}\sigma} \int_0^\infty \sigma z \exp\left\{-\frac{z^2}{2}\right\} \sigma \mathrm{d}z \\
&= \frac{2\sigma}{\sqrt{2\pi}} \int_0^\infty z \exp\left\{-\frac{z^2}{2}\right\} \mathrm{d}z \\
&= \sigma\sqrt{\frac{2}{\pi}} - \exp\left\{-\frac{z^2}{2}\right\}\Big|_0^\infty \\
&= \sigma\sqrt{\frac{2}{\pi}},
\end{aligned}
$$

因此 $E|X_i - \bar{X}| = \sigma\sqrt{\frac{2(n-1)}{n\pi}}$, 有

$$
E(d) = \sqrt{\frac{\pi}{2}} \cdot \frac{1}{n} \cdot n \cdot \sigma\sqrt{\frac{2(n-1)}{n\pi}} = \sqrt{\frac{n-1}{n}} \cdot \sigma \to \sigma \quad (n \to \infty),
$$

故 d 为 σ 的渐近 UE. 由于

$$
\left(1 - \sqrt{\frac{n-1}{n}}\right) \cdot n = \sqrt{n}(\sqrt{n} - \sqrt{n-1}) = \frac{\sqrt{n}}{\sqrt{n} + \sqrt{n-1}} \to \frac{1}{2} \ (n \to \infty),
$$

故渐近效率为 $\frac{1}{n}$. $\qquad\square$

28. 设 $X_1, \cdots, X_n$ 为来自 Pareto 分布

$$
f(x; \theta) = \begin{cases} \dfrac{\theta}{(1+x)^{\theta+1}}, & 0 < x < \infty, \\ 0, & x \leqslant 0 \end{cases}
$$

的 IID 样本, 其中 $\theta > 1$ 为未知参数, 试求 $1/\theta$ 的 UE.

解. 联合概率密度函数为

$$
\begin{aligned}
f(x_1, \cdots, x_n; \theta) &= \prod_{i=1}^n \frac{\theta}{(1+x_i)^{\theta+1}} \\
&= \theta^n \cdot \frac{1}{\left[\prod\limits_{i=1}^n (1+x_i)\right]^{\theta+1}} \\
&= \theta^n \exp\left\{-n(\theta+1) \cdot \frac{1}{n} \sum_{i=1}^n \ln(1+x_i)\right\},
\end{aligned}
$$

由因子分解定理知 $\frac{1}{n}\sum\limits_{i=1}^{n}\ln(1+X_i)$ 为 θ 的充分统计量. 又由 $X_1,\cdots,X_n$ IID, 故 $\ln(1+X_1),\cdots,\ln(1+X_n)$ IID, 且

$$E\left[\ln(1+X_1)\right] = \int_0^\infty \frac{\theta\ln(1+x)}{(1+x)^{\theta+1}}\mathrm{d}x$$
$$= \left(-\frac{\ln(1+x)}{(1+x)^\theta} - \frac{1}{\theta(1+x)^\theta}\right)\bigg|_0^\infty$$
$$= \frac{1}{\theta},$$

故可得

$$E\left[\frac{1}{n}\sum_{i=1}^{n}\ln\left(1+X_i\right)\right] = \frac{1}{n}\cdot n\cdot E\left[\ln\left(1+X_1\right)\right] = \frac{1}{\theta},$$

从而 $\frac{1}{n}\sum\limits_{i=1}^{n}\ln(1+X_i)$ 为 $1/\theta$ 的 UE. $\qquad\square$

29. 设 $X_1,\cdots,X_n$ 为来自正态总体 $N(\mu,\sigma^2)$ 的 IID 样本, 试求常数 d_n, 使得 $d_n R_n$ 为 σ 的 UE, 其中 $R_n = X_{(n)} - X_{(1)}$ 为极差.

解. 设 $Y_i = \frac{X_i - \mu}{\sigma}$, 则 $Y_1,\cdots,Y_n \overset{\mathrm{IID}}{\sim} N(0,1)$, 且 $Y_{(i)} = \frac{X_{(i)} - \mu}{\sigma}$ 为次序统计量. 因此

$$R_n = X_{(n)} - X_{(1)} = \sigma(Y_{(n)} - Y_{(1)}),$$

计算其期望

$$E(R_n) = E(\sigma(Y_{(n)} - Y_{(1)})) = \sigma(E(Y_{(n)}) - E(Y_{(1)})),$$

其中

$$E(Y_{(n)}) = \int_{-\infty}^{\infty} y \cdot n\phi(y)^{n-1}\frac{1}{\sqrt{2\pi}}\mathrm{e}^{-\frac{y^2}{2}}\mathrm{d}y,$$
$$E(Y_{(1)}) = \int_{-\infty}^{\infty} y \cdot n(1-\phi(y))^{n-1}\frac{1}{\sqrt{2\pi}}\mathrm{e}^{-\frac{y^2}{2}}\mathrm{d}y$$
$$= \int_{-\infty}^{\infty} y \cdot n\phi(-y)^{n-1}\frac{1}{\sqrt{2\pi}}\mathrm{e}^{-\frac{y^2}{2}}\mathrm{d}y,$$

则

$$E(Y_{(n)}) - E(Y_{(1)}) = \frac{n}{\sqrt{2\pi}}\int_{-\infty}^{\infty} y\left[\phi(y)^{n-1} - \phi(-y)^{n-1}\right]\mathrm{e}^{-\frac{y^2}{2}}\mathrm{d}y,$$

故取

$$d_n = \left[\frac{n}{\sqrt{2\pi}}\int_{-\infty}^{\infty} y\left[\phi(y)^{n-1} - \phi(-y)^{n-1}\right]\mathrm{e}^{-\frac{y^2}{2}}\mathrm{d}y\right]^{-1},$$

有 $E(d_n R_n) = \sigma$. $\qquad\square$

30. 设 $X_1, \cdots, X_n$ 为来自对数正态总体

$$f(x; \mu, \sigma^2) = (2\pi\sigma^2)^{-1/2} x^{-1} \exp\left\{-\frac{1}{2\sigma^2}(\ln x - \mu)^2\right\}, x > 0$$

的 IID 样本, 其中 $\mu \in \mathbf{R}, \sigma > 0$ 为未知参数, 试求 μ, σ^2 的矩估计.

解. 不妨计算其期望

$$\begin{aligned}
EX &= \int_0^\infty x \left(2\pi\sigma^2\right)^{-\frac{1}{2}} x^{-1} \exp\left\{-\frac{1}{2\sigma^2}(\ln x - \mu)^2\right\} \mathrm{d}x \\
&= \int_0^\infty \left(2\pi\sigma^2\right)^{-\frac{1}{2}} \exp\left\{-\frac{1}{2\sigma^2}(\ln x - \mu)^2\right\} \mathrm{d}x \\
&= \int_{\mathbf{R}} \left(2\pi\sigma^2\right)^{-\frac{1}{2}} \exp\left\{-\frac{1}{2\sigma^2}(y - \mu)^2\right\} \mathrm{e}^y \mathrm{d}y \\
&= \int_{\mathbf{R}} \left(2\pi\sigma^2\right)^{-\frac{1}{2}} \exp\left\{-\frac{1}{2\sigma^2}\left(y^2 - \left(2\mu + 2\sigma^2\right)y + \mu^2\right)\right\} \mathrm{d}y \\
&= \int_{\mathbf{R}} \left(2\pi\sigma^2\right)^{-\frac{1}{2}} \exp\left\{-\frac{1}{2\sigma^2}\left[y - \left(\mu + \sigma^2\right)\right]^2 + \left(\mu + \frac{\sigma^2}{2}\right)\right\} \mathrm{d}y \\
&= \mathrm{e}^{\mu + \frac{\sigma^2}{2}} \int_{\mathbf{R}} \left(2\pi\sigma^2\right)^{-\frac{1}{2}} \exp\left\{-\frac{1}{2\sigma^2}\left[y - \left(\mu + \sigma^2\right)\right]^2\right\} \mathrm{d}y \\
&= \mathrm{e}^{\mu + \frac{\sigma^2}{2}},
\end{aligned}$$

同理有

$$\begin{aligned}
EX^2 &= \int_0^\infty x^2 \left(2\pi\sigma^2\right)^{-\frac{1}{2}} x^{-1} \exp\left\{-\frac{1}{2\sigma^2}(\ln x - \mu)^2\right\} \mathrm{d}x \\
&= \int_{\mathbf{R}} \left(2\pi\sigma^2\right)^{-\frac{1}{2}} \exp\left\{-\frac{1}{2\sigma^2}(y - \mu)^2\right\} \mathrm{e}^{2y} \mathrm{d}y \\
&= \mathrm{e}^{2\mu + 2\sigma^2} \int_{\mathbf{R}} \left(2\pi\sigma^2\right)^{-\frac{1}{2}} \exp\left\{-\frac{1}{2\sigma^2}\left[y - \left(\mu + 2\sigma^2\right)\right]^2\right\} \mathrm{d}y \\
&= \mathrm{e}^{2\mu + 2\sigma^2},
\end{aligned}$$

故可得方差

$$\mathrm{Var}\, X = EX^2 - (EX)^2 = \mathrm{e}^{2\mu + \sigma^2}\left(\mathrm{e}^{\sigma^2} - 1\right),$$

因此

$$\begin{cases}
\bar{X} = \exp\left\{\hat{\mu}_M + \dfrac{\hat{\sigma}_M^2}{2}\right\}, \\
S_n^{*2} = \exp\left\{2\hat{\mu}_M + \hat{\sigma}_M^2\right\}\left(\mathrm{e}^{\hat{\sigma}_M^2} - 1\right),
\end{cases}$$

解得

$$\begin{cases} \hat{\mu}_M = \ln \bar{X} - \dfrac{1}{2} \ln \left(\dfrac{S_n^{*2}}{\bar{X}^2} - 1 \right), \\ \hat{\sigma}_M^2 = \ln \left(\dfrac{S_n^{*2}}{\bar{X}^2} - 1 \right). \end{cases}$$ □

31. 设 $\beta = a\theta + b$, $\hat{\theta}$ 是 θ 的有效估计, 试证明 $\hat{\beta} = a\hat{\theta} + b$ 是 β 的有效估计.

证明. $\hat{\theta}$ 是 θ 的有效估计, 故有 $\hat{\theta}$ 为 θ 的 UE, $\dfrac{[nI(\theta)]^{-1}}{\mathrm{Var}(\hat{\theta})} = 1$. 故由期望的线性性可知 $\hat{\beta}$ 为 β 的 UE, 且 $I^*(\beta) = I(\theta) \cdot \left[\theta'_\beta \right]^2 = \dfrac{I(\theta)}{a^2}$,

$$\frac{[nI^*(\beta)]^{-1}}{\mathrm{Var}(\hat{\beta})} = \frac{(nI(\theta)/a^2)^{-1}}{\mathrm{Var}(a\hat{\theta} + b)} = \frac{a^2 [nI(\theta)]^{-1}}{a^2 \, \mathrm{Var}(\hat{\theta})}$$
$$= \frac{[nI(\theta)]^{-1}}{\mathrm{Var}(\hat{\theta})} = 1,$$

因而 $\hat{\beta}$ 为 β 的有效估计. □

32. 设 $X_1, \cdots, X_n$ 为来自均匀分布 $U(\theta_1, \theta_2)$ 的 IID 样本, 其中 θ_1, θ_2 未知.

(1) 证明: $T(X) = (X_{(1)}, X_{(n)})$ 是参数 (θ_1, θ_2) 的充分统计量;

(2) 如果 $T(X)$ 也是完备的 (其证明可见陈希孺 (1981)), 求 $(\theta_1 + \theta_2)/2$ 的 UMVUE.

解. (1) 联合概率密度函数为

$$f(\boldsymbol{x}; \theta_1, \theta_2) = \frac{1}{(\theta_2 - \theta_1)^n} I_{\left(\theta_1 < x_{(1)} \leqslant x_{(n)} < \theta_2 \right)},$$

则可令

$$g_\theta(T(\boldsymbol{x})) = \frac{1}{(\theta_2 - \theta_1)^n} I_{\left(\theta_1 < x_{(1)} < x_{(n)} < \theta_2 \right)}, \quad h(\boldsymbol{x}) = 1,$$

由因子分解定理可知, $(X_{(1)}, X_{(n)})$ 为 (θ_1, θ_2) 的充分统计量.

(2) 由 $E\left(\dfrac{X_{(1)} - \theta_1}{\theta_2 - \theta_1} \right) = \dfrac{1}{n+1}$ 可得

$$EX_{(1)} = \frac{\theta_2 - \theta_1}{n+1} + \theta_1 = \frac{n}{n+1} \theta_1 + \frac{1}{n+1} \theta_2.$$

同理可得

$$EX_{(n)} = \frac{n}{n+1} (\theta_2 - \theta_1) + \theta_1 = \frac{1}{n+1} \theta_1 + \frac{n}{n+1} \theta_2,$$

因而 $E\left(\dfrac{X_{(1)} + X_{(n)}}{2} \right) = \dfrac{\theta_1 + \theta_2}{2}$. 又 $(X_{(1)}, X_{(n)})$ 为 (θ_1, θ_2) 的充分完备统计量, 故 $\dfrac{X_{(1)} + X_{(n)}}{2}$ 为 $\dfrac{\theta_1 + \theta_2}{2}$ 的 UMVUE. □

33. 设 $X_1, \cdots, X_n$ 为来自均匀分布 $U(-\theta/2, \theta/2)$ 的 IID 样本, 其中 $\theta > 0$ 为参数. 试证明 $(X_{(1)}, X_{(n)})$ 是 θ 的充分统计量. 它是完备的吗? 为什么?

注 2.3. 目标: 只需构造关于 $X_{(1)}, X_{(n)}$ 的函数, 举出反例即可.

解. 概率密度函数为

$$f(x; \theta) = \frac{1}{\theta} I_{\left(-\frac{\theta}{2} < x < \frac{\theta}{2}\right)},$$

因而联合概率密度函数为

$$f(\boldsymbol{x}; \theta) = \frac{1}{\theta^n} I_{\left(-\frac{\theta}{2} < x_{(1)} \leqslant x_{(n)} < \frac{\theta}{2}\right)}.$$

由因子分解定理知, $(X_{(1)}, X_{(n)})$ 为 θ 的充分统计量. 又

$$E X_{(1)} = \frac{\theta}{n+1} - \frac{\theta}{2}, \quad E X_{(n)} = \frac{n\theta}{n+1} - \frac{\theta}{2},$$

可得 $E(X_{(1)} + X_{(n)}) = 0$. 然而我们断言 $P\{X_{(1)} + X_{(n)} = 0\} \neq 1$. 由于

$$f(x_{(1)}, x_{(n)}) = n(n-1)(x_{(n)} - x_{(1)})^{n-2}/\theta^n,$$

故由随机变量和的密度函数公式, 可得

$$f_{X_{(1)} + X_{(n)}}(x) = \int_{-\frac{\theta}{2}}^{\frac{\theta}{2}} f(x_{(1)}, x - x_{(1)}) \mathrm{d}x_{(1)},$$

因而 $P\{X_{(1)} + X_{(n)} = 0\} = 0$, 故不完备. □

34. 设随机变量 X 服从负二项分布 $NB(r, p)$, 其中 $p \in (0, 1)$ 为未知参数, r 为已知参数.

(1) 试求 p^t 的 UMVUE, 其中 $t < r$;

(2) 试求 $\mathrm{Var}(X)$ 的 UMVUE;

解. (1) 由于只有一个样本 X, 故 X 为 p 的充分统计量, 且概率密度函数为

$$f(x; p) = \binom{x-1}{r-1} p^r (1-p)^{x-r} = \binom{x-1}{r-1} \exp\left\{ r \ln \frac{p}{1-p} + x \ln(1-p) \right\},$$

注意到 $\left\{ \ln \frac{p}{1-p} \mid p \in (0, 1) \right\}$ 有内点, 故 X 为完备统计量. 不妨令

$$h(X) = \binom{X-t-1}{r-t-1} \bigg/ \binom{X-1}{r-1}, \quad X \geqslant r,$$

因而

$$E_p[h(X)] = \sum_{k=r}^{\infty} h(k) \binom{k-1}{r-1} p^r (1-p)^{k-r}$$

$$= \sum_{k=r}^{\infty} \binom{k-t-1}{r-t-1} p^r (1-p)^{(k-t)-(r-t)}$$

$$= \left[\sum_{k=r-t}^{\infty} \binom{k-1}{r-t-1} p^{r-t} (1-p)^{k-(r-t)} \right] \cdot p^t$$

$$= p^t,$$

故 $h(X)$ 为 p^t 的 UMVUE.

(2) 由 $\mathrm{Var}(X) = \frac{r(1-p)}{p^2}$, 不妨令

$$g(X) = r \binom{X}{r+1} \Big/ \binom{X-1}{r-1}, \quad X \geqslant r+1,$$

其期望为

$$E_p(g(X)) = \sum_{k=r}^{\infty} g(k) \binom{k-1}{r-1} p^r (1-p)^{k-r}$$

$$= r \sum_{k=r+1}^{\infty} \binom{k}{r+1} p^r (1-p)^{k-r}$$

$$= r \left[\sum_{k=r+2}^{\infty} \binom{k-1}{r+2-1} p^{r+2} (1-p)^{k-(r+2)} \right] \cdot \frac{(1-p)}{p^2}$$

$$= \frac{r(1-p)}{p^2},$$

故 $g(X)$ 为 $\mathrm{Var}(X)$ 的 UMVUE. $\qquad\qquad\square$

35. 设 $X_1, \cdots, X_n$ 为来自 Poisson 分布 $P(\lambda)$ 的 IID 样本, 试求:

(1) λ^k 的 UMVUE;

(2) $P\{X_1 = k\}$ 的 UMVUE, 其中 k 为大于 0 的整数.

习题讲解视频

解. (1) 联合概率密度函数为

$$f(\boldsymbol{x}; \lambda) = \frac{\lambda^{\sum\limits_{i=1}^{n} x_i}}{x_1! \cdots x_n!} \mathrm{e}^{-n\lambda} = \mathrm{e}^{\sum\limits_{i=1}^{n} x_i \ln \lambda} \mathrm{e}^{-n\lambda} / (x_1! \cdots x_n!),$$

注意到 $\ln \lambda \in \mathbf{R}$ 有内点, 故 $\sum\limits_{i=1}^{n} X_i$ 为充分完备统计量. 令 $T = \sum\limits_{i=1}^{n} X_i$, 则目标为找到 $h(T)$, 使得 $Eh(T) = \lambda^k$, 其中 $T \sim P(n\lambda)$. 由待定系数法

$$Eh(T) = \sum_{t=0}^{\infty} h(t) \cdot \frac{(n\lambda)^t}{t!} \mathrm{e}^{-n\lambda} = \lambda^k,$$

即

$$\sum_{t=0}^{\infty} h(t) \cdot \frac{(n\lambda)^t}{t!} = e^{n\lambda} \lambda^k = \lambda^k \left(\sum_{t=0}^{\infty} \frac{(n\lambda)^t}{t!} \right)$$

对 $\forall \lambda \in \mathbf{R}_+$ 成立. 故我们有

$$\sum_{t=0}^{\infty} h(t) \frac{n^t}{t!} \lambda^t = \sum_{t=0}^{\infty} \frac{n^t}{t!} \lambda^{k+t} = \sum_{t=k}^{\infty} \frac{n^{t-k}}{(t-k)!} \lambda^t,$$

从而由 $h(t)\frac{n^t}{t!} = \frac{n^{t-k}}{(t-k)!}$, 可得

$$h(t) = \begin{cases} 0, & t < k, \\ \dfrac{t!}{n^k(t-k)!}, & t \geqslant k, \end{cases}$$

因而 λ^k 的 UMVUE 为

$$h(T) = \begin{cases} 0, & T < k, \\ \dfrac{T!}{n^k(T-k)!}, & T \geqslant k, \end{cases} \quad T = \sum_{i=1}^{n} X_i.$$

(2) 不妨定义 $\varphi(X) = \begin{cases} 1, & X_1 = k, \\ 0, & X_1 \neq k, \end{cases}$ 则 $E\varphi(X) = P\{X_1 = k\}$. 故 $\varphi(X)$ 为 UE, 因此

$$\begin{aligned} E\left(\varphi(x) \mid \sum_{i=1}^{n} X_i = t\right) &= P\left\{X_1 = k \mid \sum_{i=1}^{n} X_i = t\right\} \\ &= \frac{P\{X_1 = k\} P\left\{\sum_{i=2}^{n} X_i = t - k\right\}}{P\left\{\sum_{i=1}^{n} X_i = t\right\}}. \end{aligned}$$

又 $\sum_{i=1}^{n} X_i \sim P(n\lambda)$, $\sum_{i=2}^{n} X_i \sim P((n-1)\lambda)$, 因而

$$E\left(\varphi(X) \mid \sum_{i=1}^{n} X_i = t\right) = \frac{\frac{\lambda^k}{k!} e^{-\lambda} \frac{[(n-1)\lambda]^{t-k}}{(t-k)!} e^{-(n-1)\lambda}}{\frac{(n\lambda)^t}{t!} e^{-n\lambda}} = \binom{t}{k} \left(1 - \frac{1}{n}\right)^{t-k} \frac{1}{n^k},$$

故 $E\left(\varphi(X) \mid \sum_{i=1}^{n} X_i\right) = \binom{T}{k} \left(1 - \frac{1}{n}\right)^{T-k} \frac{1}{n^k}$ 为 $P\{X_1 = k\}$ 的 UMVUE, 其中 $T = \sum_{i=1}^{n} X_i$. $\qquad \square$

36. 对于线性模型

$$y_i = \beta_0 + \beta_1 x_i + \varepsilon_i, \quad i = 1, \cdots, n,$$

其中 $\varepsilon_1, \cdots, \varepsilon_n$ 独立同分布, 且 $E(\varepsilon_i) = 0$, $\mathrm{Var}(\varepsilon_i) = \sigma^2$. 证明: β_0, β_1 的 LSE 不相关的充要条件是 $\bar{x} = \sum_{i=1}^{n} x_i/n = 0$.

证明. 令 $\boldsymbol{y} = (y_1, \cdots, y_n)^{\mathrm{T}}$, $\boldsymbol{X} = \begin{pmatrix} 1 & 1 & \cdots & 1 \\ x_1 & x_2 & \cdots & x_n \end{pmatrix}^{\mathrm{T}}$, $\boldsymbol{\varepsilon} = (\varepsilon_1, \cdots, \varepsilon_n)^{\mathrm{T}}$,

则 $\boldsymbol{y} = \boldsymbol{X} \begin{pmatrix} \beta_0 \\ \beta_1 \end{pmatrix} + \boldsymbol{\varepsilon}$ 为线性模型. 由最小二乘法知识得 β_0, β_1 的 LSE 为

$$
\begin{pmatrix} \hat{\beta}_0 \\ \hat{\beta}_1 \end{pmatrix} = (\boldsymbol{X}^{\mathrm{T}} \boldsymbol{X})^{-1} \boldsymbol{X}^{\mathrm{T}} \boldsymbol{y}
$$

$$
= \begin{pmatrix} n & \sum\limits_{i=1}^{n} x_i \\ \sum\limits_{i=1}^{n} x_i & \sum\limits_{i=1}^{n} x_i^2 \end{pmatrix}^{-1} \begin{pmatrix} \sum\limits_{i=1}^{n} y_i \\ \sum\limits_{i=1}^{n} x_i y_i \end{pmatrix}
$$

$$
= \frac{1}{n \sum\limits_{i=1}^{n} x_i^2 - \left(\sum\limits_{i=1}^{n} x_i \right)^2} \begin{pmatrix} \sum\limits_{i=1}^{n} x_i^2 & -\sum\limits_{i=1}^{n} x_i \\ -\sum\limits_{i=1}^{n} x_i & n \end{pmatrix} \begin{pmatrix} \sum\limits_{i=1}^{n} y_i \\ \sum\limits_{i=1}^{n} x_i y_i \end{pmatrix}
$$

$$
= \frac{1}{n \sum\limits_{i=1}^{n} x_i^2 - \left(\sum\limits_{i=1}^{n} x_i \right)^2} \begin{pmatrix} \sum\limits_{i=1}^{n} x_i^2 \sum\limits_{i=1}^{n} y_i - \sum\limits_{i=1}^{n} x_i \sum\limits_{i=1}^{n} x_i y_i \\ -\sum\limits_{i=1}^{n} x_i \sum\limits_{i=1}^{n} y_i + n \sum\limits_{i=1}^{n} x_i y_i \end{pmatrix},
$$

设 $S_x = \sum\limits_{i=1}^{n} (x_i - \bar{x})^2$, $S_{xy} = \sum\limits_{i=1}^{n} (x_i - \bar{x})(y_i - \bar{y})$, 有 $\begin{pmatrix} \hat{\beta}_0 \\ \hat{\beta}_1 \end{pmatrix} = \begin{pmatrix} \bar{y} - \frac{S_{xy}}{S_x} \bar{x} \\ S_{xy} / S_x \end{pmatrix}$,

$$
\begin{aligned}
\mathrm{Cov}\left(\bar{y}, \frac{S_{xy}}{S_x} \right) &= \frac{1}{S_x} \sum_{i=1}^{n} (x_i - \bar{x}) \, \mathrm{Cov}\,(\bar{y}, y_i - \bar{y}) \\
&= \frac{1}{S_x} \sum_{i=1}^{n} (x_i - \bar{x}) \left[\mathrm{Cov}\,(\bar{y}, y_i) - \mathrm{Cov}(\bar{y}, \bar{y}) \right] \\
&= \frac{1}{S_x} \sum_{i=1}^{n} (x_i - \bar{x}) \left(\frac{\sigma^2}{n} - \frac{\sigma^2}{n} \right) = 0,
\end{aligned}
$$

$$
\begin{aligned}
\mathrm{Cov}\left(\frac{S_{xy}}{S_x} \bar{x}, \frac{S_{xy}}{S_x} \right) &= \frac{\bar{x}}{S_x^2} \, \mathrm{Cov}\,(S_{xy}, S_{xy}) \\
&= \frac{\bar{x}}{S_x^2} \, \mathrm{Cov}\left(\sum_{i=1}^{n} (x_i - \bar{x})(y_i - \bar{y}), \sum_{j=1}^{n} (x_j - \bar{x})(y_j - \bar{y}) \right) \\
&= \frac{\bar{x}}{S_x^2} \sum_{i=1}^{n} \sum_{j=1}^{n} (x_i - \bar{x})(x_j - \bar{x}) \, \mathrm{Cov}\,(y_i - \bar{y}, y_j - \bar{y})
\end{aligned}
$$

$$= \frac{\bar{x}}{S_x^2} \left[S_x \cdot \frac{n-1}{n} \sigma^2 + \sum_{i \neq j} (x_i - \bar{x})(x_j - \bar{x}) \left(-\frac{\sigma^2}{n} \right) \right]$$

$$= \frac{\bar{x}}{S_x^2} \left[S_x \sigma^2 - \frac{\sigma^2}{n} \sum_{i,j} (x_i - \bar{x})(x_j - \bar{x}) \right]$$

$$= \frac{\bar{x}}{S_x^2} \left[S_x \sigma^2 - \frac{\sigma^2}{n} \left(\sum_{i,j} x_i x_j - 2n\bar{x} \sum_{i=1}^n x_i + n^2 \bar{x}^2 \right) \right]$$

$$= \frac{\bar{x}}{S_x^2} \left[S_x \sigma^2 - \frac{\sigma^2}{n} \left(n^2 \bar{x}^2 - 2n^2 \bar{x}^2 + n^2 \bar{x}^2 \right) \right]$$

$$= \frac{\sigma^2 \bar{x}}{S_x},$$

因此有

$$\mathrm{Cov}(\hat{\beta}_0, \hat{\beta}_1) = \mathrm{Cov}\left(\bar{y} - \frac{S_{xy}}{S_x} \bar{x}, \frac{S_{xy}}{S_x} \right)$$

$$= \mathrm{Cov}\left(\bar{y}, \frac{S_{xy}}{S_x} \right) - \mathrm{Cov}\left(\frac{S_{xy}}{S_x} \bar{x}, \frac{S_{xy}}{S_x} \right)$$

$$= -\frac{\sigma^2 \bar{x}}{S_x} = 0 \Leftrightarrow \bar{x} = 0. \qquad \square$$

37. 设 $X_1, \cdots, X_n$ 为来自 $\Gamma(\alpha, \lambda)$ 的 IID 样本, 其中 α, λ 均未知, 试求 α/λ 的 UMVUE.

解. 联合概率密度函数为

$$f(\boldsymbol{x}, \alpha, \lambda) = \prod_{i=1}^n \frac{1}{\Gamma(\alpha)} \lambda \mathrm{e}^{-\lambda x_i} (\lambda x_i)^{\alpha-1}$$

$$= \frac{1}{\Gamma(\alpha)^n} \lambda^{n\alpha} \exp\left\{ -\lambda \sum_{i=1}^n x_i + (\alpha - 1) \sum_{i=1}^n \ln x_i \right\},$$

由于 $\{(-\lambda, \alpha - 1) : \lambda > 0, \alpha > 0\}$ 有内点, 故 $\left(\sum_{i=1}^n X_i, \sum_{i=1}^n \ln X_i \right)$ 为充分完备统计量. 可得

$$E\bar{X} = E\left(\frac{1}{n} \sum_{i=1}^n X_i \right) = \frac{1}{n} \cdot n E X_1 = \frac{\alpha}{\lambda},$$

且 $\bar{X}$ 为 $\left(\sum_{i=1}^n X_i, \sum_{i=1}^n \ln X_i \right)$ 的函数, 因此 $\bar{X}$ 为 $\frac{\alpha}{\lambda}$ 的 UMVUE. $\qquad \square$

38. 设 $X_1, \cdots, X_n$ 为来自均匀分布 $U(0, \theta)$ 的 IID 样本, 其中 $\theta > 0$. 记 θ 的 MLE 和 UMVUE 分别为 $\hat{\theta}_m = X_{(n)}$ 和 $\hat{\theta}_u = (n+1)\hat{\theta}_m/n$. 若记 $T = (n+2)\hat{\theta}_m/(n+1)$, 则请证 $\mathrm{MSE}(T) < \min\{\mathrm{MSE}(\hat{\theta}_m), \mathrm{MSE}(\hat{\theta}_u)\}$.

证明. 由于 $X \sim U(0,\theta)$, 故 $\frac{X}{\theta} \sim U(0,1)$, 可得密度函数

$$f_{\frac{X_{(n)}}{\theta}}(t) = nt^{n-1} \cdot 1 = nt^{n-1},$$

从而 $\frac{X_{(n)}}{\theta} \sim \beta(n,1)$. 由 β 分布性质可知

$$\begin{cases} E\left(\dfrac{X_{(n)}}{\theta}\right) = \dfrac{n}{n+1}, \\ \mathrm{Var}\left(\dfrac{X_{(n)}}{\theta}\right) = \dfrac{n}{(n+1)^2(n+2)}, \end{cases}$$

故可得

$$\begin{cases} E(X_{(n)}) = \dfrac{n}{n+1}\theta = E\hat{\theta}_m, \\ \mathrm{Var}(X_{(n)}) = \dfrac{n}{(n+1)^2(n+2)}\theta^2, \end{cases}$$

因此

$$E(\hat{\theta}_m^2) = \mathrm{Var}(X_{(n)}) + (E(X_{(n)}))^2 = \frac{n}{n+2}\theta^2,$$

$$E(\hat{\theta}_u) = \theta, \quad E(\hat{\theta}_u^2) = \frac{(n+1)^2}{n(n+2)}\theta^2,$$

$$E(T) = \frac{n(n+2)}{(n+1)^2}\theta, \quad E(T^2) = \frac{n(n+2)}{(n+1)^2}\theta^2,$$

从而我们可知

$$\mathrm{MSE}(T) = E|T-\theta|^2 = \frac{1}{(n+1)^2}\theta^2,$$

$$\mathrm{MSE}(\hat{\theta}_u) = E|\hat{\theta}_u - \theta|^2 = \frac{1}{n(n+2)}\theta^2,$$

$$\mathrm{MSE}(\hat{\theta}_m) = E|\hat{\theta}_m - \theta|^2 = \frac{2}{(n+1)(n+2)}\theta^2.$$

由于

$$\mathrm{MSE}(T) < \mathrm{MSE}(\hat{\theta}_u), \quad \mathrm{MSE}(T) < \mathrm{MSE}(\hat{\theta}_m),$$

因而

$$\mathrm{MSE}(T) < \min\left\{\mathrm{MSE}(\hat{\theta}_u), \mathrm{MSE}(\hat{\theta}_m)\right\} \qquad \Box$$

39. 设 X 服从 Poisson 分布 $P(\theta)$, 令统计量 $T(X) = \begin{cases} 1, & X = 0, \\ 0, & \text{其他.} \end{cases}$

(1) 计算估计 $E(T)$ 的 C-R 下界, 并证明它严格小于 T 的方差;

(2) 证明 T 是其期望的 UMVUE.

解. (1) 先计算期望

$$E(T(X)) = P\{X = 0\} = \mathrm{e}^{-\theta} := g(\theta),$$

由概率密度函数

$$f(x; \theta) = \frac{\theta^x}{x!}\mathrm{e}^{-\theta},$$

可得对数似然函数

$$\ln f(x; \theta) = x \ln \theta - \ln x! - \theta,$$

求导可得

$$\frac{\partial \ln f(x; \theta)}{\partial \theta} = \frac{x}{\theta} - 1, \quad E\left(\frac{X}{\theta} - 1\right) = 0.$$

又 $E\left(\frac{X}{\theta} - 1\right)^2 = \frac{1}{\theta} > 0$, 故为正则分布族, 且 $I(\theta) = \frac{1}{\theta}$. 而 $g'(\theta) = -\mathrm{e}^{-\theta}$, 则 C-R 下界为

$$\frac{\mathrm{e}^{-2\theta}}{n\frac{1}{\theta}} = \frac{\theta\mathrm{e}^{-2\theta}}{n} \overset{n=1}{=} \theta\mathrm{e}^{-2\theta},$$

然而其方差为

$$\mathrm{Var}(T) = E(T^2) - (E(T))^2 = \mathrm{e}^{-\theta} - \mathrm{e}^{-2\theta},$$

计算其效率可得

$$e_n(T) = \frac{\theta}{n(\mathrm{e}^\theta - 1)} < \frac{1}{n} = 1 \ (\text{由 } \mathrm{e}^\theta - 1 > \theta),$$

故严格小于.

(2) 概率密度函数为

$$f(x; \theta) = \frac{\theta^x}{x!}\mathrm{e}^{-\theta} = \mathrm{e}^{-\theta}\mathrm{e}^{x\ln\theta}/x!,$$

故由 $\ln\theta \in \mathbf{R}$ 可知, X 为充分完备统计量. 而 T 为 $E(T)$ 的 UE, 从而

$$E(T \mid X) = \begin{cases} 1, & X = 0, \\ 0, & \text{否则} \end{cases} = T,$$

故 T 为 $E(T)$ 的 UMVUE. □

40. 设 $X_1, \cdots, X_n$ 为来自 PDF 为 $f(x; \theta) = \theta x^{\theta-1}, 0 < x < 1$ 的 IID 样本, 其中 $\theta > 0$ 为未知参数, 试求 $1/\theta$ 的有效估计.

解. 联合概率密度函数为

$$f(\boldsymbol{x}; \theta) = \theta^n (x_1 \cdots x_n)^{\theta-1} = \mathrm{e}^{(\theta-1)\ln(x_1\cdots x_n)}\theta^n,$$

而 $\theta - 1 > -1$ 有内点, 故 $\ln(X_1 \cdots X_n)$ 为充分完备统计量. 注意到

$$E(\ln X_1) = \int_0^1 \ln x \cdot \theta x^{\theta-1} \mathrm{d}x = -\frac{1}{\theta},$$

因而 $E\left(-\frac{1}{n}\sum\limits_{i=1}^n \ln X_i\right) = \frac{1}{\theta}$, 故 $T = -\frac{1}{n}\sum\limits_{i=1}^n \ln X_i$ 为 $\frac{1}{\theta}$ 的 UMVUE. 又计算其二阶矩

$$E(\ln X_i)^2 = \int_0^1 (\ln x)^2 \theta \cdot x^{\theta-1} \mathrm{d}x = \frac{2}{\theta^2},$$

故其方差

$$\mathrm{Var}(\ln X_i) = \frac{2}{\theta^2} - \frac{1}{\theta^2} = \frac{1}{\theta^2},$$

可得

$$\mathrm{Var}(T) = \frac{1}{n^2} \cdot n \cdot \frac{1}{\theta^2} = \frac{1}{n\theta^2}.$$

再对对数似然函数求导可得

$$\frac{\partial}{\partial\theta}\ln f(x,\theta) = \frac{1}{\theta} + \ln x, \quad \frac{\partial^2}{\partial\theta^2}\ln f(x,\theta) = -\frac{1}{\theta^2},$$

则 Fisher 信息量为

$$I(\theta) = -E\left[\frac{\partial}{\partial\theta^2}\ln f(x,\theta)\right] = \frac{1}{\theta^2},$$

从而可得其 C-R 下界

$$\frac{\frac{1}{\theta^4}}{n \cdot \frac{1}{\theta^2}} = \frac{1}{n\theta^2} = \mathrm{Var}(T),$$

故 $e_n(T) = 1$, 即 T 为有效估计. $\qquad\square$

41. 在正则条件下, 请证明 Fisher 信息量 $I(\theta) = -E_\theta\left(\frac{\partial^2 \ln f(X,\theta)}{\partial\theta^2}\right)$.

证明. 对对数似然函数求导可得

$$\frac{\partial}{\partial\theta}\ln f(x,\theta) = \frac{1}{f(x,\theta)} \cdot \frac{\partial}{\partial\theta}f(x,\theta),$$

进一步, 计算二阶导函数

$$\begin{aligned}
\frac{\partial^2}{\partial\theta^2}\ln f(x,\theta) &= \frac{\partial}{\partial\theta}\left(\frac{1}{f(x,\theta)} \cdot \frac{\partial}{\partial\theta}f(x,\theta)\right) \\
&= \frac{-1}{f(x,\theta)^2}\left(\frac{\partial}{\partial\theta}f(x,\theta)\right)^2 + \frac{1}{f(x,\theta)} \cdot \frac{\partial^2}{\partial\theta^2}f(x,\theta) \\
&= \frac{-1}{f(x,\theta)^2}\left(f(x,\theta)\frac{\partial}{\partial\theta}\ln f(x,\theta)\right)^2 + \frac{1}{f(x,\theta)} \cdot \frac{\partial^2}{\partial\theta^2}f(x,\theta)
\end{aligned}$$

$$= -\left[\frac{\partial}{\partial\theta}\ln f(x,\theta)\right]^2 + \frac{1}{f(x,\theta)}\cdot\frac{\partial^2}{\partial\theta^2}f(x,\theta),$$

因而

$$E_\theta\left[\frac{\partial^2}{\partial\theta^2}\ln f(X,\theta)\right] = -E\left[\frac{\partial}{\partial\theta}\ln f(X,\theta)\right]^2 + \int_{\mathbf{R}}\frac{\partial^2}{\partial\theta^2}f(x,\theta)\mathrm{d}x$$

$$(\text{根据正则性}) = -I(\theta) + \frac{\mathrm{d}^2}{\mathrm{d}\theta^2}\int_{\mathbf{R}}f(x,\theta)\mathrm{d}x$$

$$= -I(\theta),$$

故 $I(\theta) = -E_\theta\left[\frac{\partial^2}{\partial\theta^2}\ln f(X,\theta)\right]$. $\qquad\square$

*42. 如果样本分布族为单参数指数型分布族:

$$C(\theta)\exp\{Q(\theta)T(x)\}h(x),$$

证明当且仅当 $g(\theta) = E_\theta\left[aT(X)+b\right]$ 时, $g(\theta)$ 的一个无偏估计 $aT(X)+b$ 的方差达到 C-R 下界, 其中 a,b 为常数.

证明. 必要性:

注意到

$$g(\theta) = E_\theta[aT(x)+b] = aE_\theta T(x) + b,$$

而

$$\ln f(x,\theta) = \ln C(\theta) + Q(\theta)T(x) + \ln h(x),$$

因此求导可得

$$\frac{\partial}{\partial\theta}\ln f(x,\theta) = \frac{\partial}{\partial\theta}\ln C(\theta) + \frac{\partial}{\partial\theta}Q(\theta)T(x),$$

故求其期望

$$E_\theta\left[\frac{\partial}{\partial\theta}\ln f(X,\theta)\right] = \frac{\partial}{\partial\theta}\ln C(\theta) + \frac{\partial}{\partial\theta}Q(\theta)ET(X) = 0,$$

计算 Fisher 信息量

$$I(\theta) = -E_\theta\left[\frac{\partial^2}{\partial\theta^2}\ln f(X,\theta)\right] = -E_\theta\left[\frac{\partial^2}{\partial\theta^2}\ln C(\theta) + \frac{\partial^2}{\partial\theta^2}Q(\theta)T(x)\right]$$

$$= -\frac{\partial^2}{\partial\theta^2}\ln C(\theta) - \frac{\partial^2}{\partial\theta^2}Q(\theta)\left[-\frac{\partial}{\partial\theta}\ln C(\theta)\bigg/\frac{\partial}{\partial\theta}Q(\theta)\right]$$

$$= -\frac{\partial^2}{\partial\theta^2}\ln C(\theta) + \frac{\partial^2}{\partial\theta^2}Q(\theta)\frac{\partial}{\partial\theta}\ln C(\theta)\bigg/\frac{\partial}{\partial\theta}Q(\theta).$$

又由于

$$g(\theta) = aET(x) + b = a\left[-\frac{\partial}{\partial \theta}\ln C(\theta)\bigg/\frac{\partial}{\partial \theta}Q(\theta)\right] + b$$

$$= -a\frac{\partial}{\partial \theta}\ln C(\theta)\bigg/\frac{\partial}{\partial \theta}Q(\theta) + b,$$

对 $g'(\theta)$ 求导

$$g'(\theta) = -a\frac{\frac{\partial^2}{\partial \theta^2}\ln C(\theta)Q'(\theta) - Q''(\theta)\frac{\partial}{\partial \theta}\ln C(\theta)}{Q'(\theta)^2},$$

因而 C-R 下界为

$$\frac{g'(\theta)^2}{I(\theta)} = \frac{a^2\left[\frac{\frac{\partial^2}{\partial \theta^2}\ln C(\theta)Q'(\theta) - Q''(\theta)\frac{\partial}{\partial \theta}\ln C(\theta)}{Q'(\theta)^2}\right]^2}{-\frac{\partial^2}{\partial \theta^2}\ln C(\theta) + Q''(\theta)\frac{\partial}{\partial \theta}\ln C(\theta)/Q'(\theta)}$$

$$= a^2\left[-\frac{\partial^2}{\partial \theta^2}\ln C(\theta) + Q''(\theta)\frac{\partial}{\partial \theta}\ln C(\theta)/Q'(\theta)\right]\bigg/Q'(\theta)^2. \qquad (*)$$

再取 $\hat{g}(X) = aT(X) + b$, 则 $\operatorname{Var}\hat{g}(X) = a^2\operatorname{Var}T(X)$. 考虑到

$$T(X) = \left[\frac{\partial}{\partial \theta}\ln f(X,\theta) - \frac{\partial}{\partial \theta}\ln C(\theta)\right]\bigg/Q'(\theta),$$

则

$$\operatorname{Var}T(X) = \frac{1}{Q'(\theta)^2}\operatorname{Var}\left[\frac{\partial}{\partial \theta}\ln f(X,\theta)\right] = \frac{1}{Q'(\theta)^2}I(\theta),$$

因此

$$\operatorname{Var}\hat{g}(x) = a^2\left[-\frac{\partial^2}{\partial \theta^2}\ln C(\theta) + Q''(\theta)\frac{\partial}{\partial \theta}\ln C(\theta)/Q'(\theta)\right]\bigg/Q'(\theta)^2, \qquad (**)$$

即 $\hat{g}(X)$ 达到 C-R 下界.

充分性:

由取等条件: 存在 $\varphi(\theta)$ 使得 $\varphi(\theta)[\hat{g}(X) - g(\theta)] = \frac{\partial}{\partial \theta}\ln f(X,\theta)$, 即

$$\varphi(\theta)[\hat{g}(X) - g(\theta)] = \frac{\partial}{\partial \theta}\ln C(\theta) + \frac{\partial}{\partial \theta}Q(\theta)T(X),$$

故可知

$$\hat{g}(X) = g(\theta) + \frac{\partial}{\partial \theta}\ln C(\theta)/\varphi(\theta) + Q'(\theta)T(X)/\varphi(\theta),$$

即 $\hat{g}(X) = a(\theta)T(X) + b(\theta)$. 又 $\hat{g}(X)$ 与 θ 无关, 因此存在常数 a, b, 使得 $\hat{g}(X) = aT(X) + b$. $\qquad\square$

43. 设 $X_1, \cdots, X_n$ 为来自逆 Gauss 分布

$$f(x; \mu, \lambda) = \left(\frac{\lambda}{2\pi x^3} \right)^{1/2} \mathrm{e}^{-\frac{\lambda(x-\mu)^2}{2\mu^2 x}}, \quad 0 < x < \infty$$

的 IID 样本, 试证明统计量 $\bar{X} = \frac{1}{n} \sum\limits_{i=1}^{n} X_i$ 和 $T = \dfrac{n}{\sum\limits_{i=1}^{n} \frac{1}{X_i} - \frac{1}{\bar{X}}}$ 是充分且完备的统计量.

证明. 联合概率密度函数

$$
\begin{aligned}
f(\boldsymbol{x}; \mu, \lambda) &= \left(\frac{\lambda}{2\pi} \right)^{\frac{n}{2}} (x_1 \cdots x_n)^{-\frac{3}{2}} \exp \left\{ -\frac{\lambda}{2\mu^2} \sum_{i=1}^{n} \frac{(x_i - \mu)^2}{x_i} \right\} \\
&= \exp \left\{ -\frac{\lambda}{2\mu^2} \left(\sum_{i=1}^{n} x_i - 2n\mu + \sum_{i=1}^{n} \frac{\mu^2}{x_i} \right) \right\} \left(\frac{\lambda}{2\pi} \right)^{\frac{n}{2}} (x_1 \cdots x_n)^{-\frac{3}{2}} \\
&= \left(\frac{\lambda}{2\pi} \right)^{\frac{n}{2}} \exp \left\{ \frac{n\lambda}{\mu} \right\} \exp \left\{ -\frac{\lambda}{2\mu^2} \sum_{i=1}^{n} x_i - \frac{\lambda}{2} \sum_{i=1}^{n} \frac{1}{x_i} \right\} (x_1 \cdots x_n)^{-\frac{3}{2}}
\end{aligned}
$$

为指数族, 且 $\eta_1 = -\frac{\lambda}{2\mu^2} < 0$, $\eta_2 = -\frac{\lambda}{2} < 0$ 有内点, 故满秩, 从而 $\sum\limits_{i=1}^{n} X_i$ 与 $\sum\limits_{i=1}^{n} \frac{1}{X_i}$ 为充分完备统计量. 我们利用引理

引理 2.1. 充分完备统计量的一一变换仍为充分完备统计量.

(1) 完备统计量的可测变换仍为完备统计量;

(2) 充分统计量的一一变换仍为充分统计量.

综合 (1)(2) 即可证明上述结论.

因此, 我们只需证明为一一变换. 记 $T_1 = \sum\limits_{i=1}^{n} X_i$, $T_2 = \sum\limits_{i=1}^{n} \frac{1}{X_i}$, 则

$$
\begin{cases}
\bar{X} = \dfrac{1}{n} T_1, \\
T = \dfrac{n}{T_2 - \frac{n}{T_1}}
\end{cases}
$$

注意到

$$\left| \frac{\partial(\bar{X}, T)}{\partial(T_1, T_2)} \right| = -\frac{1}{(T_2 - \frac{n}{T_1})^2} < 0,$$

故由逆映射定理, 上述为可逆映射, 因而 $\bar{X}$ 与 T 为充分完备统计量. $\quad\square$

44. 设 $X_1, \cdots, X_n$ 为来自正态分布 $N(\mu, \sigma^2)$ 的 IID 样本, 其中 $\mu \in \mathbf{R}$ 为未知参数, $\sigma^2 > 0$ 为已知参数.

(1) 试求 μ^3, μ^4 的 UMVUE;

(2) 试求概率 $P\{X_1 \leqslant t\}$ 以及 $\frac{\mathrm{d}}{\mathrm{d}t}P\{X_1 \leqslant t\}$ 的 UMVUE, 其中 $t \in \mathbf{R}$ 为给定的常数.

解. (1) 由于正态分布为指数型分布族, 易知 $\bar{X}$ 是 μ 的充分完备统计量. 由正态分布的期望、偏度和峰度知

$$E(\bar{X}) = \mu, \quad E(\bar{X} - \mu)^3 = 0, \quad E(\bar{X} - \mu)^4 = 3\sigma^4.$$

展开后两式移项可得 μ^3 和 μ^4 的 UE 分别为

$$\bar{X}^3 - \frac{3\sigma^2}{n}\bar{X} \quad \text{和} \quad \frac{1}{4}\left(\bar{X}^4 - \frac{6\sigma^2}{n}\left(\bar{X}^2 - \frac{\sigma^2}{n}\right) - 3\sigma^4\right)$$

由于其为充分完备统计量的函数, 因此分别是 μ^3 和 μ^4 的 UMVUE.

(2) 因为 $E(\mathbf{1}_{\{X_1 \leqslant t\}}) = P\{X_1 \leqslant t\}$, 从而 $P\{X_1 \leqslant t\}$ 的 UMVUE 为

$$E(\mathbf{1}_{\{X_1 \leqslant t\}} \mid \bar{X}) = P\{X_1 \leqslant t \mid \bar{X}\}$$
$$= P\{X_1 - \bar{X} \leqslant t - \bar{x} \mid \bar{X}\}.$$

由 Basu 定理易知, $X_1 - \bar{X}$ 与 $\bar{X}$ 独立, 且 $X_1 - \bar{X} \sim N(0, (1-n^{-1})\sigma^2)$, 所以

$$E(\mathbf{1}_{\{X_1 \leqslant t\}} \mid \bar{X}) = P\{X_1 - \bar{X} \leqslant t - \bar{x}\}$$
$$= \Phi\left(\frac{t - \bar{X}}{\sigma\sqrt{1 - n^{-1}}}\right).$$

由控制收敛定理知

$$\frac{\mathrm{d}}{\mathrm{d}t}P\{X_1 \leqslant t\} = \frac{\mathrm{d}}{\mathrm{d}t}E\left[\Phi\left(\frac{t - \bar{X}}{\sigma\sqrt{1 - n^{-1}}}\right)\right] = E\left[\frac{\mathrm{d}}{\mathrm{d}t}\Phi\left(\frac{t - \bar{X}}{\sigma\sqrt{1 - n^{-1}}}\right)\right],$$

从而 $\frac{\mathrm{d}}{\mathrm{d}t}P\{X_1 \leqslant t\}$ 的 UMVUE 为

$$\frac{\mathrm{d}}{\mathrm{d}t}\Phi\left(\frac{t - \bar{X}}{\sigma\sqrt{1 - n^{-1}}}\right) = \frac{1}{\sigma\sqrt{1 - n^{-1}}}\phi\left(\frac{t - \bar{X}}{\sigma\sqrt{1 - n^{-1}}}\right). \qquad \square$$

45. 设 X 是来自 PDF 为

$$f(x; \theta) = \left(\frac{\theta}{2}\right)^{|x|}(1-\theta)^{1-|x|}, x = -1, 0, 1, \quad 0 \leqslant \theta \leqslant 1$$

的一个观测.

(1) 试求 θ 的 MLE;

(2) 定义一个估计量 $T(X)$ 为

$$T(X) = \begin{cases} 2, & x = 1; \\ 0, & \text{其他}. \end{cases}$$

试证: $T(X)$ 是 θ 的一个无偏估计量.

解. (1) 该观测的似然函数为

$$L(\theta; x) = \left(\frac{\theta}{2}\right)^{|x|} (1-\theta)^{1-|x|},$$

由此可得对数似然函数

$$l(\theta; x) = |x| \ln \frac{\theta}{2} + (1-|x|) \ln(1-\theta),$$

故似然方程为

$$\frac{\partial l(\theta; x)}{\partial \theta} = \frac{1}{\theta} \cdot |x| - \frac{1}{1-\theta}(1-|x|) = 0,$$

解得 $\theta = |x|$, 因而 $\hat{\theta}_{\mathrm{MLE}} = |X|$.

(2) 注意到

$$P\{T(X) = 2\} = P\{X = 1\} = \frac{\theta}{2},$$

且

$$P\{T(X) = 0\} = 1 - \frac{\theta}{2},$$

因而

$$ET(X) = 2 \cdot \frac{\theta}{2} = \theta,$$

故 $T(X)$ 为 θ 的 UE. □

46. 设 $X_1, \cdots, X_n$ 为分别来自下列 PDF 的 IID 样本, 问是否存在 θ 的一个函数 $g(\theta)$, 对它存在一个方差达到 C-R 下界的无偏估计量? 若存在, 则求之; 若不存在, 试说明为什么.

(1) $f(x; \theta) = \theta x^{\theta-1}, 0 < x < 1, \theta > 0$;

(2) $f(x; \theta) = \frac{\ln \theta}{\theta-1} \theta^x, 0 < x < 1, \theta > 1$.

解. (1) 由本章第 40 题知: $T = -\frac{1}{n} \sum\limits_{i=1}^{n} \ln X_i$ 为 $g(\theta) = \frac{1}{\theta}$ 的有效估计.

(2) 联合概率密度函数

$$f(\boldsymbol{x}; \theta) = \frac{(\ln \theta)^n}{(\theta-1)^n} \theta^{\sum\limits_{i=1}^{n} x_i} = \frac{(\ln \theta)^n}{(\theta-1)^n} \mathrm{e}^{\sum\limits_{i=1}^{n} x_i \ln \theta}$$

为指数族, 故考虑 $a \sum\limits_{i=1}^{n} X_i + b$ 的形式. 又

$$EX = \int_0^1 \frac{\ln \theta}{\theta-1} \theta^x \cdot x \mathrm{d}x = \theta^x \frac{x}{\theta-1} \bigg|_0^1 - \int_0^1 \theta^x \frac{1}{\theta-1} \mathrm{d}x$$

$$= \frac{\theta}{\theta - 1} - \frac{\theta}{(\theta - 1) \ln \theta} + \frac{1}{(\theta - 1) \ln \theta}$$

$$= \frac{\theta}{\theta - 1} - \frac{1}{\ln \theta},$$

故 $E\bar{X} = \frac{\theta}{\theta - 1} - \frac{1}{\ln \theta}$, 由本章第 42 题知, $g(\theta) = \frac{\theta}{\theta - 1} - \frac{1}{\ln \theta}$. $\square$

47. 设总体密度如下, $X_1, \cdots, X_n$ 是样本, 试求未知参数的矩估计.

(1) $f(x; \theta) = \frac{2}{\theta^2}(\theta - x)$, $0 < x < \theta, \theta > 0$;

(2) $f(x; \theta) = \sqrt{\theta} x^{\sqrt{\theta} - 1}$, $0 < x < 1, \theta > 0$;

(3) $f(x; \theta, \mu) = \frac{1}{\theta} e^{-\frac{x - \mu}{\theta}}$, $x > \mu, \theta > 0$.

解. (1) 先计算总体的一阶原点矩

$$EX = \int_0^\theta x f(x; \theta) \mathrm{d}x = \int_0^\theta \frac{2}{\theta^2}(\theta x - x^2) \mathrm{d}x = \frac{1}{3}\theta,$$

令总体的一阶原点矩与样本的一阶原点矩相等, 即 $\frac{1}{3}\hat{\theta} = \bar{X}$, 因而 $\hat{\theta} = 3\bar{X}$.

(2) 先计算总体的一阶原点矩

$$EX = \int_0^1 x f(x; \theta) \mathrm{d}x = \int_0^1 \sqrt{\theta} x^{\sqrt{\theta}} \mathrm{d}x = \frac{\sqrt{\theta}}{\sqrt{\theta} + 1},$$

令总体的一阶原点矩与样本的一阶原点矩相等, 即 $\frac{\sqrt{\theta}}{\sqrt{\theta} + 1} = \bar{X}$, 因而 $\hat{\theta} = \left(\frac{\bar{X}}{1 - \bar{X}}\right)^2$.

(3) 先计算总体的一阶原点矩与二阶中心矩

$$EX = \int_\mu^\infty x f(x; \theta) \mathrm{d}x = \int_\mu^\infty \frac{1}{\theta} e^{-\frac{x - \mu}{\theta}} \cdot x \mathrm{d}x = \theta + \mu,$$

$$\mathrm{Var}\, X = \int_\mu^\infty (x - EX)^2 f(x; \theta) \mathrm{d}x = \int_\mu^\infty \frac{1}{\theta} e^{-\frac{x - \mu}{\theta}} (x - \theta - \mu)^2 \mathrm{d}x = \theta^2.$$

可解得

$$\begin{cases} \hat{\theta} = S_n^*, \\ \hat{\mu} = \bar{X} - S_n^*. \end{cases}$$ $\square$

48. 如果 T 是完备的, $S = \Phi(T)$, 且 Φ 可测, 那么 S 是完备的吗?

证明. 对任意符合 $Eg(S) = 0$ 的函数 g, 有 $Eg(\Phi(T)) = 0$. 不妨记 $g(\Phi(\cdot)) - h(\cdot)$, 则 $Eh(T) = 0$. 而 T 为完备统计量, 因而 $h(T) = 0$ a.s., 即 $g(\Phi(T)) = 0$ a.s.. 故 $g(S) = 0$ a.s., 因而 S 为完备统计量. $\square$

49. $X_1, X_2, \cdots, X_n \overset{\mathrm{IID}}{\sim} N(\mu, \sigma^2)$, 其中 σ^2 已知:

(1) 给出一个 μ 的相合估计, 但它不是无偏的.

(2) 给出一个 μ 的无偏估计, 但它不是相合的.

解. (1) 易知 $\bar{X}$ 是 μ 的 UE 与强相合估计, 因而 $T_1 = \bar{X} + \frac{1}{n}$ 为相合估计而非 UE.

(2) 注意到 $X_1 \sim N(\mu, \sigma^2)$, 故 $EX_1 = \mu$. 而 $X_1 \overset{P}{\nrightarrow} \mu$, 故 X_1 为 μ 的 UE 而非相合估计. $\qquad\square$

50. 若 $X_1, \cdots, X_n$ 是来自总体 $X \sim U(-\theta, \theta)$ 的 n 个简单随机样本. 试求参数 θ 的最大似然估计 $\hat{\theta}$.

解. 由 $-\theta < X_i < \theta$, 其中 $i = 1, 2, \cdots, n$, 即 $-\theta < X_{(1)} \leqslant X_{(2)} \leqslant \cdots \leqslant X_{(n)} < \theta$, 则 θ 满足

$$\begin{cases} -\theta < X_{(1)}, \\ \theta > X_{(n)}, \end{cases}$$

因而

$$\hat{\theta} = \max\left\{ -X_{(1)}, X_{(n)} \right\} = \max\left\{ |X_1|, |X_2|, \cdots, |X_n| \right\}. \qquad\square$$

51. 如果统计量 $T(X_1, \cdots, X_n)$ 是参数 $\theta \in \Theta$ 的充分统计量, 且 θ 的最大似然估计 $\hat{\theta}(\boldsymbol{X})$ 存在, 证明 $\hat{\theta}(\boldsymbol{X})$ 仅通过充分统计量 T 依赖于样本.

证明. 由因子分解定理

$$f(\boldsymbol{X}; \theta) = g_\theta(T(\boldsymbol{X})) h(\boldsymbol{X}) = L(\theta; \boldsymbol{X}),$$

则可得最大似然估计

$$\begin{aligned} \hat{\theta}(X) &= \arg\sup_{\theta \in \Theta} L(\theta; \boldsymbol{X}) \\ &= \arg\sup_{\theta \in \Theta} g_\theta(T(\boldsymbol{X})) h(\boldsymbol{X}) \\ &= \arg\sup_{\theta \in \Theta} g_\theta(T(\boldsymbol{X})), \end{aligned}$$

为 $T(\boldsymbol{X})$ 的函数. 故 $\hat{\theta}(X)$ 仅通过充分统计量 $T(\boldsymbol{X})$ 依赖样本. $\qquad\square$

52. 假设第二次世界大战中的某年, 德军生产的坦克数量为 N 台, 且编号为 $1, 2, \cdots, N$, 而盟军从战场上共缴获 n 台德军坦克, 其最大编号为 M, 请估计德军坦克年产量 N. (只给出估计值不得分. 提示: 假设缴获坦克编号为 $X_1, \cdots, X_n$, 且来自取值为 $1, 2, \cdots, N$ 的离散均匀总体的 IID 样本.)

解. 答案不唯一, 估计合理即可. 如果采用提示中的离散均匀 IID 分布建模, 此时缴获坦克的编号可能出现重复的情况, 最大编号可能小于 n, 则

$$\begin{aligned} E[X_{(n)}] &= \sum_{k=1}^{N} P\{X_{(n)} \geqslant k\} = N - \sum_{k=1}^{N} P\{X_{(n)} < k\} \\ &= N - \sum_{k=1}^{N} \left(\frac{k-1}{N} \right)^n \end{aligned}$$

$$= N - N \sum_{k=1}^{N} \left(\frac{k}{N}\right)^n \cdot \frac{1}{N} + 1$$

$$\approx N - \frac{N}{n+1} + 1 = \frac{n}{n+1} N + 1,$$

这里假定 $n \ll N$ 而使用定积分近似, 得到 N 的矩估计近似为 $\frac{n+1}{n}(M-1)$ (可取整).

如果使用最大似然估计, 则 N 的估计为缴获坦克的最大编号 M. □

注 2.4. 使用离散均匀 IID 建模是不够准确的, 因为 IID 可以理解为从 $1, 2, \cdots, N$ 中有放回地选取 n 个样本, 但题意中坦克只能被缴获一次, 是无放回抽取. 此时 M 的分布为

$$P\{M = m\} = \frac{\binom{m-1}{n-1}}{\binom{N}{n}},$$

此时

$$E(M) = \sum_{m=n}^{N} m P\{M = m\} = \frac{1}{\binom{N}{n}} \sum_{m=n}^{N} m \binom{m-1}{n-1}$$

$$= \frac{n}{\binom{N}{n}} \sum_{m=n}^{N} \binom{m}{n} = \frac{n \binom{N+1}{n+1}}{\binom{N}{n}} = \frac{n}{n+1}(N+1),$$

故 N 的矩估计 (一个无偏估计) 为 $\frac{n+1}{n} M - 1$.

53. 设 $X_1, \cdots, X_n$ 为来自正态总体 $N(\mu, 1)$ 的 IID 样本, 其中 $\mu \in [0, \infty)$, 求 μ 的 MLE.

解. 对数似然函数为

$$l(\mu; \boldsymbol{X}) = -\frac{n}{2} \ln(2\pi) - \frac{1}{2} \sum_{i=1}^{n} (x_i - \mu)^2,$$

求导得

$$\frac{\partial l}{\partial \mu} = \sum_{i=1}^{n} (x_i - \mu) = n(\bar{x} - \mu).$$

由于有限制 $\mu \geqslant 0$, 因此当 $\bar{X} \geqslant 0$ 时, 对数似然求导可取到零点, $\hat{\mu} = \bar{X}$.

当 $\bar{X} < 0$ 时, $\frac{\partial l}{\partial \mu} < 0$, $\hat{\mu} = 0$. 综上所述,

$$\hat{\mu}_{\text{MLE}} = \begin{cases} \bar{X}, & \bar{X} \geqslant 0, \\ 0, & \bar{X} < 0. \end{cases} \qquad □$$

54. 设观察到的 n 个样本 $Y_1, \cdots, Y_n$ 满足如下关系:

$$Y_i = \alpha Y_{i-1} + \varepsilon_i, \quad i = 1, 2, \cdots, n, \quad Y_0 = 0,$$

其中 $\varepsilon_1, \cdots, \varepsilon_n$ 独立同分布, 且 $\varepsilon_i \sim N(0, \sigma^2)$. 求参数 α, σ^2 的 MLE.

解. 易知样本 $Y_1, \cdots, Y_n$ 的概率密度函数

$$
\begin{aligned}
f_{Y_1, \cdots, Y_n}(y_1, \cdots, y_n) &= \prod_{i=1}^{n} f_{Y_i | Y_{i-1}, \cdots, Y_0}(y_i | y_{i-1}, \cdots, y_1, 0) \\
&= \prod_{i=1}^{n} f_{Y_i | Y_{i-1}}(y_i | y_{i-1}) \\
&= \frac{1}{(\sqrt{2\pi\sigma^2})^n} \exp\left\{ -\frac{1}{2\sigma^2} \sum_{i=1}^{n} (y_i - \alpha y_{i-1})^2 \right\},
\end{aligned}
$$

先考虑 α, 最大化 f 等价于最小化 $\sum\limits_{i=1}^{n} (y_i - \alpha y_{i-1})^2$. 故由二次函数性质可知

$$\hat{\alpha}_{\text{MLE}} = \frac{\sum\limits_{i=1}^{n} y_{i-1} y_i}{\sum\limits_{i=1}^{n-1} y_i^2},$$

再将 $\hat{\alpha}_{\text{MLE}}$ 代入似然函数, 等式化为类似 IID 正态均值已知样本下求取 σ^2 最大似然估计的形式, 故

$$\hat{\sigma}_{\text{MLE}}^2 = \frac{1}{n} \sum_{i=1}^{n} (y_i - \hat{\alpha}_{\text{MLE}} y_{i-1})^2. \qquad \square$$

55. 设 $\begin{pmatrix} X_{11} \\ \vdots \\ X_{p1} \end{pmatrix} \cdots, \begin{pmatrix} X_{1m} \\ \vdots \\ X_{pm} \end{pmatrix}$ 为来自 p 维正态总体 $N\left(\begin{pmatrix} \mu_1 \\ \vdots \\ \mu_p \end{pmatrix}, \sigma^2 \boldsymbol{I}_p \right)$ 的 IID 样本.

(1) 证明 μ, σ^2 的 MLE 分别是 $\hat{\mu}_i = \frac{1}{m} \sum\limits_{j=1}^{m} X_{ij}$, $\hat{\sigma}^2 = \frac{1}{pm} \sum\limits_{i=1}^{p} \sum\limits_{j=1}^{m} (X_{ij} - \hat{\mu}_i)^2$.

(2) 如果固定 m, 当 $p \to \infty$ 时, 证明 $\hat{\sigma}^2$ 依概率收敛到 $\frac{m-1}{m}\sigma^2$.

(3) 给出 σ^2 的一个相合估计.

解. (1) 记 $\boldsymbol{X}_i = (X_{1i}, \cdots, X_{pi})^{\text{T}}$, $\boldsymbol{\mu} = (\mu_1, \cdots, \mu_p)^{\text{T}}$, 联合密度函数为

$$f_{\boldsymbol{X}_1, \cdots, \boldsymbol{X}_m} = \frac{1}{(\sqrt{2\pi\sigma^2})^{pm}} \exp\left\{ -\frac{1}{2\sigma^2} \sum_{j=1}^{m} (\boldsymbol{X}_j - \boldsymbol{\mu})^{\text{T}} (\boldsymbol{X}_j - \boldsymbol{\mu}) \right\},$$

求导即可解出对应的 MLE. 也可只考虑含 μ_i 的因子, 得到 $\hat{\mu}_i = \dfrac{1}{m} \sum\limits_{j=1}^{m} X_{ij}$, 再

代入得到 $\hat{\sigma}^2 = \dfrac{1}{pm} \sum\limits_{i=1}^{p} \sum\limits_{j=1}^{m} (X_{ij} - \hat{\mu}_i)^2$.

(2) $\hat{\sigma}^2 = \dfrac{1}{p} \sum\limits_{i=1}^{p} \dfrac{1}{m} \sum\limits_{j=1}^{m} (X_{ij} - \hat{\mu}_i)^2$, 记 $Y_i = \dfrac{1}{m} \sum\limits_{j=1}^{m} (X_{ij} - \hat{\mu}_i)^2$, 则 $E(Y_i) = \dfrac{m-1}{m} \sigma^2$. 因为 $Y_1, Y_2, \cdots, Y_p$ 之间相互独立, 所以由大数定律即可得到结论.

(3) 答案不唯一. 注意 (3) 中 p 固定, $m \to \infty$, 因此不可直接使用 (2) 中结论.

一元情况中, 样本方差是总体方差 σ^2 的相合估计 (分母为 $m-1$ 或 m 都是相合的). 故 $Y_1, Y_2, \cdots, Y_p$ 都是相合估计. 因此 $\hat{\sigma}^2$ 也是 σ^2 的相合估计 ($m \to \infty$ 而 p 固定). $\qquad\square$

56. 设 $X_1, X_2, \cdots, X_n$ 为来自正态分布 $N(\mu, 1)$ 的 IID 样本. 记 $g(\mu) = P\{X_1 \geqslant 0\}$:

(1) 证明 $g(\mu) = \Phi(\mu)$, 其中 $\Phi(\cdot)$ 为标准正态随机变量的累积分布函数;

(2) 求 $g(\mu)$ 的 MLE.

(3) 求 $g(\mu)$ 的 UMVUE.

解. (1) $g(\mu) = P\{X_1 \geqslant 0\} = P\{X_1 - \mu \geqslant -\mu\} = 1 - \Phi(-\mu) = \Phi(\mu)$.

(2) μ 的最大似然估计为 $\bar{X}$, 由 MLE 的不变原则, $g(\mu)$ 的 MLE 为 $g(\bar{X})$.

(3) $\bar{X}$ 是 μ 的充分完备统计量, $I_{(X_1 \geqslant 0)}$ 为 $g(\mu)$ 的一个 UE, 故 $E[I_{(X_1 \geqslant 0)} | \bar{X}]$ 为 $g(\mu)$ 的一个 UMVUE. 注意到

$$E[I_{(X_1 \geqslant 0)} | \bar{X}] = P\{X_1 \geqslant 0 | \bar{X}\} = P\{X_1 - \bar{X} \geqslant -\bar{X} | \bar{X}\}.$$

由于 $X_1 - \bar{X} \sim N\left(0, \dfrac{n-1}{n}\right)$, 因此 $X_1 - \bar{X}$ 是 μ 的辅助统计量, 由 Basu 定理可知, 其与 $\bar{X}$ 独立. 故

$$P(X_1 - \bar{X} \geqslant -\bar{X} | \bar{X} = \bar{x}) = 1 - \Phi\left(-\sqrt{\dfrac{n}{n-1}} \bar{x}\right) = \Phi\left(\sqrt{\dfrac{n}{n-1}} \bar{x}\right),$$

因此, $g(\mu)$ 的 UMVUE 为 $\Phi\left(\sqrt{\dfrac{n}{n-1}} \bar{X}\right)$. $\qquad\square$

注 2.5. Basu 定理可以避免推导条件分布的麻烦, 不使用 Basu 定理, 在这道题中也可以利用多元正态分布中条件分布的性质解决.

$$\begin{pmatrix} X_1 \\ \bar{X} \end{pmatrix} = \begin{pmatrix} 1 & 0 & \cdots & 0 \\ 1/n & 1/n & \cdots & 1/n \end{pmatrix} \boldsymbol{X} \sim N\left(\begin{pmatrix} \mu \\ \mu \end{pmatrix}, \begin{pmatrix} 1 & 1/n \\ 1/n & 1/n \end{pmatrix} \right),$$

利用多元正态分布的条件分布定理: 如果 $(X_1, X_2)^{\mathrm{T}}$ 服从多元正态分布, 则

$$X_1 | X_2 \sim N(\boldsymbol{\mu}_1 + \boldsymbol{\Sigma}_{12} \boldsymbol{\Sigma}_{22}^{-1} (\boldsymbol{x}_2 - \boldsymbol{\mu}_2), \boldsymbol{\Sigma}_{11} - \boldsymbol{\Sigma}_{12} \boldsymbol{\Sigma}_{22}^{-1} \boldsymbol{\Sigma}_{21}),$$

故 $X_1 | \bar{X} \sim N\left(\bar{X}, \dfrac{n-1}{n}\right)$, 也可求得最终答案.

3

第 3 章

区 间 估 计

1. 假设在 105 次独立射击中有 60 次命中目标, 试求命中率 p 的置信水平为 95% 的置信区间.

解. 不妨令 $X_i = \begin{cases} 1, & \text{第 } i \text{ 次命中}; \\ 0, & \text{否则}, \end{cases} i = 1, 2, \cdots, 105$, 则 $X_i \sim b(1, p)$, 且相互独立, 其中 p 为命中率. 由中心极限定理可知

$$\frac{\sum\limits_{i=1}^{n} X_i - np}{\sqrt{np(1-p)}} \xrightarrow{\mathscr{L}} N(0, 1).$$

又由大数定律知 $\bar{X} \xrightarrow{P} p$, 故根据 Slutsky 定理可得

$$\frac{\sum\limits_{i=1}^{n} X_i - np}{\sqrt{n\bar{X}(1-\bar{X})}} \xrightarrow{\mathscr{L}} N(0, 1).$$

由于此处 $n = 105$ 可视为大样本情形, 因此

$$P\left\{ \left| \frac{\sum\limits_{i=1}^{n} X_i - np}{\sqrt{n\bar{X}(1-\bar{X})}} \right| \leqslant u_{0.025} \right\} = 0.95,$$

解得 $p \in (0.476, 0.667)$. □

2. 设 $X_1, \cdots, X_n$ 为来自 Poisson 分布 $P(\lambda)$ 的 IID 样本, 试求 λ 的置信水平近似为 $1 - \alpha$ 的大样本置信区间.

解. 由 $X_1, \cdots, X_n \overset{\text{IID}}{\sim} P(\lambda)$ 可知 $\sum\limits_{i=1}^{n} X_i \sim P(n\lambda)$, 又由中心极限定理可得

$$\frac{\sum\limits_{i=1}^{n} X_i - n\lambda}{\sqrt{n\lambda}} \xrightarrow{\mathscr{L}} N(0, 1),$$

由大数定律知 $\bar{X} \xrightarrow{P} \lambda$, 故根据 Slutsky 定理可得

$$\frac{\sum\limits_{i=1}^{n} X_i - n\lambda}{\sqrt{n\bar{X}}} \xrightarrow{\mathscr{L}} N(0, 1),$$

因而在大样本情况下

$$P\left\{ \left| \frac{\sum\limits_{i=1}^{n} X_i - n\lambda}{\sqrt{n\bar{X}}} \right| \leqslant u_{\frac{\alpha}{2}} \right\} = 1 - \alpha,$$

即 λ 的置信水平近似为 $1 - \alpha$ 的大样本置信区间为

$$\left[\bar{X} - u_{\frac{\alpha}{2}} \sqrt{\frac{\bar{X}}{n}}, \bar{X} + u_{\frac{\alpha}{2}} \sqrt{\frac{\bar{X}}{n}} \right] \qquad \square$$

3. 某通信公司随机抽查了一万个用户手机微信的字符长度, 得到其平均值为 $\bar{x} = 9$, 样本标准差为 $s = 18$. 在置信水平 95% 下, 求该公司用户手机微信均值 μ 的置信区间.

解. 不妨设该公司用户手机微信字符长度 $X_i \sim (\mu, \sigma^2)$, 且相互独立, 由于 $n = 10000$ 可视为大样本情形, 故根据中心极限定理可得

$$\frac{\bar{X} - \mu}{\sigma / \sqrt{n}} \xrightarrow{\mathscr{L}} N(0, 1).$$

注意到 $S^2 \xrightarrow{P} \sigma^2$, 因此根据 Slutsky 定理可得

$$\frac{\bar{X} - \mu}{S / \sqrt{n}} \xrightarrow{\mathscr{L}} N(0, 1),$$

即在大样本情形下可近似得到

$$P \left\{ \left| \frac{\bar{X} - \mu}{S / \sqrt{n}} \right| \leqslant 1.96 \right\} = 95\%,$$

因而该公司用户手机微信均值 μ 的置信区间为 $(8.65, 9.35)$. $\qquad \square$

4. 现在南开大学随机调查了 1000 名学生, 发现其中 651 名同学有平板电脑. 请求该校有平板电脑同学比例 p 的置信水平为 0.95 的置信区间.

解. 不妨令 $X_i = \begin{cases} 1, & \text{第 } i \text{ 名学生有手机}, \\ 0, & \text{否则}, \end{cases} \quad i = 1, 2, \cdots, 1000$, 则 $X_i \sim$ $b(1, p)$, 且相互独立, 其中 p 为有手机同学比例, 由中心极限定理可知

$$\frac{\sum\limits_{i=1}^{n} X_i - np}{\sqrt{np(1-p)}} \xrightarrow{\mathscr{L}} N(0, 1).$$

又由大数定律知 $\bar{X} \xrightarrow{P} p$, 故根据 Slutsky 定理可得

$$\frac{\sum\limits_{i=1}^{n} X_i - np}{\sqrt{n\bar{X}(1 - \bar{X})}} \xrightarrow{\mathscr{L}} N(0, 1),$$

由于此处 $n = 1000$ 可视为大样本情形, 因此

$$P\left\{\left|\frac{\sum\limits_{i=1}^{n}X_i - np}{\sqrt{n\bar{X}(1-\bar{X})}}\right| \leqslant u_{0.025}\right\} = 0.95,$$

可解得 $p \in (0.62, 0.68)$. □

5. 随机抽取某大学 60 位教授的住房面积, 得知他们的平均住房面积为 115.4 m², 标准差是 15.8 m². 又随机地调查了该大学的 60 位副教授的住房面积, 得知他们的平均住房面积为 89.3 m², 标准差是 21.3 m². 试在置信水平 0.95 下,

(1) 求该大学教授平均住房面积的置信区间;

(2) 求该大学副教授平均住房面积的置信区间;

(3) 当认为两个总体的方差等于样本方差时, 求该校教授、副教授住房面积差的置信区间.

解. (1) 不妨设教授住房面积 $X_1, X_2, \cdots, X_n \overset{\text{IID}}{\sim} N(\mu_1, \sigma_1^2)$, 因而 $\frac{\sqrt{n}(\bar{X}-\mu_1)}{S_{1n}} \sim t(n-1)$, 其中 $n = 60$, 因此

$$P\left\{\left|\frac{\sqrt{n}(\bar{X}-\mu_1)}{S_{1n}}\right| \leqslant t_{0.025}(59)\right\} = 0.95,$$

可解得教授平均住房面积的置信区间为 $[111.3, 119.5]$.

(2) 不妨设副教授住房面积 $Y_1, Y_2, \cdots, Y_n \overset{\text{IID}}{\sim} N(\mu_2, \sigma_2^2)$, 同理可知 $\frac{\sqrt{n}(\bar{Y}-\mu_2)}{S_{2n}} \sim t(n-1)$, 故有

$$P\left\{\left|\frac{\sqrt{n}(\bar{Y}-\mu_2)}{S_{2n}}\right| \leqslant t_{0.025}(59)\right\} = 0.95,$$

解得副教授平均住房面积的置信区间为 $[83.8, 94.8]$.

(3) 由于两个总体的方差等于样本方差, 因此 $\bar{X} \sim N(\mu_1, \frac{S_{1n}^2}{n})$, $\bar{Y} \sim N(\mu_2, \frac{S_{2n}^2}{n})$, 故可得

$$P\left\{\left|\frac{(\bar{X}-\mu_1)-(\bar{Y}-\mu_2)}{\sqrt{\frac{S_{1n}^2}{n}+\frac{S_{2n}^2}{n}}}\right| \leqslant u_{0.025}\right\} = 0.95,$$

可解得教授、副教授住房面积差的置信区间为 $[19.4, 32.8]$. □

6. 科学中的伟大发现往往是由比较年轻的人提出的. 下面是 16 世纪初期到 20 世纪的 12 个重大科学发现的情况:

科学发现	科学家	年份	年龄
日心说	Copernicus	1513	40
望远镜及天文学的基本规律	Galileo	1600	36
动力学、万有引力、微积分	Newton	1665	22

科学发现	科学家	年份	年龄
电的实质	Franklin	1746	40
燃烧即氧化	Lavoisier	1774	31
地球的演变	Lyell	1830	33
进化论	Darwin	1858	49
光的电磁场特性	Maxwell	1864	33
放射性	Marie Curie	1898	31
量子力学	Planck	1901	43
狭义相对论	Einstein	1905	26
量子力学的数学基础	Schrödinger	1926	39

设提出重大科学发现时科学家的年龄服从 $N(\mu,\sigma^2)$ 分布 $(\mu,\sigma$ 未知), 构造 μ 的置信水平为 0.95 的置信区间.

解. 不妨设上述年龄为 $X_1,\cdots,X_n \overset{\text{IID}}{\sim} N(\mu,\sigma^2)$, 其中 $n=12$, 可计算得到 $\bar{X}=35.25$, $S_n^2=56.02$. 由于 $\frac{\bar{X}-\mu}{S_n/\sqrt{n}} \sim t(n-1)$, 故有

$$P\left\{\left|\frac{\bar{X}-\mu}{S_n/\sqrt{n}}\right| \leqslant t_{0.025}(11)\right\}=0.95,$$

代入数据可得 μ 的置信水平为 0.95 的置信区间为 $(30.49, 40.01)$. □

7. 设 $X_1,\cdots,X_n$ 为来自分布为 $F(x)$ 的总体的 IID 样本, 对于固定的 $x\in\mathbf{R}$, 试求总体分布 $F(x)$ 的置信水平近似为 $1-\alpha$ 的大样本置信区间.

解. 对于固定的 x, 不妨令 $Y_i=I_{(X_i\leqslant x)}$, 则 $EY_i=P\{X_i\leqslant x\}=F(x)$. 由中心极限定理知

$$\frac{\sum\limits_{i=1}^n Y_i-nF(x)}{\sqrt{nF(x)(1-F(x))}} \overset{\mathscr{L}}{\longrightarrow} N(0,1).$$

又由大数定律有 $\bar{Y} \overset{P}{\longrightarrow} F(x)$, 故根据 Slutsky 定理可知

$$\frac{\sum\limits_{i=1}^n Y_i-nF(x)}{\sqrt{n\bar{Y}(1-\bar{Y})}} \overset{\mathscr{L}}{\longrightarrow} N(0,1),$$

因此在大样本情形下

$$P\left\{\left|\frac{\sum\limits_{i=1}^n Y_i-nF(x)}{\sqrt{n\bar{Y}(1-\bar{Y})}}\right| \leqslant u_{\frac{\alpha}{2}}\right\}=1-\alpha,$$

可解得 $F(x)$ 的置信水平近似为 $1-\alpha$ 的大样本置信区间为

$$\left[\bar{Y}-u_{\frac{\alpha}{2}}\sqrt{\frac{\bar{Y}(1-\bar{Y})}{n}},\bar{Y}+u_{\frac{\alpha}{2}}\sqrt{\frac{\bar{Y}(1-\bar{Y})}{n}}\right],$$

其中 $Y_i=I_{(X_i\leqslant x)}$. □

8. 学院想考察两位老师给学生的期末考试成绩是否有显著性差别. 假设本学期共有 50 位学生选修老师甲的课程, 且其期末平均成绩为 84.5 分, 标准差为 14.5 分; 而选修老师乙所讲授课程的学生人数为 115, 期末平均成绩为 88.3 分, 标准差为 6.8 分. 若假设学生成绩服从正态分布, 则请给出甲、乙两位老师所教课程的平均成绩的置信水平为 0.95 的置信区间以及两位老师所教课程平均成绩差的置信水平为 0.95 的置信区间.

解. 不妨设选修老师甲的学生成绩为 $X_1,\cdots,X_{50}$, 选修老师乙的学生成绩为 $Y_1,\cdots,Y_{115}$, 其中 $X_i\sim N(\mu_1,\sigma_1^2)$, $Y_i\sim N(\mu_2,\sigma_2^2)$, 且全样本独立. 因此

$$\frac{\sqrt{m}(\bar{X}-\mu_1)}{S_{1m}}\sim t(m-1),\quad \frac{\sqrt{n}(\bar{Y}-\mu_2)}{S_{2n}}\sim t(n-1),$$

其中 $m=50,n=115$. 故而

$$P\left\{\left|\frac{\sqrt{m}(\bar{X}-\mu_1)}{S_{1m}}\right|\leqslant t_{0.025}(m-1)\right\}=0.95,$$

$$P\left\{\left|\frac{\sqrt{n}(\bar{Y}-\mu_2)}{S_{2n}}\right|\leqslant t_{0.025}(n-1)\right\}=0.95.$$

代入数据可得甲、乙所教课程平均成绩的置信水平为 0.95 的置信区间分别为 $[80.4,88.6]$ 与 $[87.0,89.6]$. 又由于

$$\frac{\bar{X}-\bar{Y}-(\mu_1-\mu_2)}{\sqrt{\frac{\sigma_1^2}{m}+\frac{\sigma_2^2}{n}}}\sim N(0,1),$$

注意到 $S_{1m}^2\xrightarrow{P}\sigma_1^2$, $S_{2n}^2\xrightarrow{P}\sigma_2^2$ 且此时可视为大样本情形, 因此可得

$$P\left\{\frac{|\bar{X}-\bar{Y}-(\mu_1-\mu_2)|}{\sqrt{\frac{S_{1m}^2}{m}+\frac{S_{2n}^2}{n}}}\leqslant u_{0.025}\right\}=0.95,$$

解得 $\mu_1-\mu_2\in[-0.41,8.01]$ 为平均成绩差的置信水平为 0.95 的置信区间. □

9. 设有来自对数正态分布 $LN(\mu,0.8^2)$ 的 IID 样本为 $4.85,1.73,10.07,$ $9.78,14.15,1.52,11.7,6.62,10.38$. 试求:

(1) 总体期望 $\beta=E(X)$;

(2) μ 的置信水平为 0.95 的置信区间;

(3) β 的置信水平为 0.95 的置信区间.

解. (1) 由 $X \sim LN(\mu, 0.8^2)$ 可知 $\ln X \sim N(\mu, 0.8^2)$. 当 $x > 0$ 时,

$$F(x) = P\{X \leqslant x\} = P\{\ln X \leqslant \ln x\} = \Phi(\ln x).$$

对等式两侧求导可得 $f(x) = \frac{1}{x}\varphi(\ln x)$. 而当 $x \leqslant 0$ 时, $F(x) = 0$, 因而 $f(x) = 0$, 故可计算期望

$$
\begin{aligned}
EX &= \int_0^\infty x f(x)\mathrm{d}x \\
&= \int_0^\infty \varphi(\ln x)\mathrm{d}x \\
&= \frac{1}{\sqrt{2\pi}\sigma} \int_0^\infty \exp\left\{-\frac{1}{2\sigma^2}(\ln x - \mu)^2\right\}\mathrm{d}x \\
&= \int_{-\infty}^\infty \frac{1}{\sqrt{2\pi}\sigma} \exp\left\{-\frac{1}{2\sigma^2}(y-\mu)^2 + y\right\}\mathrm{d}y \\
&= \int_{-\infty}^\infty \frac{1}{\sqrt{2\pi}\sigma} \exp\left\{-\frac{1}{2\sigma^2}(y-\mu-\sigma^2)^2\right\} \exp\left\{\frac{\sigma^2}{2}+\mu\right\}\mathrm{d}y \\
&= \exp\left\{\frac{\sigma^2}{2}+\mu\right\},
\end{aligned}
$$

其中 $\sigma^2 = 0.8^2$, 因而总体期望 $\beta = EX = \exp\{\mu + 0.32\}$.

(2) 由 $X_1, \cdots, X_n \overset{\text{IID}}{\sim} LN(\mu, 0.8^2)$ 可知, $\ln X_1, \cdots, \ln X_n \overset{\text{IID}}{\sim} N(\mu, 0.8^2)$. 不妨记 $\overline{\ln X} = \frac{1}{n}\sum_{i=1}^n \ln X_i$, 其中 $n = 9$. 因而

$$\frac{\sqrt{n}(\overline{\ln X} - \mu)}{0.8} \sim N(0, 1),$$

故有

$$P\left\{\left|\frac{\sqrt{n}(\overline{\ln X} - \mu)}{0.8}\right| \leqslant u_{0.025}\right\} = 0.95,$$

代入数据可解得 μ 的置信水平为 0.95 的置信区间为 $[1.31, 2.36]$.

(3) 由 $\beta = \mathrm{e}^{\mu+0.32}$ 可知

$$P\left\{\mathrm{e}^{1.31+0.32} \leqslant \beta \leqslant \mathrm{e}^{2.36+0.32}\right\} = P\{1.31 \leqslant \mu \leqslant 2.36\} = 0.95,$$

故 β 的置信水平为 0.95 的置信区间为 $[5.10, 14.59]$. $\qquad\square$

10. 为制定高中学生的体育锻炼标准, 某区教育局在该区高中随机抽选了 30 名男生, 测验 100 m 跑成绩, 结果平均为 13.5 s, 标准差为 0.1 s. 假定高中男生 100 m 跑成绩服从正态分布, 试求全区高中男生 100 m 跑成绩的置信水平为 0.95 的置信区间.

解. 此题考察方差未知情形下对均值的区间估计. 我们不妨设 $X_1, \cdots,$ $X_{30} \overset{\text{IID}}{\sim} N(\mu, \sigma^2)$, 则

$$\frac{\sqrt{n}(\bar{X} - \mu)}{S_n} \sim t(n-1),$$

其中 $n = 30$, 因此

$$P\left\{ \left| \frac{\sqrt{30}(\bar{X} - \mu)}{S_n} \right| \leqslant t_{0.025}(29) \right\} = 0.95,$$

可解得 $\mu \in [13.46, 13.54]$ 为成绩的置信水平为 0.95 的置信区间. $\qquad\square$

11. 为估计每个家庭月平均收入, 现抽取一定容量的简单随机样本, 假设样本标准差为 350 元. 问为以 95% 的概率使区间的长度为 360 元, 需要抽取多少家庭?

解. 不妨设各家庭的月均收入为 $X_1, \cdots, X_n \overset{\text{IID}}{\sim} N(\mu, \sigma^2)$, 因而 $\bar{X} \sim N(\mu, \frac{\sigma^2}{n})$, 且 $\frac{\sqrt{n}(\bar{X} - \mu)}{S_n} \sim t(n-1)$, 故可得

$$P\left\{ \left| \frac{\sqrt{n}(\bar{X} - \mu)}{S_n} \right| \leqslant t_{0.025}(n-1) \right\} = 0.95,$$

可解得

$$\mu \in \left[\bar{X} - \frac{S_n}{\sqrt{n}} t_{0.025}(n-1), \bar{X} + \frac{S_n}{\sqrt{n}} t_{0.025}(n-1) \right],$$

则置信区间长度为 $\frac{2S_n}{\sqrt{n}} t_{0.025}(n-1) = 360$, 代入数据可得 $n = 17$. $\qquad\square$

12. 使 $X_1, \cdots, X_n$ 为来自正态总体 $N(\mu, \sigma_0^2)$ 的 IID 样本, 其中 σ_0 为已知常数. 又设介于 0 与 1 间的三个常数 $\alpha_1, \alpha_2, \alpha$ 满足: $\alpha_1 + \alpha_2 = \alpha$. 又设 μ 的置信水平为 $1 - \alpha$ 的置信区间为

$$\left(\bar{X} - u_{\alpha_1} \frac{\sigma_0}{\sqrt{n}}, \bar{X} + u_{\alpha_2} \frac{\sigma_0}{\sqrt{n}} \right).$$

试证明当 $\alpha_1 = \alpha_2$ 时, 上述置信区间的长度最小.

证明. 由 $\bar{X} \sim N(\mu, \frac{\sigma_0^2}{n})$ 可知 $\frac{\bar{X} - \mu}{\sigma_0/\sqrt{n}} \sim N(0, 1)$, 因此

$$\begin{aligned}
P\left\{ \bar{X} - u_{\alpha_1} \frac{\sigma_0}{\sqrt{n}} \leqslant \mu \leqslant \bar{X} + u_{\alpha_2} \frac{\sigma_0}{\sqrt{n}} \right\} &= P\left\{ -u_{\alpha_2} \leqslant \frac{\bar{X} - \mu}{\sigma_0/\sqrt{n}} \leqslant u_{\alpha_1} \right\} \\
&= \Phi(u_{\alpha_1}) - \Phi(-u_{\alpha_2}) \\
&= (1 - \alpha_1) - (1 - (1 - \alpha_2)) \\
&= 1 - \alpha,
\end{aligned}$$

故 $\left(\bar{X} - u_{\alpha_1} \frac{\sigma_0}{\sqrt{n}}, \bar{X} + u_{\alpha_2} \frac{\sigma_0}{\sqrt{n}} \right)$ 为 μ 的置信水平 $1 - \alpha$ 的置信区间. 又由于 $\phi(x)$

为偶函数, 且在 $(0, +\infty)$ 上递减, 因而当 $-u_{\alpha_2} = -u_{\frac{\alpha}{2}}$, $u_{\alpha_1} = u_{\frac{\alpha}{2}}$ 时, 区间长度最小且唯一, 即 $u_{\alpha_1} = u_{\alpha_2} = u_{\frac{\alpha}{2}}$. 可知当 $\alpha_1 = \alpha_2$ 时, 上述置信区间的长度最小. □

13. 设 $X_1, \cdots, X_n$ 和 $Y_1, \cdots, Y_m$ 分别是来自参数为 λ_1 和 λ_2 的指数分布的 IID 样本, 且全样本独立, 试求 λ_1/λ_2 的置信水平为 $1 - \alpha$ 的置信区间.

解. 由 $X_i \sim Exp(\lambda_1)$, $Y_i \sim Exp(\lambda_2)$ 可知

$$\sum_{i=1}^{n} X_i \sim \Gamma(n, \lambda_1), \quad \sum_{i=1}^{n} Y_i \sim \Gamma(m, \lambda_2),$$

故

$$2\lambda_1 \sum_{i=1}^{n} X_i \sim \chi^2(2n), \quad 2\lambda_2 \sum_{i=1}^{n} Y_i \sim \chi^2(2m),$$

因此

$$\frac{2\lambda_1 \sum\limits_{i=1}^{n} X_i / 2n}{2\lambda_2 \sum\limits_{i=1}^{m} Y_i / 2m} \sim F(2n, 2m),$$

则有

$$P\left\{ F_{1-\frac{\alpha}{2}}(2n, 2m) \leqslant \frac{\lambda_1 \sum\limits_{i=1}^{n} X_i / n}{\lambda_2 \sum\limits_{i=1}^{m} Y_i / m} \leqslant F_{\frac{\alpha}{2}}(2n, 2m) \right\} = 1 - \alpha,$$

可解得

$$\frac{\lambda_1}{\lambda_2} \in \left[\frac{\bar{Y}}{\bar{X}} \cdot F_{1-\frac{\alpha}{2}}(2n, 2m), \frac{\bar{Y}}{\bar{X}} \cdot F_{\frac{\alpha}{2}}(2n, 2m) \right]. \quad \square$$

14. 对方差 σ^2 为已知的正态总体, 问需要抽取容量 n 为多大的子样, 才能使总体均值 μ 的置信水平为 $1 - \alpha$ 的置信区间的长度不大于 L?

解. 当 σ^2 已知时, $\bar{X} \sim N(\mu, \frac{\sigma^2}{n})$, 则 $\frac{\bar{X} - \mu}{\sigma/\sqrt{n}} \sim N(0, 1)$. 因而

$$P\left\{ \left| \frac{\bar{X} - \mu}{\sigma/\sqrt{n}} \right| \leqslant u_{\frac{\alpha}{2}} \right\} = 1 - \alpha,$$

可解得

$$\mu \in \left(\bar{X} - u_{\frac{\alpha}{2}} \cdot \frac{\sigma}{\sqrt{n}}, \bar{X} + u_{\frac{\alpha}{2}} \cdot \frac{\sigma}{\sqrt{n}} \right).$$

因而总体均值 μ 的置信水平为 $1 - \alpha$ 的置信区间的长度 $2u_{\frac{\alpha}{2}} \cdot \frac{\sigma}{\sqrt{n}} \leqslant L$, 可得

$$n \geqslant \frac{4\sigma^2 u_{\alpha/2}^2}{L^2}. \qquad \qquad \square$$

15. 设 $X_i = \frac{\theta}{2}t_i^2 + \varepsilon_i$, $i = 1, \cdots, n$, 其中 ε_i 为来自 $N(0, \sigma^2)$ 的 IID 样本, 试求基于 θ 的 UMVUE 的置信水平为 $1 - \alpha$ 的置信区间.

解. 由 $\varepsilon_i \sim N(0, \sigma^2)$ 可知, $X_i \sim N(\frac{\theta}{2}t_i^2, \sigma^2)$, 且相互独立, 因而

$$
\begin{aligned}
f(\boldsymbol{x}) &= (2\pi\sigma^2)^{-\frac{n}{2}} \exp\left\{ -\frac{1}{2\sigma^2} \sum_{i=1}^{n} \left(x_i - \frac{\theta}{2}t_i^2 \right)^2 \right\} \\
&= (2\pi\sigma^2)^{-\frac{n}{2}} \exp\left\{ -\frac{1}{2\sigma^2} \left(\sum_{i=1}^{n} x_i^2 + \frac{\theta^2}{4} \sum_{i=1}^{n} t_i^4 - \sum_{i=1}^{n} t_i^2 x_i \cdot \theta \right) \right\} \\
&= (2\pi\sigma^2)^{-\frac{n}{2}} \exp\left\{ -\frac{1}{2\sigma^2} \sum_{i=1}^{n} x_i^2 - \frac{\theta^2}{8\sigma^2} \sum_{i=1}^{n} t_i^4 + \frac{\theta}{2\sigma^2} \sum_{i=1}^{n} t_i^2 x_i \right\}.
\end{aligned}
$$

令 $-\frac{1}{2\sigma^2} = \eta_1 < 0$, $\frac{\theta}{2\sigma^2} = \eta_2 > 0$, 则 (η_1, η_2) 有内点, 故 $\sum\limits_{i=1}^{n} t_i^2 X_i$ 为充分完备统计量. 而

$$E\left(\sum_{i=1}^{n} t_i^2 X_i \right) = \frac{\theta}{2} \sum_{i=1}^{n} t_i^4,$$

因此

$$T = \frac{2 \sum\limits_{i=1}^{n} t_i^2 X_i}{\sum\limits_{i=1}^{n} t_i^4}$$

为 θ 的 UMVUE. 又

$$2 \sum_{i=1}^{n} t_i^2 X_i \sim N\left(\theta \sum_{i=1}^{n} t_i^4, 4\sigma^2 \sum_{i=1}^{n} t_i^4 \right),$$

因此由正态分布的线性变换可知

$$T \sim N\left(\theta, \frac{4\sigma^2}{\sum\limits_{i=1}^{n} t_i^4} \right),$$

故可得

$$P\left\{ \frac{|T - \theta|}{\sqrt{4\sigma^2 / \sum\limits_{i=1}^{n} t_i^4}} \leqslant u_{\alpha/2} \right\} = 1 - \alpha,$$

由此可解得 $1 - \alpha$ 的置信区间为

$$\left[T - \frac{2\sigma}{\sqrt{\sum\limits_{i=1}^{n} t_i^4}} u_{\alpha/2}, T + \frac{2\sigma}{\sqrt{\sum\limits_{i=1}^{n} t_i^4}} u_{\alpha/2}\right]. \qquad \square$$

16. 设 $X_1, \cdots, X_n$ 为分别来自下列概率密度函数的 IID 样本, 试分别求出 θ 的置信水平为 $1-\alpha$ 的置信区间.

(1) $f(x;\theta) = 1, \theta - \frac{1}{2} < x < \theta + \frac{1}{2}$;

(2) $f(x;\theta) = 2x/\theta^2, 0 < x < \theta, \theta > 0$;

(3) $f(x;\theta) = \theta/x^2, 0 < \theta < x$.

解. (1) 我们已知 $(X_{(1)}, X_{(n)})$ 为关于 θ 的充分完备统计量, 不妨令 $Y_i = X_i - \theta$, 则 $Y_1, \cdots, Y_n \overset{\text{IID}}{\sim} U\left(-\frac{1}{2}, \frac{1}{2}\right)$. 不妨构造 $X_{(1)} - \theta + X_{(n)} - \theta = Y_{(1)} + Y_{(n)} \triangleq U$, 由卷积公式可知

$$f_U(z) = \int_{-\infty}^{\infty} f(x_1, z - x_1)\mathrm{d}x_1,$$

而

$$f(y_1, y_n) = n(n-1)f(y_1)f(y_n)(F(y_n) - F(y_1))^{n-2},$$

即 $f(y_1, y_n) = n(n-1)(y_n - y_1)^{n-2}$, 则代入积分可得

$$f_U(z) = \frac{1}{2}n(1 - |z|)^{n-1}, \quad z \in (-1, 1),$$

故 U 的置信水平为 $1-\alpha$ 的唯一最短置信区间 $(-x, x)$ 满足:

$$\int_x^1 f_U(z)\mathrm{d}z = \frac{\alpha}{2},$$

可解得 $x = 1 - \sqrt[n]{\alpha}$, 即

$$X_{(1)} + X_{(n)} - 2\theta \in (-1 + \sqrt[n]{\alpha}, 1 - \sqrt[n]{\alpha}),$$

故 θ 的置信水平为 $1-\alpha$ 的置信区间为

$$\theta \in \left(\frac{X_{(1)} + X_{(n)}}{2} - \frac{1 - \sqrt[n]{\alpha}}{2}, \frac{X_{(1)} + X_{(n)}}{2} + \frac{1 - \sqrt[n]{\alpha}}{2}\right).$$

(2) 由概率密度函数 $f(x;\theta)$ 可计算得到分布函数

$$F(x) = \frac{x^2}{\theta^2}(0 < x < \theta),$$

因而可得 $X_{(n)}$ 的分布函数

$$F_{X_{(n)}}(x) = F^n(x) = \frac{x^{2n}}{\theta^{2n}}.$$

进一步地, 我们计算 $\frac{X_{(n)}}{\theta}$ 的分布函数

$$F_1(x) = P\left\{\frac{X_{(n)}}{\theta} \leqslant x\right\} = P\{X_{(n)} \leqslant \theta x\} = F_{X_{(n)}}(\theta x) = x^{2n}.$$

令 $F_1(x) = \alpha$ 可得 $x = \sqrt[2n]{\alpha}$, 则最短置信区间满足

$$\frac{X_{(n)}}{\theta} \in (\sqrt[2n]{\alpha}, 1),$$

由此解得 θ 的置信水平为 $1 - \alpha$ 的置信区间为

$$\theta \in \left(X_{(n)}, \frac{X_{(n)}}{\sqrt[2n]{\alpha}}\right).$$

(3) 注意到

$$f_{X_{(1)}}(x) = nf(x)(1 - F(x))^{n-1} = \frac{n\theta^n}{x^{n+1}},$$

而 $\frac{X_{(1)}}{\theta}$ 的分布函数 $F_1(x)$ 为

$$F_1(x) = P\left\{\frac{X_{(1)}}{\theta} \leqslant x\right\} = F_{X_{(1)}}(\theta x),$$

故概率密度为

$$f_1(x) = \theta f_{X_{(1)}}(\theta x),$$

因而可得

$$f_1(x) = \frac{n}{x^{n+1}} I_{(x>1)}, \ F_1(x) = 1 - \frac{1}{x^n} I_{(x>1)}.$$

又 $f_1(x)$ 递减, 故最短置信区间 $(1, x)$ 应满足 $F_1(x) = 1 - \alpha$, 可解得 $x = \frac{1}{\sqrt[n]{\alpha}}$, 即

$$\frac{X_{(1)}}{\theta} \in \left(1, \frac{1}{\sqrt[n]{\alpha}}\right),$$

因此 θ 的置信水平为 $1 - \alpha$ 的置信区间为

$$\theta \in \left(\sqrt[n]{\alpha} X_{(1)}, X_{(1)}\right). \hspace{3cm} \square$$

17. 设 $X_1, \cdots, X_n$ 为来自均匀分布 $U(\theta_1, \theta_2)$ 的 IID 样本,
(1) 试构造 $\theta_2 - \theta_1$ 的置信水平为 $1 - \alpha$ 的置信区间;
(2) 试构造 $\frac{\theta_1 + \theta_2}{2}$ 的置信水平为 $1 - \alpha$ 的置信区间.

解. (1) 由 $(X_{(1)}, X_{(n)})$ 为充分完备统计量, 不妨令 $Y_i = \frac{X_i - \theta_1}{\theta_2 - \theta_1} \sim U(0, 1)$, 则

$$Y_{(n)} - Y_{(1)} = \frac{X_{(n)} - X_{(1)}}{\theta_2 - \theta_1} \sim \beta(n-1, 2),$$

故 $Y_{(n)} - Y_{(1)}$ 为枢轴量，其概率密度为

$$f_1(x) = n(n-1)x^{n-2}(1-x),$$

从而得到分布函数 $F_1(x) = nx^{n-1} - (n-1)x^n$. 不妨令 $F(x_0) = \alpha$，则

$$P\left\{ \frac{X_{(n)} - X_{(1)}}{\theta_2 - \theta_1} \in (x_0, 1) \right\} = 1 - \alpha,$$

故 $\theta_2 - \theta_1$ 的置信水平为 $1 - \alpha$ 的置信区间为

$$\theta_2 - \theta_1 \in \left(X_{(n)} - X_{(1)}, \frac{X_{(n)} - X_{(1)}}{x_0} \right),$$

其中 $F(x_0) = \alpha$.

(2) 不妨令 $U = X_{(1)} + X_{(n)} - (\theta_1 + \theta_2)$，又 $(X_{(1)}, X_{(n)})$ 的概率密度为

$$f(x_1, x_n) = n(n-1)f(x_1)f(x_n)(F(x_n) - F(x_1))^{n-2}$$
$$= n(n-1)\left(\frac{1}{\theta_2 - \theta_1} \right)^n (x_n - x_1)^{n-2},$$

其中 $\theta_1 < x_{(1)} \leqslant x_{(n)} < \theta_2$，则

$$F_U(x) = P\{U \leqslant x\} = P\left\{ X_{(1)} - \frac{\theta_1 + \theta_2}{2} + X_{(n)} - \frac{\theta_1 + \theta_2}{2} \leqslant x \right\}$$

由卷积公式可得

$$f_U(z) = \int_{-\infty}^{\infty} f(x, z-x)\mathrm{d}x = \frac{1}{2}n\left(\theta_2 - \theta_1 - |z|\right)^{n-1}\left(\frac{1}{\theta_2 - \theta_1} \right)^n,$$
$$z \in \left(-\left(\theta_2 - \theta_1\right), \theta_2 - \theta_1\right),$$

因而最短置信区间应满足 $X_{(1)} + X_{(n)} - (\theta_1 + \theta_2) \in (-x, x)$，其中

$$\int_x^{\theta_2 - \theta_1} f_U(z)\mathrm{d}z = \frac{\alpha}{2}.$$

为简化，我们不妨以 $X_{(n)} - X_{(1)}$ 近似 $\theta_2 - \theta_1$，则可近似解得

$$x = \left(1 - \sqrt[n]{\alpha}\right)\left(X_{(n)} - X_{(1)}\right),$$

化简可得 $\frac{\theta_1 + \theta_2}{2}$ 的置信水平为 $1 - \alpha$ 的置信区间为

$$\frac{\theta_1 + \theta_2}{2} \in \left(X_{(1)} + \frac{\sqrt[n]{\alpha}}{2}\left(X_{(n)} - X_{(1)}\right), X_{(n)} - \frac{\sqrt[n]{\alpha}}{2}\left(X_{(n)} - X_{(1)}\right) \right). \quad \Box$$

18. 若 $L(X)$ 和 $U(X)$ 满足 $P_\theta(L(X) \leqslant \theta) = 1 - \alpha_1$ 和 $P_\theta(U(X) \geqslant \theta) = 1 - \alpha_2$，且对于所有的 X, $L(X) \leqslant U(X)$，试证明：

$$P_\theta\{L(X) \leqslant \theta \leqslant U(X)\} = 1 - \alpha_1 - \alpha_2.$$

证明. 注意到

$$P_\theta\{L(X) \leqslant \theta \leqslant U(X)\} = 1 - P\{\theta < L(X) \text{ 或 } \theta > U(X)\}$$

又 $\forall x \in \mathcal{X}$, 有 $L(x) \leqslant U(x)$, 故 $\{\theta < L(X)\} \cap \{\theta > U(X)\} = \varnothing$, 因而

$$\begin{aligned}
P_\theta\{\theta < L(X) \text{ 或 } \theta > U(X)\} &= P\{\theta < L(X)\} + P\{\theta > U(X)\} \\
&= (1 - P\{\theta \geqslant L(X)\}) + (1 - P\{\theta \leqslant U(X)\}) \\
&= \alpha_1 + \alpha_2,
\end{aligned}$$

因此 $P_\theta(L(X) \leqslant \theta \leqslant U(X)) = 1 - \alpha_1 - \alpha_2$. $\qquad\square$

19. 设 $X_1, \cdots, X_n$ 为来自 PDF 的形式为 $\sigma^{-1}f((x-\theta)/\sigma)$ 的一组 IID 样本, 试列出至少三种不同的枢轴量.

解. 令 $Y_i = \frac{X_i - \theta}{\sigma}$, 则可计算其分布函数

$$F_{Y_i}(t) = P\left\{\frac{X_i - \theta}{\sigma} \leqslant t\right\} = F_{X_i}(\sigma t + \theta),$$

对等式两侧求导可得密度函数

$$f_{Y_i}(t) = \sigma f_{X_i}(\sigma t + \theta) = f(t),$$

即 Y_i 与 θ, σ 无关. 又不妨设两类统计量

$$\begin{aligned}
T_1(cx_1 + d, \cdots, cx_n + d) &= cT_1(x_1, \cdots, x_n) + d, \\
T_2(cx_1 + d, \cdots, cx_n + d) &= cT_2(x_1, \cdots, x_n),
\end{aligned}$$

注意到

$$\frac{T_2}{\sigma} = T_2\left(\frac{X_1}{\sigma}, \cdots, \frac{X_n}{\sigma}\right) = T_2\left(\frac{X_1 - \theta}{\sigma}, \cdots, \frac{X_n - \theta}{\sigma}\right) = T_2(Y_1, \cdots, Y_n),$$

即 T_2/σ 与 θ, σ^2 无关, 为枢轴量. 又

$$\frac{T_1 - \theta}{\sigma} = T_1\left(\frac{X_1 - \theta}{\sigma}, \cdots, \frac{X_n - \theta}{\sigma}\right) = T_1(Y_1, \cdots, Y_n),$$

则 $\frac{T_1 - \theta}{\sigma}$ 与 θ, σ^2 无关, 为枢轴量. 由此, 只需找符合 T_1, T_2 的统计量即可.

T_1 类: $X_1, \cdots, X_n, \bar{X}, \sum\limits_{i=1}^{n} \omega_i X_i, \sum\limits_{i=1}^{n} \omega_i X_{(i)}$ (其中 $\sum\limits_{i=1}^{n} \omega_i = 1$) 等,

T_2 类: $\sum\limits_{i=1}^{n} \omega_i X_i, \sum\limits_{i=1}^{n} \omega_i X_{(i)}$ (其中 $\sum\limits_{i=1}^{n} \omega_i = 0$) 等. $\qquad\square$

20. 设 $X_1, \cdots, X_n$ 为来自 PDF 为

$$f(x; \theta) = \begin{cases} \mathrm{e}^{-(x-\theta)}, & x \geqslant \theta, \\ 0, & x < \theta \end{cases}$$

的 IID 样本, 试基于最小次序统计量 $X_{(1)} = \min\{X_1, \cdots, X_n\}$ 构造 θ 的置信水平为 $1 - \alpha$ 的置信区间.

解. 令 $Y_i = X_i - \theta$, 则 $f(y) = \mathrm{e}^{-y} I_{(y>0)} = E(y; 1)$ 与 θ 无关, 从而 $f_{Y_{(1)}}(y) = n\mathrm{e}^{-ny}$, 即 $X_{(1)} - \theta$ 的分布为 $f_1(x) = n\mathrm{e}^{-nx}$ 与 θ 无关. 因此置信区间 $(X_{(1)} - x, X_{(1)})$ 满足

$$\int_0^x n\mathrm{e}^{-nx}\mathrm{d}x = 1 - \alpha,$$

可解得

$$1 - \mathrm{e}^{-nx} = 1 - \alpha \Rightarrow x = -\frac{\ln\alpha}{n},$$

即 θ 的置信水平为 $1 - \alpha$ 的最短置信区间为 $\left[X_{(1)} + \frac{\ln\alpha}{n}, X_{(1)}\right]$. □

习题讲解视频

21. 设 $x_1, \cdots, x_n$ 为来自 $N(\mu, \sigma^2)$ 的 IID 样本. 欲估计 $\mu + k\sigma$, 试证:

$$\frac{\bar{x} - (\mu + k\sigma)}{\left[\sum_{i=1}^{n}(x_i - \bar{x})^2\right]^{1/2}}$$

为枢轴量, 其中 k 为已知常数.

证明. 由 $\bar{X} \sim N\left(\mu, \frac{\sigma^2}{n}\right)$, $\sum_{i=1}^{n}(X_i - \bar{X})^2/\sigma^2 \sim \chi^2(n-1)$ 可知

$$\frac{\bar{X} - \mu}{\sigma/\sqrt{n}} \sim N(0, 1),$$

则

$$\frac{\bar{X} - \mu - k\sigma}{\sigma/\sqrt{n}} = \frac{\bar{X} - \mu}{\sigma/\sqrt{n}} - k\sqrt{n},$$

故

$$\frac{\bar{X} - (\mu + k\sigma)}{\sqrt{\sum_{i=1}^{n}(X_i - \bar{X})^2}} = \frac{\frac{\bar{X} - \mu - k\sigma}{\sigma/\sqrt{n}} \cdot \frac{1}{\sqrt{n}}}{\sqrt{\sum_{i=1}^{n}(X_i - \bar{X})^2/\sigma^2 \cdot (n-1) \cdot \frac{1}{\sqrt{n-1}}}}$$

$$= \sqrt{\frac{n-1}{n}} \frac{\frac{\bar{X} - \mu}{\sigma/\sqrt{n}} - k\sqrt{n}}{\sqrt{\sum_{i=1}^{n}(X_i - \bar{X})^2/\sigma^2 \cdot (n-1)}}$$

$$= \sqrt{\frac{n-1}{n}} \cdot \xi,$$

其中 ξ 为非中心 t 分布, 与 μ, σ^2 无关, 故为枢轴量. □

22. 设总体 X 的密度函数为

$$f(x;\theta) = \mathrm{e}^{-(x-\theta)}I_{(x>\theta)}, \quad -\infty < \theta < \infty,$$

$x_1, \cdots, x_n$ 为来自此分布的 IID 样本.

(1) 证明: $X_{(1)} - \theta$ 的分布与 θ 无关, 并求出此分布.

(2) 试给出 θ 的置信水平为 $1-\alpha$ 的最短置信区间.

解. (1) 令 $Y_i = X_i - \theta$, 则 $f(y) = \mathrm{e}^{-y}I_{(y>0)} = E(y;1)$ 与 θ 无关, 从而 $f_{Y_{(1)}}(y) = n\mathrm{e}^{-ny}$, 即 $X_{(1)} - \theta$ 的分布为 $f_1(x) = n\mathrm{e}^{-nx}$ 与 θ 无关.

(2) 根据 $X_{(1)} - \theta \sim Exp(n)$ 可知, $f_1(x)$ 单调递减. 因此最短置信区间 $(X_{(1)} - x, X_{(1)})$ 满足

$$\int_0^x n\mathrm{e}^{-nx}\mathrm{d}x = 1-\alpha,$$

可解得

$$1 - \mathrm{e}^{-nx} = 1 - \alpha \Rightarrow x = -\frac{\ln\alpha}{n},$$

即 θ 的置信水平为 $1-\alpha$ 的最短置信区间为 $\left[X_{(1)} + \frac{\ln\alpha}{n}, X_{(1)}\right]$. $\square$

23. 设 $X_1, \cdots, X_n$ 为来自 $N(\theta, \theta^2)$ 的 IID 样本, 求 θ 的水平为 $1-\alpha$ 的置信区间.

解. 不存在 θ 的充分完备统计量, 最小充分统计量为 $\left(\sum\limits_{i=1}^{n} X_i, \sum\limits_{i=1}^{n} X_i^2\right)$.

法 1: 利用 $(\bar{X}, S_n^2)$ 构造置信区间:

$$\frac{\sqrt{n}(\bar{X} - \theta)}{S_n} \sim t(n-1),$$

此时 θ 的水平为 $1-\alpha$ 的置信区间为 $\left[\bar{X} - t_{\alpha/2}(n-1)\frac{S_n}{\sqrt{n}}, \bar{X} + t_{\alpha/2}(n-1)\frac{S_n}{\sqrt{n}}\right]$.

法 2: 利用 $\bar{X}$ 构造置信区间:

当 $\theta \neq 0$ 时, 有

$$\frac{\sqrt{n}(\bar{X} - \theta)}{\theta} \sim N(0,1).$$

考虑 $P\left\{-u_{\alpha/2} \leqslant \dfrac{\sqrt{n}(\bar{X} - \theta)}{\theta} \leqslant u_{\alpha/2}\right\} = P\left\{\dfrac{n(\bar{X} - \theta)^2}{\theta^2} \leqslant \chi_\alpha^2(1)\right\} = \alpha$, 故可以通过分子分母平方的方式省去讨论 θ 符号的麻烦.

$$\frac{n(\bar{X} - \theta)^2}{\theta^2} \sim \chi^2(1),$$

此时 θ 的水平为 $1-\alpha$ 的置信区间为 $\left[\dfrac{n\bar{X} - \sqrt{n\chi_\alpha^2}|\bar{X}|}{n - \chi_\alpha^2}, \dfrac{n\bar{X} + \sqrt{n\chi_\alpha^2}|\bar{X}|}{n - \chi_\alpha^2}\right]$

当 $\theta = 0$ 时, 样本来自 $N(0,0)$, 样本均值 $\bar{X}$ 以概率 1 为 0, 此时置信区间以概率 1 为 $\{0\}$. 因为真值为 0, 故满足置信水平为 $1 - \alpha$ 的要求.　　□

注 3.1. 解法中假定 n 比较大, 即 $n - \chi_\alpha^2 > 0$.

在使用法 2 中, 如果不进行平方, 则需要对 θ 进行分类讨论, 这是麻烦的: 如果 $\theta > 0$, 则当 $\bar{X} > 0$, θ 的置信水平为 $1 - \alpha$ 的置信区间为

$$\left[\frac{\sqrt{n}\bar{X}}{\sqrt{n} + u_{\alpha/2}}, \frac{\sqrt{n}\bar{X}}{\sqrt{n} - u_{\alpha/2}} \right].$$

当 $\bar{X} \leqslant 0$ 时, 原置信区间右端点小于等于 0, 但我们有 $\theta > 0$ 的条件限制, 故置信区间为空集. 类似地可以讨论 $\theta < 0$ 的情况, 综合后得到的置信区间与法 2 得到的是等价的.

4

第 4 章

假设检验——显著性检验

1. 假设乘坐校内出租车从某高校东门到火车站需要 13 元左右. 为检验校内出租车运营是否规范, 现随机地乘坐其中 15 辆出租车从东门到火车站 (假设路况正常), 平均花费为 15.4 元, 标准差为 2.3 元, 请在显著性水平 0.05 下, 检验校内出租车运营是否规范.

解. 我们不妨假设 $X_1, \cdots, X_n \sim N(\mu, \sigma^2)$,

$$H_0 : \mu = 13 \longleftrightarrow H_1 : \mu > 13,$$

则 $T(x) = \frac{\sqrt{n}(\bar{X} - \mu_0)}{S_n}$ 为检验统计量, 从而 $T > t_{0.05}(n-1)$ 为显著性水平为 0.05 的显著性检验的拒绝域. 再结合此题中 $T(x) = 4.04 > 1.76$, 故我们有理由拒绝 H_0, 即校内出租车运营不规范. □

2. 为研究硅肺病患者肺功能的变化情况, 某医院对 I, II 期硅肺病患者各 33 名测定其肺活量, 得到二者的平均值分别为 2710 mL 和 2830 mL, 其标准差分别为 147 mL 和 118 mL. 请问: 在显著性水平 0.05 下, 检验第 I, II 期硅肺病患者的肺活量有无显著性差异?

解. 因此题为两样本正态总体假设检验, 我们不妨假设

$$X_1, \cdots, X_n \sim N(\mu_1, \sigma_1^2) \text{ 为 I 期肺活量,}$$

$$Y_1, \cdots, Y_n \sim N(\mu_2, \sigma_2^2) \text{ 为 II 期肺活量}$$

且全样本独立. 再令 $Z_i = X_i - Y_i \sim N(\mu_1 - \mu_2, \sigma_1^2 + \sigma_2^2)$, 故 $\bar{Z} \sim N\left(\mu_1 - \mu_2, \frac{\sigma_1^2 + \sigma_2^2}{n}\right)$.

$$H_0 : \mu_1 - \mu_2 = 0 \longleftrightarrow H_1 : \mu_1 - \mu_2 \neq 0,$$

设

$$U = \frac{\sqrt{n}\bar{Z}}{\sqrt{S_{1m}^2 + S_{2n}^2}} (\text{大样本下}),$$

因而由 Slutsky 定理, $P_{H_0}\{|U| > u_{0.05/2}\} = 0.05$. 又 $|U| = 3.66 > 1.96$, 故我们有理由拒绝 H_0, 即有显著性差异. □

3. 设 $X_1, \cdots, X_n$ 为来自 Bernoulli 分布 $b(1, p)$ 的 IID 样本, 试求假设 $H_0 : p = p_0$ 的似然比检验.

解.

$$p(x) = p^x (1-p)^{1-x},$$

即联合概率密度函数为

$$p(\boldsymbol{x}; p) = p^{\sum\limits_{i=1}^{n} x_i} (1-p)^{n - \sum\limits_{i=1}^{n} x_i},$$

则

$$\sup_{p=p_0} p(\boldsymbol{x};p) = p_0^{\sum\limits_{i=1}^{n} x_i}(1-p_0)^{n-\sum\limits_{i=1}^{n} x_i}.$$

而

$$\ln p(\boldsymbol{x};p) = \sum_{i=1}^{n} x_i \ln p + \left(n - \sum_{i=1}^{n} x_i\right)\ln(1-p),$$

求导得

$$\frac{\mathrm{d}}{\mathrm{d}p}\ln p(\boldsymbol{x};p) = \frac{1}{p}\sum_{i=1}^{n} x_i - \frac{1}{1-p}\left(n - \sum_{i=1}^{n} x_i\right) = 0,$$

解得 $p = \frac{1}{n}\sum\limits_{i=1}^{n} x_i$, 从而可得

$$\sup_{p} p(\boldsymbol{x};p) = (\bar{x})^{\sum\limits_{i=1}^{n} x_i}(1-\bar{x})^{n-\sum\limits_{i=1}^{n} x_i},$$

因此, 检验统计量以及似然比检验为

$$\lambda(\boldsymbol{x}) = \left(\frac{p_0}{\bar{x}}\right)^{n\bar{x}}\left(\frac{1-p_0}{1-\bar{x}}\right)^{n(1-\bar{x})},$$

$$\phi(\boldsymbol{x}) = \begin{cases} 1, & \lambda(\boldsymbol{x}) \leqslant c \quad \left(\Leftrightarrow \left\{\sum\limits_{i=1}^{n} x_i \leqslant c_1\right\} \cup \left\{\sum\limits_{i=1}^{n} x_i \geqslant c_2\right\}\right), \\ 0, & \text{否则}. \end{cases} \qquad \square$$

4. 设 $X_1, \cdots, X_n$ 为来自均匀分布 $U(0,\theta)$ 的 IID 样本, 其中参数 $\theta > 0$. 若对假设

$$H_0 : \theta \geqslant 2 \longleftrightarrow H_1 : \theta < 2,$$

取检验统计量为最大次序统计量 $X_{(n)}$, 且拒绝域为 $W = \{\boldsymbol{x} : x_{(n)} \leqslant 1.5\}$, 则求此检验犯第一类错误的概率的最大值.

解. 第一类错误概率为

$$\alpha = P_{H_0}\{X_{(n)} \leqslant 1.5\} = P_{H_0}\left\{\frac{X_{(n)}}{\theta} \leqslant \frac{1.5}{\theta}\right\} \leqslant P_{H_0}\left\{\frac{X_{(n)}}{\theta} \leqslant \frac{3}{4}\right\},$$

记 $Y_i = \frac{X_i}{\theta} \sim U(0,1)$, 从而可得犯第一类错误的概率

$$\alpha \leqslant P\left\{Y_{(n)} \leqslant \frac{3}{4}\right\} = P\left\{Y_1, \cdots, Y_n \leqslant \frac{3}{4}\right\} = \left(\frac{3}{4}\right)^n. \qquad \square$$

5. 设 $X_1, \cdots, X_n$ 为来自 Bernoulli 分布 $b(1,p)$ 的 IID 样本.

(1) 试求假设 $H_0 : p \leqslant 0.01 \longleftrightarrow H_1 : p > 0.01$ 的显著性水平为 0.05 的显著性检验;

(2) 如要求这个检验在 $p = 0.08$ 时犯第二类错误的概率不超过 0.1, 样本容量 n 应为多少?

解. (1) 样本 $X_1, \cdots, X_n$ 的联合概率密度函数

$$f(\boldsymbol{x}) = p^{\sum\limits_{i=1}^{n} x_i}(1-p)^{n-\sum\limits_{i=1}^{n} x_i} = (1-p)^n \exp\left\{\sum_{i=1}^{n} x_i \ln \frac{p}{1-p}\right\}$$

为指数族, 且 $Q(p) = \ln \frac{p}{1-p}$ 严格递增, 故拒绝域为

$$W = \left\{\boldsymbol{X} \mid \sum_{i=1}^{n} X_i \geqslant c\right\}.$$

注意到 $\sum\limits_{i=1}^{n} X_i \sim B(n, p)$, 因而 $P_{H_0}\left\{\sum\limits_{i=1}^{n} X_i \geqslant c\right\} \leqslant \alpha = 0.05$, 其中

$$c = \min\left\{k : \sum_{i=k}^{n} \binom{n}{i} p_0^i (1-p_0)^{n-i} \leqslant 0.05\right\}, \quad p_0 = 0.01,$$

由此可得

$$\phi(\boldsymbol{X}) = \begin{cases} 1, & \sum\limits_{i=1}^{n} X_i \geqslant c, \\ 0, & \text{否则}. \end{cases}$$

(2) 势函数 $\beta_\varphi(p) = P\{\boldsymbol{X} \in W\}$, 因而 $p = 0.08$ 时, 犯第二类错误的概率为

$$1 - P_{0.08}\left\{\sum_{i=1}^{n} X_i \geqslant c\right\} \leqslant 0.1.$$

又即

$$\sum_{i=c}^{n} \binom{n}{i} 0.08^i \times 0.92^{n-i} \geqslant 0.9,$$

故样本容量应满足

$$n \geqslant \min\left\{k : \sum_{i=c}^{k} \binom{k}{i} 0.08^i \times 0.92^{k-i} \leqslant 0.9\right\}. \qquad \Box$$

6. 为了检测甲、乙两种小麦品种的好坏, 现在 10 块地上同时试种这两个品种. 收获之后测得二者的平均产量分别为 670 kg 和 800 kg, 样本标准差分别为 120 kg 和 90 kg. 试在显著性水平 0.01 下, 检验这两个品种的小麦有无显著性差异.

解. 此题为两样本正态总体假设检验, 我们不妨假设

$$X_1, \cdots, X_n \sim N(\mu_1, \sigma_1^2) \text{ 为甲种产量},$$

$$Y_1, \cdots, Y_n \sim N(\mu_2, \sigma_2^2) \text{ 为乙种产量}$$

且全样本独立. 再令 $Z_i = X_i - Y_i \sim N(\mu_1 - \mu_2, \sigma_1^2 + \sigma_2^2)$, 转化为单样本双侧 t 检验

$$H_0 : \mu_1 - \mu_2 = 0 \longleftrightarrow H_1 : \mu_1 - \mu_2 \neq 0,$$

$$S_{mn}^2 = \frac{S_{1m}^2}{m} + \frac{S_{2n}^2}{n}, \quad r = \frac{S_{mn}^4}{\frac{S_{1m}^4}{m^2(m-1)} + \frac{S_{2n}^2}{n^2(n-1)}} = 17.46,$$

其中, 检验统计量 $T = \frac{\bar{X} - \bar{Y}}{\sqrt{S_{1m}^2/m + S_{2n}^2/n}}$, 该检验为

$$\phi(\boldsymbol{X}) = \begin{cases} 1, & |T| > t_{\alpha/2}(r), \\ 0, & \text{否则}. \end{cases}$$

而 $t_{0.005}(17.46) = 2.89$, 故 $|T| = 2.74 < 2.89$, 因而在显著性水平 0.01 下无显著性差异.

注 4.1. 此题中

$$S_z^2 = \frac{1}{n-1} \sum_{i=1}^n (X_i - Y_i - \bar{X} + \bar{Y})^2$$

$$= \frac{1}{n-1} \sum_{i=1}^n (X_i - \bar{X})^2 + \frac{1}{n-1} \sum_{i=1}^n (Y_i - \bar{Y})^2 - \frac{2}{n-1} \sum_{i=1}^n (X_i - \bar{X})(Y_i - \bar{Y}),$$

无法计算, 故不能用 U 检验. □

7. 下列哪些假设是简单的, 哪些是复杂的?

(1) X 服从正态分布;

(2) X 服从正态分布 $N(2, 0.5^2)$;

(3) $E(X) = 2, \text{Var}(X) = 0.5^2$;

(4) X 不服从正态分布;

(5) X 服从参数为 0.5 的 Bernoulli 分布;

(6) X 服从参数为 0.5 的二项分布;

(7) X 服从指数分布 $Exp(3)$.

解. 复杂: (1)(3)(4)(6), 简单: (2)(5)(7). □

8. 设 X 是来自均匀分布 $U(\theta - 0.5, \theta + 0.5)$ 的一个样本, 对于假设

$$H_0 : \theta \leqslant 3 \longleftrightarrow H_1 : \theta \geqslant 4,$$

构造一个检验法, 使其势函数 $\beta(\theta)$ 满足

$$\beta(\theta) = \begin{cases} 0, & \theta \leqslant 3, \\ 1, & \theta \geqslant 4. \end{cases}$$

解. 我们定义

$$\phi(x) = \begin{cases} 1, & x \geqslant 3.5, \\ 0, & x < 3.5, \end{cases}$$

可以得到其势函数为

$$\beta(\theta) = P_\theta\{x \in W\} = P_\theta\{x \geqslant 3.5\} = \begin{cases} 0, & \theta \leqslant 3, \\ 1, & \theta \geqslant 4, \end{cases}$$

满足题目要求. □

9. 设 $X_1, \cdots, X_n$ 为来自指数分布 $Exp(\lambda_1)$ 的 IID 样本, $Y_1, \cdots, Y_m$ 为来自指数分布 $Exp(\lambda_2)$ 的 IID 样本, 且两组样本独立, 其中 λ_1, λ_2 是未知的正参数.

(1) 求假设 $H_0 : \lambda_1 = \lambda_2 \longleftrightarrow H_1 : \lambda_1 \neq \lambda_2$ 的似然比检验;

(2) 证明上述检验法的拒绝域仅依赖于比值 $\sum\limits_{i=1}^{n} X_i / \sum\limits_{i=1}^{m} Y_i$;

(3) 求统计量 $\sum\limits_{i=1}^{n} X_i / \sum\limits_{i=1}^{m} Y_i$ 的零分布.

解. (1) 样本 $X_1, \cdots, X_n, Y_1, \cdots, Y_m$ 的联合概率密度为

$$f(\boldsymbol{x}, \boldsymbol{y}, \lambda_1, \lambda_2) = \lambda_1^n \mathrm{e}^{-\lambda_1 \sum\limits_{i=1}^{n} x_i} \lambda_2^m \mathrm{e}^{-\lambda_2 \sum\limits_{i=1}^{m} y_i},$$

在全空间中, 其对数似然函数与导数为

$$l(\lambda_1, \lambda_2, \boldsymbol{x}, \boldsymbol{y}) = n \ln \lambda_1 - \lambda_1 \sum_{i=1}^{n} x_i + m \ln \lambda_2 - \lambda_2 \sum_{i=1}^{m} y_i,$$

$$\frac{\partial l}{\partial \lambda_1} = \frac{n}{\lambda_1} - \sum_{i=1}^{n} x_i = 0, \quad \frac{\partial l}{\partial \lambda_2} = \frac{m}{\lambda_2} - \sum_{i=1}^{m} y_i = 0,$$

解得

$$\lambda_1 = \frac{n}{\sum\limits_{i=1}^{n} x_i}, \quad \lambda_2 = \frac{m}{\sum\limits_{i=1}^{m} y_i},$$

从而

$$\sup_{\lambda_1, \lambda_2} f(\boldsymbol{x}, \boldsymbol{y}, \lambda_1, \lambda_2) = \left(\frac{n}{\sum\limits_{i=1}^{n} x_i} \right)^n \mathrm{e}^{-n} \left(\frac{m}{\sum\limits_{i=1}^{m} y_i} \right)^m \mathrm{e}^{-m}.$$

当 $\lambda_1 = \lambda_2$ 时,

$$l(\lambda, \lambda, \boldsymbol{x}, \boldsymbol{y}) = (m+n)\ln\lambda - \lambda\left(\sum_{i=1}^{n} x_i + \sum_{i=1}^{m} y_i\right),$$

求导可得

$$\frac{\partial l}{\partial \lambda} = \frac{m+n}{\lambda} - \left(\sum_{i=1}^{n} x_i + \sum_{i=1}^{m} y_i\right) = 0,$$

解得

$$\lambda = \frac{m+n}{\sum\limits_{i=1}^{n} x_i + \sum\limits_{i=1}^{m} y_i},$$

故

$$\sup_{\lambda_1 = \lambda_2} f(\boldsymbol{x}, \boldsymbol{y}, \lambda_1, \lambda_2) = \left(\frac{m+n}{\sum\limits_{i=1}^{n} x_i + \sum\limits_{i=1}^{m} y_i}\right)^{m+n} \mathrm{e}^{-(m+n)},$$

从而可得检验统计量为

$$\begin{aligned}
\lambda(\boldsymbol{x}, \boldsymbol{y}) &= \left(\frac{m+n}{\sum\limits_{i=1}^{n} x_i + \sum\limits_{i=1}^{m} y_i}\right)^{m+n} \left(\frac{\sum\limits_{i=1}^{n} x_i}{n}\right)^{n} \left(\frac{\sum\limits_{i=1}^{m} y_i}{m}\right)^{m} \\
&= \frac{(m+n)^{m+n}}{m^m n^n}\left(1 + \frac{\sum\limits_{i=1}^{m} y_i}{\sum\limits_{i=1}^{n} x_i}\right)^{-n} \left(1 + \frac{\sum\limits_{i=1}^{n} x_i}{\sum\limits_{i=1}^{m} y_i}\right)^{-m},
\end{aligned}$$

故检验函数为

$$\phi(\boldsymbol{X}, \boldsymbol{Y}) = \begin{cases} 1, & \lambda(\boldsymbol{X}, \boldsymbol{Y}) \leqslant \alpha, \\ 0, & \text{否则}, \end{cases}$$

且 $\lambda(\boldsymbol{X}, \boldsymbol{Y})$ 仅与 $\sum\limits_{i=1}^{n} X_i / \sum\limits_{i=1}^{m} Y_i$ 有关.

(2) 不妨令 $T = \sum\limits_{i=1}^{n} X_i / \sum\limits_{i=1}^{m} Y_i$, 则

$$\lambda(x, y) = \frac{(m+n)^{m+n}}{m^m n^n} \cdot \frac{T^n}{(1+T)^{m+n}},$$

故拒绝域仅依赖 $\sum\limits_{i=1}^{n} X_i / \sum\limits_{i=1}^{m} Y_i$.

(3) 利用 Γ 分布的可加性以及伸缩性, 我们可得

$$X_i \sim E(\lambda_1) = \Gamma(1, \lambda_1) \Rightarrow \sum_{i=1}^{n} X_i \sim \Gamma(n, \lambda_1) \Rightarrow 2\lambda_1 \sum_{i=1}^{n} X_i \sim \chi^2(2n),$$

$$Y_i \sim E(\lambda_2) = \Gamma(1, \lambda_2) \Rightarrow \sum_{i=1}^{m} Y_i \sim \Gamma(m, \lambda_2) \Rightarrow 2\lambda_2 \sum_{i=1}^{m} Y_i \sim \chi^2(2m),$$

且相互独立, 从而当 $\lambda_1 = \lambda_2$ 时

$$\left(2\lambda_1 \sum_{i=1}^{n} X_i / 2n \right) \Big/ \left(2\lambda_2 \sum_{i=1}^{m} Y_i / 2m \right) \sim F(2n, 2m),$$

即

$$\frac{m}{n} \sum_{i=1}^{n} X_i / \sum_{i=1}^{m} Y_i \sim F(2n, 2m),$$

因而

$$F_T(t) = P\{T \leqslant t\} = P\left\{ \frac{m}{n} T \leqslant \frac{m}{n} t \right\} = F_F\left(\frac{m}{n} t \right),$$

概率密度函数为

$$f_T(t) = \frac{m}{n} f_F\left(\frac{m}{n} t \right),$$

其中 F_F 与 f_F 分别为 $F(2n, 2m)$ 的 CDF 与 PDF. $\qquad\square$

10. 用甲、乙两种材料的灯丝制造灯泡, 现随机地从中抽取若干个进行寿命试验, 得到如下数据 (单位: h):

甲材料: 1610　1650　1680　1710　1720　1800

乙材料: 1580　1600　1640　1630　1700

如假设寿命服从指数分布, 则在显著性水平 0.05 下检验这两种材料生产的灯泡寿命有无显著性差异.

解. 不妨设甲种材料服从 $E(\lambda_1)$, 乙种材料服从 $E(\lambda_2)$, 构造检验

$$H_0 : \lambda_1 = \lambda_2 \longleftrightarrow H_1 : \lambda_1 \neq \lambda_2,$$

由第 9 题知, $\bar{X}/\bar{Y} \sim F(2n, 2m) = F(12, 10)$, 故拒绝域满足

$$\left\{ \bar{X}/\bar{Y} \leqslant F_{0.975}(12, 10) \right\} \cup \left\{ \bar{X}/\bar{Y} \geqslant F_{0.025}(12, 10) \right\},$$

即 $W = \{\bar{X}/\bar{Y} \leqslant 0.296\} \cup \{\bar{X}/\bar{Y} \geqslant 3.62\}$. 又此处 $\bar{X}/\bar{Y} = 1.04$, 故在显著性水平 0.05 下两种材料无显著差异. $\qquad\square$

11. 设 $X_1, \cdots, X_m$ 和 $Y_1, \cdots, Y_n$ 是分别来自正态总体 $N(\mu_1, \sigma^2)$ 和 $N(\mu_2, \sigma^2)$ 的 IID 样本, 且全样本独立, 其中 μ_1, μ_2, σ^2 均未知. 请仿照两样本 t 检验, 构造假设 $H_0 : \mu_1 = c\mu_2$ 的显著性水平为 α 的显著性检验, 其中 $c \neq 0$ 为常数.

解. 易知
$$\bar{X} \sim N\left(\mu_1, \frac{\sigma^2}{m}\right), \quad \bar{Y} \sim N\left(\mu_2, \frac{\sigma^2}{n}\right),$$

则 $c\bar{Y} \sim N\left(c\mu_2, \frac{c^2\sigma^2}{n}\right)$. 利用正态分布的可加性得

$$\bar{X} - c\bar{Y} \sim N\left(\mu_1 - c\mu_2, \frac{\sigma^2}{m} + \frac{c^2\sigma^2}{n}\right),$$

故当 $\mu_1 = c\mu_2$ 时,

$$\frac{\bar{X} - c\bar{Y}}{\sqrt{\frac{\sigma^2}{m} + \frac{c^2\sigma^2}{n}}} \sim N(0,1).$$

又有

$$(m-1)S_{1m}^2/\sigma^2 \sim \chi^2(m-1), \quad (n-1)S_{2n}^2/\sigma^2 \sim \chi^2(n-1),$$

再利用 χ^2 分布的可加性可得

$$[(m-1)S_{1m}^2 + (n-1)S_{2n}^2]/\sigma^2 \sim \chi^2(m+n-2),$$

故可构造检验统计量

$$T = \frac{\bar{X} - c\bar{Y}}{\sqrt{\frac{\sigma^2}{m} + \frac{c^2\sigma^2}{n}}} / \sqrt{[(m-1)S_{1m}^2 + (n-1)S_{2n}^2]/\sigma^2 \cdot (m+n-2)},$$

即

$$T = \frac{\bar{X} - c\bar{Y}}{\sqrt{\sum\limits_{i=1}^{m}\left(X_i - \bar{X}\right)^2 + \sum\limits_{i=1}^{n}\left(Y_i - \bar{Y}\right)^2}} \sqrt{\frac{mn(m+n-2)}{n+mc^2}}.$$

不妨构造假设

$$H_0 : \mu_1 = c\mu_2 \longleftrightarrow H_1 : \mu_1 \neq c\mu_2,$$

则由

$$P_{H_0}\left\{|T| > t_{\alpha/2}(m+n-2)\right\} = \alpha,$$

可知显著性水平为 α 的显著性检验为

$$\phi(x) = \begin{cases} 1, & |T| > t_{\alpha/2}(m+n-2), \\ 0, & \text{否则}, \end{cases}$$

单侧 t 检验可类似构造. □

12. 设 $X_1, \cdots, X_n$ 为来自均匀分布 $U(0,\theta)$ 的 IID 样本, 其中 $\theta > 0$ 为参数. 对于给定的 $\theta_0 > 0$, 请给出假设 $H_0 : \theta \leqslant \theta_0$ 的显著性水平为 α 的显著性检验.

解. 不妨构造假设

$$H_0 : \theta \leqslant \theta_0 \longleftrightarrow H_1 : \theta > \theta_0,$$

由于 $\frac{n+1}{n} X_{(n)}$ 为 θ 的一个好的点估计, 故可令

$$P_{H_0} \left\{ \frac{n+1}{n} X_{(n)} > c \right\} \leqslant \alpha,$$

只需

$$P_{H_0} \left\{ \frac{n+1}{n} \frac{X_{(n)}}{\theta} > \frac{c}{\theta} \geqslant \frac{c}{\theta_0} \right\} \leqslant \alpha,$$

不妨令 $Y_i = X_i / \theta_0$, 即有

$$P_{H_0} \left\{ \frac{n+1}{n} X_{(n)} > c \right\} = 1 - P_{H_0} \left\{ Y_1 \leqslant \frac{n}{n+1} \frac{c}{\theta_0}, \cdots, Y_n \leqslant \frac{n}{n+1} \frac{c}{\theta_0} \right\} = \alpha,$$

因而

$$\left(\frac{n}{n+1} \frac{c}{\theta_0} \right)^n = 1 - \alpha,$$

解得

$$c = \frac{(n+1)\theta_0}{n} \sqrt[n]{1-\alpha},$$

故可构造水平为 α 的显著性检验

$$\phi(x) = \begin{cases} 1, & X_{(n)} > \theta_0 \sqrt[n]{1-\alpha}, \\ 0, & \text{否则}. \end{cases} \qquad \Box$$

13. 设 $X_1, \cdots, X_n$ 为来自正态总体 $N(\mu, \sigma^2)$ 的 IID 样本, 其中 μ, σ^2 为未知参数. 试证明: 关于假设

$$H_0 : \sigma^2 = \sigma_0^2 \longleftrightarrow H_1 : \sigma^2 \neq \sigma_0^2$$

的似然比检验就是检验统计量为 $\chi^2 = (n-1)S_n^2/\sigma_0^2$ 的 χ^2 检验, 其中 S_n^2 为样本方差.

证明. 由样本 $X_1, \cdots, X_n$ 的联合概率密度

$$f(\boldsymbol{x}, \mu, \sigma^2) = (2\pi\sigma^2)^{-\frac{n}{2}} \exp \left\{ -\frac{1}{2\sigma^2} \sum_{i=1}^n (x_i - \mu)^2 \right\}$$

可得零空间最值

$$\sup_{\sigma^2 = \sigma_0^2} f(\boldsymbol{x}, \mu, \sigma^2) = \left(2\pi\sigma_0^2 \right)^{-\frac{n}{2}} \exp \left\{ -\frac{1}{2\sigma_0^2} \sum_{i=1}^n (x_i - \bar{x})^2 \right\}$$

与全空间最值

$$\sup f(\boldsymbol{x}, \mu, \sigma^2) = \left(2\pi \frac{1}{n} \sum_{i=1}^{n} (x_i - \bar{x})^2 \right)^{-\frac{n}{2}} \exp\left\{ -\frac{n}{2} \right\},$$

因而可得似然比

$$\lambda(\boldsymbol{x}) = \left(\frac{n\sigma_0^2}{\sum\limits_{i=1}^{n} (x_i - \bar{x})^2} \right)^{-\frac{n}{2}} \exp\left\{ \frac{n}{2} - \frac{1}{2\sigma_0^2} \sum_{i=1}^{n} (x_i - \bar{x})^2 \right\}.$$

不妨令 $\sum\limits_{i=1}^{n} (x_i - \bar{x})^2 = t$, 则可得对数似然比

$$\ln \lambda(\boldsymbol{x}) = -\frac{n}{2} \ln n\sigma_0^2 + \frac{n}{2} \ln t + \frac{n}{2} - \frac{1}{2\sigma_0^2} t,$$

对对数似然比求导有

$$\frac{\mathrm{d}}{\mathrm{d}t} \ln \lambda(\boldsymbol{x}) = \frac{n}{2t} - \frac{1}{2\sigma_0^2}.$$

由导函数, 我们可知当 $t \in (0, n\sigma_0^2)$ 时, $\lambda(t)$ 单调递增; 当 $t \in (n\sigma_0^2, +\infty)$ 时, $\lambda(t)$ 单调递减. 故

$$\lambda(\boldsymbol{x}) \leqslant c \Leftrightarrow \left\{ \sum_{i=1}^{n} (x_i - \bar{x})^2 \leqslant c_1 \right\} \cup \left\{ \sum_{i=1}^{n} (x_i - \bar{x})^2 \geqslant c_2 \right\}$$

等价于 $\{\chi^2 \leqslant d_1\} \cup \{\chi^2 \geqslant d_2\}$. $\qquad\qquad\qquad\qquad\qquad\qquad\square$

14. 在对一种新的流感疫苗进行人体实验时, 为实验组的 900 位志愿者注射了疫苗, 在 6 个月内他们中有 9 个人得了流感; 为对照组的 900 位志愿者注射了老疫苗, 在 6 个月内他们中有 19 个人得了流感. 请问新疫苗是否更有效?

解. 不妨设新疫苗失效率为 p_1, 老疫苗失效率为 p_2, 则 $X_1, \cdots, X_{900} \overset{\text{IID}}{\sim} b(1, p_1)$, $Y_1, \cdots, Y_{900} \overset{\text{IID}}{\sim} b(1, p_2)$. 不妨构造假设

$$H_0 : p_1 = p_2 \longleftrightarrow H_1 : p_1 < p_2,$$

由中心极限定理可知

$$\bar{X} \overset{\mathcal{L}}{\to} N\left(p_1, \frac{p_1(1-p_1)}{900} \right), \quad \bar{Y} \overset{\mathcal{L}}{\to} N\left(p_2, \frac{p_2(1-p_2)}{900} \right),$$

从而转化为 Behrens-Fisher 问题. 又此时可视为大样本情形, 因而

$$\bar{X} \overset{P}{\longrightarrow} p_1, \bar{Y} \overset{P}{\longrightarrow} p_2$$

且有
$$\bar{X} - \bar{Y} \sim N\left(p_1 - p_2, \frac{1}{900}\left(p_1(1-p_1) + p_2(1-p_2)\right)\right).$$

不妨取
$$U = \frac{30(\bar{X} - \bar{Y})}{\sqrt{\bar{X}(1-\bar{X}) + \bar{Y}(1-\bar{Y})}},$$

代入数据可得 p 值为 $P\{U \leqslant U^0\} = 0.028$, 即新老疫苗效果相同的 p 值为 0.028. $\qquad\square$

15. 在 A 村随机调查了 90 位男村民, 其中有 45 人对现任村委会主任表示满意, 又随机调查了 100 位女村民, 有 69 人对现任村委会主任表示满意. 在显著性水平 0.05 下,

(1) 能否认为男女村民的态度有明显的差异?

(2) 求村中满意村委会主任的男女村民的比例 p_1 和 p_2 的置信水平为 95% 的置信区间;

(3) 由 (2) 的区间估计能否认为 $p_1 > p_2$?

解. (1) 设男村民评价示性函数
$$X_i = \begin{cases} 1, & \text{男村民 } i \text{ 满意,} \\ 0, & \text{男村民 } i \text{ 不满意,} \end{cases}$$

女村民评价示性函数
$$Y_i = \begin{cases} 1, & \text{女村民 } i \text{ 满意,} \\ 0, & \text{女村民 } i \text{ 不满意} \end{cases}$$

可知
$$X_1, \cdots, X_m \sim b(1, p_1), Y_1, \cdots, Y_n \sim b(1, p_2).$$

由中心极限定理可知
$$\bar{X} \xrightarrow{\mathscr{L}} N\left(p_1, \frac{1}{m}p_1(1-p_1)\right), \quad \bar{Y} \xrightarrow{\mathscr{L}} N\left(p_2, \frac{1}{n}p_2(1-p_2)\right),$$

从而
$$\bar{X} - \bar{Y} \sim N\left(p_1 - p_2, \frac{1}{m}p_1(1-p_1) + \frac{1}{n}p_2(1-p_2)\right).$$

再由大数定律可知 $\bar{X} \xrightarrow{P} p_1, \bar{Y} \xrightarrow{P} p_2$, 不妨构造假设
$$H_0 : p_1 = p_2 \longleftrightarrow H_1 : p_1 \neq p_2.$$

由于此时 $m = 90$, 可视为大样本情形, 故可构造检验统计量

$$U = \frac{\bar{X} - \bar{Y}}{\sqrt{\frac{1}{m}\bar{X}(1-\bar{X}) + \frac{1}{n}\bar{Y}(1-\bar{Y})}},$$

由 Slutsky 定理

$$P_{H_0}\{|U| \geqslant u_{0.025}\} = 0.05,$$

即拒绝域为 $W = \{|U| \geqslant 1.96\}$. 代入数据可得 $U = -2.71$, 从而在显著性水平 0.05 下有理由拒绝 H_0, 即有明显差异.

(2) 由 Slutsky 定理可知

$$\frac{\sqrt{m}\,(\bar{X} - p_1)}{\sqrt{\bar{X}(1-\bar{X})}} \xrightarrow{\mathscr{L}} N(0,1),$$

同理有

$$\frac{\sqrt{n}\,(\bar{Y} - p_2)}{\sqrt{\bar{Y}(1-\bar{Y})}} \xrightarrow{\mathscr{L}} N(0,1),$$

因此只需

$$\left| \frac{\sqrt{m}\,(\bar{X} - p_1)}{\sqrt{\bar{X}(1-\bar{X})}} \right| \leqslant u_{0.025}, \quad \left| \frac{\sqrt{n}\,(\bar{Y} - p_2)}{\sqrt{\bar{Y}(1-\bar{Y})}} \right| \leqslant u_{0.025},$$

解得 $p_1 \in (0.397, 0.603)$, $p_2 \in (0.509, 0.781)$ 分别为 p_1, p_2 的置信水平为 95% 的置信区间.

(3) 不能. □

16. 以 $46°$ 仰角发射了 9 颗库存了 1 个月的某型号炮弹, 射程 (单位: km) 分别是

30.89 31.74 33.82 32.79 31.87 31.79 31.7 32.23 31.85

又以相同的仰角发射了 8 颗库存了两年的同型号炮弹, 其射程 (单位: km) 分别是

32.84 31.46 32.31 31.75 30.15 31.51 31.43 31.74

如果射程都服从正态分布, 则在显著性水平 0.05 下,

(1) 能否认为这两批炮弹射程的标准差有显著性差异?

(2) 在 (1) 的基础上, 能否认为这两批炮弹的平均射程有显著性差异?

解. (1) 此时为两样本正态总体均值未知情形下, 对方差的检验. 注意到

$$\sum_{i=1}^{9} (X_i - \bar{X})^2 \Big/ \sigma_1^2 \sim \chi^2(8), \quad \sum_{i=1}^{8} (Y_i - \bar{Y})^2 \Big/ \sigma_2^2 \sim \chi^2(7)$$

且两者相互独立, 不妨构造检验

$$H_0 : \sigma_1 = \sigma_2 \longleftrightarrow H_1 : \sigma_1 \neq \sigma_2,$$

可知

$$\left(\sum_{i=1}^{9} \left(X_i - \bar{X}\right)^2 / (8\sigma_1^2)\right) \Big/ \left(\sum_{i=1}^{8} \left(Y_i - \bar{Y}\right)^2 / (7\sigma_2^2)\right) \sim F(8, 7),$$

在 H_0 成立时

$$F = \frac{\sum\limits_{i=1}^{9} \left(X_i - \bar{X}\right)^2 / 8}{\sum\limits_{i=1}^{8} \left(Y_i - \bar{Y}\right)^2 / 7} \sim F(8, 7),$$

故有

$$P_{H_0} \left\{ F \leqslant F_{1-\alpha/2}(8, 7) \text{ 或 } F \geqslant F_{\alpha/2}(8, 7) \right\} = \alpha,$$

因而拒绝域为 $W = \{F \leqslant 0.22\} \cup \{F \geqslant 4.90\}$. 代入数据得 $F = 1.12 \in \bar{W}$, 故在显著性水平 0.05 下无法认为其标准差有显著差距.

(2) 在 (1) 的基础上, $\sigma_1^2 = \sigma_2^2 = \sigma^2$, 可知

$$\bar{X} \sim N\left(\mu_1, \frac{\sigma^2}{9}\right) \quad \bar{Y} \sim N\left(\mu_2, \frac{\sigma^2}{8}\right),$$

因而 $\bar{X} - \bar{Y} \sim N\left(\mu_1 - \mu_2, \frac{\sigma^2}{9} + \frac{\sigma^2}{8}\right)$, 且

$$(9-1)S_x^2/\sigma^2 + (8-1)S_y^2/\sigma^2 \sim \chi^2(15).$$

我们不妨构造假设

$$H_0 : \mu_1 = \mu_2 \longleftrightarrow H_1 : \mu_1 \neq \mu_2,$$

故在 H_0 成立时

$$T = \left((\bar{X} - \bar{Y}) \Big/ \sqrt{\frac{\sigma^2}{9} + \frac{\sigma^2}{8}}\right) \Big/ \sqrt{\left(8S_x^2 + 7S_y^2\right)/15\sigma^2} \sim t(15),$$

故拒绝域为 $W = \{|T| \geqslant t_{0.025}(15)\} = \{|T| \geqslant 2.13\}$. 代入数据得 $T = 1.096$, 故在显著性水平 0.05 下无法认为两批炮弹的平均射程有显著差距. □

17. 设 $X_1, \cdots, X_n$ 是来自 PDF 为

$$f(x, \theta) = 2\frac{x}{\theta^2} \exp\left(-\frac{x^2}{\theta^2}\right), \quad x > 0$$

习题讲解视频

的 Rayleigh 分布的 IID 样本, 其中 $\theta > 0$ 为未知参数.

(1) 利用此总体的充分完备统计量, 建立一个关于假设

$$H_0 : \theta = 1 \longleftrightarrow H_1 : \theta > 1$$

的显著性水平近似为 α 的检验;

(2) 验证此检验统计量在 H_1 下比在 H_0 下具有更大的均值.

解. (1) 样本 $X_1, \cdots, X_n$ 具有联合概率密度

$$f(\boldsymbol{x}; \theta) = 2^n \frac{1}{\theta^{2n}} x_1 \cdots x_n \exp \left\{ -\frac{1}{\theta^2} \sum_{i=1}^{n} x_i^2 \right\},$$

注意到 $-\frac{1}{\theta^2} < 0$ 有内点, 从而 $\sum\limits_{i=1}^{n} X_i^2$ 为充分完备统计量. 不妨令 $Y_i = \left(\frac{X_i}{\theta} \right)^2$, 则

$$F_Y(y) = P \left\{ \left(\frac{X}{\theta} \right)^2 \leqslant y \right\} = F(\theta \sqrt{y}),$$

对等式两侧求导可得

$$f_Y(y) = \frac{\theta}{2\sqrt{y}} f(\theta \sqrt{y}) = \mathrm{e}^{-y},$$

即 $Y_i \sim \Gamma(1, 1)$, 且 $Y_1, \cdots, Y_n$ 相互独立, 故由 Γ 分布的可加性知

$$\sum_{i=1}^{n} \frac{(X_i)^2}{\theta^2} \sim \Gamma(n, 1),$$

再由 Γ 分布的伸缩性知

$$2 \sum_{i=1}^{n} \frac{(X_i)^2}{\theta^2} \sim \Gamma \left(\frac{2n}{2}, \frac{1}{2} \right),$$

即

$$2 \sum_{i=1}^{n} \frac{(X_i)^2}{\theta^2} \sim \chi^2(2n),$$

因此

$$P_{H_0} \left\{ 2 \sum_{i=1}^{n} X_i^2 > \chi_\alpha^2(2n) \right\} = \alpha,$$

由此可得水平近似 α 的检验

$$\phi(\boldsymbol{x}) = \begin{cases} 1, & 2 \sum\limits_{i=1}^{n} X_i^2 > \chi_\alpha^2(2n), \\ 0, & \text{否则}. \end{cases}$$

(2) 注意到

$$E\left(\frac{X_i^2}{\theta^2}\right) = E(Y_i) = 1,$$

因此 $E(X_i^2) = \theta^2$, 则

$$E\left(2\sum_{i=1}^n X_i^2\right) = 2n\theta^2,$$

因而

$$E_{H_1}\left(2\sum_{i=1}^n X_i^2\right) = 2n\theta^2 > 2n = E_{H_0}\left(2\sum_{i=1}^n X_i^2\right). \qquad \square$$

18. 设 X_1, X_2 独立, 且分别服从 $N(\mu_1, \sigma^2)$, $N(\mu_2, \sigma^2)$. 当 σ^2 已知时, 求关于假设

$$H_0 : \mu_1 = \mu_2 = 0 \longleftrightarrow H_1 : \mu_1^2 + \mu_2^2 > 0$$

的显著性水平为 α 的检验.

解. 法 1: 构造枢轴量

当 H_0 成立时, $X_1^2/\sigma^2 \sim \chi^2(1)$, $X_2^2/\sigma^2 \sim \chi^2(1)$, 且两者相互独立, 故

$$X_1^2/\sigma^2 + X_2^2/\sigma^2 \sim \chi^2(2).$$

注意到, 当 $\mu_1^2 + \mu_2^2$ 越大时, $X_1^2/\sigma^2 + X_2^2/\sigma^2$ 平均越大, 故拒绝域为

$$W = \left\{ X_1^2/\sigma^2 + X_2^2/\sigma^2 \geqslant \chi_\alpha^2(2) \right\},$$

从而可构造检验

$$\phi(\boldsymbol{X}) = \begin{cases} 1, & (X_1^2 + X_2^2)/\sigma^2 \geqslant \chi_\alpha^2(2), \\ 0, & 否则. \end{cases}$$

法 2: 似然比检验

由样本 X_1, X_2 联合概率密度

$$f(\boldsymbol{x}; \mu_1, \mu_2) = (2\pi\sigma^2)^{-1} \exp\left\{ -\frac{1}{2\sigma^2} \left[(x_1 - \mu_1)^2 + (x_2 - \mu_2)^2 \right] \right\}$$

可得零空间最值

$$\sup_{\mu_1 = \mu_2 = 0} f(\boldsymbol{x}; \mu_1, \mu_2) = (2\pi\sigma^2)^{-1} \exp\left\{ -\frac{1}{2\sigma^2} \left(x_1^2 + x_2^2 \right) \right\}$$

与全空间最值

$$\sup_{\mu_1, \mu_2} f(\boldsymbol{x}; \mu_1, \mu_2) = \left(2\pi\sigma^2\right)^{-1},$$

由此可构造检验统计量

$$\lambda(\boldsymbol{x}) = \exp\left\{-\frac{1}{2\sigma^2}(x_1^2 + x_2^2)\right\},$$

对应的拒绝域为 $\{\lambda(\boldsymbol{x}) \leqslant c\}$, 即 $\{(X_1^2 + X_2^2)/\sigma^2 \geqslant d\}$. □

19. 设 X, Y 相互独立, 且 $X \sim N(\mu_1, 1)$, $Y \sim N(\mu_2, 1)$. 设 $\rho = \mu_1/\mu_2$. 证明

$$T(X, Y, \rho_0) = \begin{cases} 1, & |X - \rho_0 Y| > \sqrt{1 + \rho_0^2}\, u_{\alpha/2}, \\ 0, & \text{否则} \end{cases}$$

是假设 $H_0 : \rho = \rho_0$ 的显著性水平为 α 的检验.

证明. 由题意, 检验 T 的拒绝域为

$$W = \left\{|X - \rho_0 Y| > \sqrt{1 + \rho_0^2}\, u_{\alpha/2}\right\},$$

而 $\rho Y \sim N\left(\mu_1, \frac{\mu_1^2}{\mu_2^2}\right)$, 则

$$X - \rho Y \sim N(0, 1 + \rho^2),$$

因而

$$U = \frac{X - \rho Y}{\sqrt{1 + \rho^2}} \sim N(0, 1),$$

由此可知

$$P_{H_0}\{(X, Y) \in W\} = P_{H_0}\left\{\left|\frac{X - \rho_0 Y}{\sqrt{1 + \rho_0^2}}\right| > u_{\alpha/2}\right\} = P_{H_0}\left\{|U| > u_{\alpha/2}\right\} = \alpha,$$

故 T 为 H_0 的水平为 α 的检验. □

20. 设 X 服从二项分布 $B(n, p)$, 证明: 关于假设 $H_0 : p = 1/2 \longleftrightarrow H_1 : p \neq 1/2$ 的似然比检验统计量等价于 $|2X - n|$.

证明. 由概率密度函数

$$f(x, p) = \binom{n}{x} p^x (1 - p)^{n - x}$$

可知

$$\sup_{p = \frac{1}{2}} f(x, p) = \binom{n}{x}\left(\frac{1}{2}\right)^n.$$

又由对数似然函数

$$l(x, p) \propto x \ln p + (n - x)\ln(1 - p),$$

对等式两侧求导有

$$\frac{\partial l}{\partial p} = \frac{x}{p} - \frac{n-x}{1-p} = 0,$$

解得 $p = \frac{x}{n}$, 从而我们可知

$$\sup_{p} f(x, p) = \binom{n}{x} \left(\frac{x}{n}\right)^{x} \left(1 - \frac{x}{n}\right)^{n-x},$$

由此可得似然比

$$\lambda(x) = \left(\frac{1}{2}\right)^{n} \bigg/ \left[\left(\frac{x}{n}\right)^{x} \left(1 - \frac{x}{n}\right)^{n-x}\right],$$

取对数并求导可得

$$\ln \lambda(x) = n \ln \frac{1}{2} - x \ln x - (n-x) \ln(n-x) + n \ln n,$$

$$\frac{\mathrm{d}}{\mathrm{d}x} \ln \lambda(x) = -1 - \ln x + 1 + \ln(n-x) = \ln \frac{n-x}{x},$$

因而当 $x \in (0, \frac{n}{2})$ 时, $\lambda(x)$ 单调递增; 当 $x \in (\frac{n}{2}, n)$ 时, $\lambda(x)$ 单调递减. 又注意到 $\lambda(x)$ 关于 $x = \frac{n}{2}$ 对称, 因此 $\lambda(x) \leqslant c$ 等价于 $\left|\frac{n}{2} - x\right| \geqslant d$, 即等价于 $|2X - n| \geqslant d_1$. 故似然比检验统计量等价于 $|2X - n|$. □

*21. 设 $X_1, \cdots, X_n$ 为来自正态总体 $N(\mu, \sigma^2)$ 的 IID 样本, 其中 μ, σ^2 未知. 证明: 关于假设 $H_0 : \mu \leqslant \mu_0 \longleftrightarrow H_1 : \mu > \mu_0$ 的单侧 t 检验是似然比检验 (显著性水平 $\alpha < 1/2$).

证明. 已知样本 $X_1, \cdots, X_n$ 概率密度函数

$$f(\boldsymbol{x}; \mu, \sigma^2) = (2\pi\sigma^2)^{-\frac{n}{2}} \exp\left\{-\frac{1}{2\sigma^2} \sum_{i=1}^{n} (x_i - \mu)^2\right\},$$

不妨记 $\Theta = \mathbf{R} \times \mathbf{R}_+$, $\Theta_0 = (-\infty, \mu_0] \times \mathbf{R}_+$, 则由对数似然函数

$$l(\mu, \sigma^2; \boldsymbol{x}) = -\frac{n}{2} \ln(2\pi\sigma^2) - \frac{1}{2\sigma^2} \sum_{i=1}^{n} (x_i - \mu)^2,$$

对等式两侧求导可得

$$\frac{\partial l}{\partial \mu} = \frac{n}{\sigma^2} (\bar{x} - \mu) = 0,$$

$$\frac{\partial l}{\partial \sigma^2} = -\frac{n}{2} \cdot \frac{1}{\sigma^2} + \frac{1}{2\sigma^4} \sum_{i=1}^{n} (x_i - \mu)^2 = 0,$$

易得全空间最值

$$\sup_{\theta \in \Theta} f(\boldsymbol{x}; \mu, \sigma^2) = \left(2\pi \frac{1}{n} \sum_{i=1}^{n} \left(X_i - \bar{X}\right)^2\right)^{-\frac{n}{2}} \mathrm{e}^{-\frac{n}{2}}.$$

在零空间中, $\mu \leqslant \mu_0$, 故当 $\bar{x} \leqslant \mu_0$ 时, $\mu = \bar{x}$, $\lambda(\boldsymbol{x}) = 1$. 而当 $\bar{x} > \mu_0$ 时, 取 $\mu = \mu_0$, 相应的, $\sigma^2 = \frac{1}{n} \sum_{i=1}^{n} (x_i - \mu_0)^2$, 此时零空间最值

$$\sup_{\theta \in \Theta_0} f(\boldsymbol{x}; \mu, \sigma^2) = \left(2\pi \frac{1}{n} \sum_{i=1}^{n} (x_i - \mu_0)^2\right)^{-\frac{n}{2}} \exp\left\{-\frac{n}{2}\right\},$$

由此可得

$$\lambda(\boldsymbol{x}) = \left(\frac{\sum\limits_{i=1}^{n} (x_i - \mu_0)^2}{\sum\limits_{i=1}^{n} (x_i - \bar{x})^2}\right)^{-\frac{n}{2}} = \left(\frac{\sum\limits_{i=1}^{n} (x_i - \bar{x} + \bar{x} - \mu_0)^2}{\sum\limits_{i=1}^{n} (x_i - \bar{x})^2}\right)^{-\frac{n}{2}}$$

$$= \left(1 + \frac{n(\bar{x} - \mu_0)^2}{\sum\limits_{i=1}^{n} (x_i - \bar{x})^2}\right)^{-\frac{n}{2}}.$$

不妨令 $T = \sqrt{n}(\bar{X} - \mu_0)/S_n$, 则 $\lambda(\boldsymbol{x}) = \left(1 + \frac{T^2}{n-1}\right)^{-\frac{n}{2}}$, 故可得似然比

$$\lambda(\boldsymbol{x}) = \begin{cases} 1, & \bar{x} \leqslant \mu_0, \\ \left(1 + \dfrac{T^2}{n-1}\right)^{-\frac{n}{2}}, & \bar{x} > \mu_0, \end{cases}$$

从而 $\lambda(\boldsymbol{x}) \leqslant c$ 等价于 $\left(1 + \frac{T^2}{n-1}\right)^{-\frac{n}{2}} \leqslant c$ 且 $\bar{x} > \mu_0$, 又等价于 $T \geqslant d$ 且 $\bar{x} > \mu_0$, 即等价于 $T \geqslant \max\{d, 0\}$. 当显著性水平 $\alpha < \frac{1}{2}$ 时, 由

$$P_{H_0}\{T \geqslant \max\{d, 0\}\} \leqslant \alpha < \frac{1}{2}$$

可知 $d = t_\alpha(n-1)$. 从而可得该单侧 t 检验的拒绝域 $W = \{T \geqslant t_\alpha(n-1)\}$. □

*22. 设 $X_1, \cdots, X_n$ 为来自正态总体 $N(\mu, \sigma^2)$ 的 IID 样本, 其中 μ, σ^2 未知. 证明: 关于假设 $H_0 : \sigma^2 = \sigma_0^2 \longleftrightarrow H_1 : \sigma^2 \neq \sigma_0^2$ 的显著性水平为 α 的似然比检验的拒绝域的补集为

$$W = \left\{c_1 \leqslant \frac{1}{\sigma_0^2} \sum_{i=1}^{n} \left(X_i - \bar{X}\right)^2 \leqslant c_2\right\},$$

其中 c_1, c_2 满足

$$\int_{c_1}^{c_2} \chi^2(x, n-1)\mathrm{d}x = 1 - \alpha, \quad c_1 - c_2 = n \ln(c_1/c_2).$$

证明. 由样本 $X_1, \cdots, X_n$ 的联合概率密度函数

$$f(\boldsymbol{x}, \mu, \sigma^2) = (2\pi\sigma^2)^{-\frac{n}{2}} \exp\left\{-\frac{1}{2\sigma^2} \sum_{i=1}^{n} (x_i - \mu)^2\right\},$$

易知似然函数在零空间中的最值

$$\sup_{\sigma^2 = \sigma_0^2} f(\boldsymbol{x}, \mu, \sigma^2) = (2\pi\sigma_0^2)^{-\frac{n}{2}} \exp\left\{-\frac{1}{2\sigma_0^2} \sum_{i=1}^{n} (x_i - \bar{x})^2\right\}$$

与在全空间中的最值

$$\sup f(\boldsymbol{x}, \mu, \sigma^2) = \left(2\pi\frac{1}{n} \sum_{i=1}^{n} (x_i - \bar{x})^2\right)^{-\frac{n}{2}} \exp\left\{-\frac{n}{2}\right\},$$

从而可得似然比

$$\lambda(\boldsymbol{x}) = \left(\frac{n\sigma_0^2}{\sum\limits_{i=1}^{n} (x_i - \bar{x})^2}\right)^{-\frac{n}{2}} \exp\left\{\frac{n}{2} - \frac{1}{2\sigma_0^2} \sum_{i=1}^{n} (x_i - \bar{x})^2\right\}.$$

不妨令 $\frac{1}{\sigma_0^2} \sum\limits_{i=1}^{n} (x_i - \bar{x})^2 = T$, 则

$$\lambda(\boldsymbol{x}) = \left(\frac{n}{T}\right)^{-\frac{n}{2}} \exp\left\{\frac{n}{2} - \frac{1}{2}T\right\},$$

由此可得对数似然比

$$\ln \lambda(\boldsymbol{x}) = -\frac{n}{2} \ln n + \frac{n}{2} \ln T + \frac{n}{2} - \frac{T}{2},$$

对等式两侧求导可得

$$\frac{\mathrm{d}}{\mathrm{d}T} \ln \lambda(\boldsymbol{x}) = \frac{n}{2T} - \frac{1}{2} = \frac{n-T}{2T},$$

因此, 当 $T \in (0, n)$ 时, $\lambda(\boldsymbol{x})$ 单调递增; 当 $T \in (n, +\infty)$ 时, $\lambda(\boldsymbol{x})$ 单调递减. 故可计算概率

$$P_{H_0}\{\lambda(\boldsymbol{x}) \leqslant c\} = \alpha \Leftrightarrow P_{H_0}\{T < c_1\} + P_{H_0}\{T > c_2\} = \alpha,$$

而 H_0 成立时, $T \sim \chi^2(n-1)$, 故

$$P\{c_1 \leqslant T \leqslant c_2\} = 1 - \alpha,$$

即

$$\int_{c_1}^{c_2} \chi^2(x; n-1)\mathrm{d}x = 1 - \alpha.$$

又此时

$$-\frac{n}{2}\ln n+\frac{n}{2}\ln c_1+\frac{n}{2}-\frac{c_1}{2}=-\frac{n}{2}\ln n+\frac{n}{2}\ln c_2+\frac{n}{2}-\frac{c_2}{2},$$

故 $n\ln c_1-c_1=n\ln c_2-c_2$, 即 $c_1-c_2=n\ln c_1/c_2$. □

23. 设 $X_1,\cdots,X_m$ 和 $Y_1,\cdots,Y_n$ 为分别来自正态总体 $N(\mu_1,\sigma^2)$ 和 $N(\mu_2,\sigma^2)$ 的 IID 样本, 其中 μ_1,μ_2,σ^2 未知. 证明: 关于假设 $H_0:\mu_1\leqslant\mu_2\longleftrightarrow H_1:\mu_1>\mu_2$ 的似然比检验统计量等价于两样本 t 检验统计量 $|T|$, 其中, 统计量 T 的定义为

$$T=\frac{(\bar{X}-\bar{Y})/[\sigma\sqrt{(m+n)/(mn)}]}{\sqrt{(m+n-2)S_{mn}^{*2}/[\sigma^2(m+n-2)]}}=\sqrt{\frac{mn}{m+n}}\frac{\bar{X}-\bar{Y}}{S_{mn}^*}.$$

证明. 由样本 $X_1,\cdots,X_m$ 和 $Y_1,\cdots,Y_n$ 联合概率密度函数

$$f(\boldsymbol{x},\boldsymbol{y};\mu_1,\mu_2,\sigma^2)=(2\pi\sigma^2)^{-\frac{m+n}{2}}\exp\left\{-\frac{1}{2\sigma^2}\sum_{i=1}^m(x_i-\mu_1)^2-\frac{1}{2\sigma^2}\sum_{i=1}^n(y_i-\mu_2)^2\right\}$$

可得对数似然函数

$$l(\mu_1,\mu_2,\sigma^2;\boldsymbol{x},\boldsymbol{y})=-\frac{m+n}{2}\ln 2\pi\sigma^2-\frac{1}{2\sigma^2}\sum_{i=1}^m(x_i-\mu_1)^2-\frac{1}{2\sigma^2}\sum_{i=1}^n(y_i-\mu_2)^2,$$

对 μ_1 求导可得

$$\frac{\partial l}{\partial\mu_1}=\frac{1}{\sigma^2}\sum_{i=1}^m(x_i-\mu_1)=0,$$

解得 $\mu_1=\bar{x}$. 同理对 μ_2 求导可得

$$\frac{\partial l}{\partial\mu_2}=\frac{1}{\sigma^2}\sum_{i=1}^n(y_i-\mu_2)=0,$$

可解得 $\mu_2=\bar{y}$. 再对 σ^2 求导

$$\frac{\partial}{\partial\sigma^2}=-\frac{m+n}{2}\cdot\frac{1}{\sigma^2}+\frac{1}{2\sigma^4}\left[\sum_{i=1}^m(x_i-\mu_1)^2+\sum_{i=1}^n(y_i-\mu_2)^2\right]=0,$$

则有

$$\sigma^2=\frac{1}{m+n}\left[\sum_{i=1}^m(x_i-\bar{x})^2+\sum_{i=1}^n(y_i-\bar{y})^2\right],$$

由此可得似然函数在全空间中的最值

$$\sup f(\boldsymbol{x},\boldsymbol{y};\mu_1,\mu_2,\sigma^2)=\left\{2\pi\frac{\mathrm{e}}{m+n}\left[\sum_{i=1}^m(x_i-\bar{x})^2+\sum_{j=1}^n(y_i-\bar{y})^2\right]\right\}^{-\frac{m+n}{2}},$$

下面求取似然函数在零空间中的最值. 而在 H_0 下, 即当 $\mu_1 \leqslant \mu_2$ 时,

情形 1: $\bar{x} \leqslant \bar{y}$

只需取 $\mu_1 = \bar{x}$, $\mu_2 = \bar{y}$, $\sigma^2 = \frac{1}{m+n}\left[\sum\limits_{i=1}^{m}\left(x_i - \bar{x}\right)^2 + \sum\limits_{i=1}^{n}\left(y_i - \bar{y}\right)^2\right]$

情形 2: $\bar{x} > \bar{y}$

求解似然函数在零空间中的最值转化为求解

$$(\text{P}) \quad \min \quad f(\mu_1, \mu_2) = \sum_{i=1}^{m}\left(x_i - \mu_1\right)^2 + \sum_{i=1}^{n}\left(y_i - \mu_2\right)^2$$

$$\text{s.t.} \quad \mu_1 \leqslant \mu_2$$

不妨令线性函数 $g(\mu_1, \mu_2) = \mu_1 - \mu_2$, 我们求取导数

$$\nabla f = \begin{pmatrix} -2m\left(\bar{x} - \mu_1\right) \\ -2n\left(\bar{y} - \mu_2\right) \end{pmatrix}, \quad \nabla g = \begin{pmatrix} 1 \\ -1 \end{pmatrix},$$

由 KKT 条件知

$$\begin{cases} \begin{pmatrix} -2n\left(\bar{x} - \mu_1\right) \\ -2m\left(\bar{y} - \mu_2\right) \end{pmatrix} + \lambda \begin{pmatrix} 1 \\ -1 \end{pmatrix} = 0, \\ \lambda \geqslant 0, \quad \mu_1 \leqslant \mu_2, \\ \lambda\left(\mu_1 - \mu_2\right) = 0, \end{cases}$$

解得

$$\hat{\mu}_1 = \hat{\mu}_2 = \frac{m\bar{x} + n\bar{y}}{m+n} := \hat{\mu},$$

从而可得似然函数在零空间中的最值

$$\sup_{\mu_1 \leqslant \mu_2} f(\boldsymbol{x}, \boldsymbol{y}; \mu_1, \mu_2, \sigma^2)$$

$$= \begin{cases} \left\{2\pi \dfrac{\mathrm{e}}{m+n}\left[\sum\limits_{i=1}^{m}\left(x_i - \hat{\mu}\right)^2 + \sum\limits_{i=1}^{n}\left(y_i - \hat{\mu}\right)^2\right]\right\}^{-\frac{m+n}{2}}, & \bar{x} > \bar{y}, \\ \sup f(\boldsymbol{x}, \boldsymbol{y}; \mu_1, \mu_2, \sigma^2), & \bar{x} \leqslant \bar{y}, \end{cases}$$

综上可得似然比

$$\lambda(\boldsymbol{x}, \boldsymbol{y}) = \begin{cases} 1, & \bar{x} \leqslant \bar{y}, \\ \left\{\dfrac{\left[\sum\limits_{i=1}^{m}\left(x_i - \bar{x}\right)^2 + \sum\limits_{i=1}^{n}\left(y_i - \bar{y}\right)^2\right]}{\left[\sum\limits_{i=1}^{m}\left(x_i - \hat{\mu}\right)^2 + \sum\limits_{i=1}^{n}\left(y_i - \hat{\mu}\right)^2\right]}\right\}^{-\frac{m+n}{2}}, & \bar{x} > \bar{y}, \end{cases}$$

而 $T = \sqrt{\frac{mn}{m+n}}\frac{\bar{X} - \bar{Y}}{S_{mn}^*}$, 其中

$$S_{mn}^{*2} = \frac{\sum\limits_{i=1}^{m} (x_i - \bar{x})^2 + \sum\limits_{i=1}^{n} (y_i - \bar{y})^2}{m + n - 2},$$

因此 $\bar{x} > \bar{y}$ 时,

$$\begin{aligned}
\sum_{i=1}^{m} (x_i - \hat{\mu})^2 &= \sum_{i=1}^{m} \left(x_i - \frac{m\bar{x} + n\bar{y}}{m + n} \right)^2 \\
&= \sum_{i=1}^{m} (x_i - \bar{x})^2 + m \left(\bar{x} - \frac{m\bar{x} + n\bar{y}}{m + n} \right)^2 \\
&= \sum_{i=1}^{m} (x_i - \bar{x})^2 + \frac{mn^2}{(m + n)^2} (\bar{x} - \bar{y})^2,
\end{aligned}$$

同理

$$\sum_{i=1}^{n} (y_i - \hat{\mu})^2 = \sum_{i=1}^{n} (y_i - \bar{y})^2 + \frac{m^2 n}{(m + n)^2} (\bar{x} - \bar{y})^2,$$

由此, 分母可化简为

$$\sum_{i=1}^{m} (x_i - \bar{x})^2 + \sum_{i=1}^{n} (y_i - \bar{y})^2 + \frac{mn}{m + n} (\bar{x} - \bar{y})^2$$

$$= (m + n - 2) S_{mn}^{*2} + \frac{mn}{m + n} (\bar{x} - \bar{y})^2,$$

因此似然比函数可简化为

$$\begin{aligned}
\lambda(\boldsymbol{x}, \boldsymbol{y}) &= \left[\frac{(m + n - 2) S_{mn}^{*2}}{(m + n - 2) S_{mn}^{*2} + \frac{mn}{m+n}(\bar{x} - \bar{y})^2} \right]^{-\frac{m+n}{2}} \\
&= \left(\frac{m + n - 2}{m + n - 2 + T^2} \right)^{-\frac{m+n}{2}} \\
&= \left(1 + \frac{1}{m + n - 2} T^2 \right)^{\frac{m+n}{2}}
\end{aligned}$$

综上可得检验统计量为

$$\lambda(\boldsymbol{x}, \boldsymbol{y}) = \begin{cases} 1, & \bar{x} \leqslant \bar{y}, \\ \left(1 + \dfrac{1}{m + n - 2} T^2 \right)^{\frac{m+n}{2}}, & \bar{x} > \bar{y}, \end{cases}$$

注意到, 当 $|T|$ 增加时, $\lambda(\boldsymbol{x}, \boldsymbol{y})$ 增大. 故 $\lambda(\boldsymbol{x}, \boldsymbol{y}) \geqslant c$ 等价于 $|T| \geqslant c_1$, 即似然比检验统计量等价于两样本 t 检验统计量 $|T|$. $\qquad\square$

*24. 称正态分布随机变量列 $X_1, \cdots, X_n$ 为一个自回归 (autoregressive) 序列, 如果 $X_i = \theta X_{i-1} + \varepsilon_i, i = 1, 2, \cdots, n$, 其中 $X_0 = 0, \varepsilon_1, \cdots, \varepsilon_n$ 是 $N(0, \sigma^2)$

的 IID 序列, 其中 σ^2 未知. 证明: 关于假设 $H_0 : \theta = 0 \longleftrightarrow H_1 : \theta \neq 0$ 的似然比检验统计量等价于 $-\left(\sum\limits_{i=2}^{n} X_i X_{i-1}\right)^2 \Big/ \left(\sum\limits_{i=1}^{n-1} X_i^2 \sum\limits_{i=1}^{n} X_i^2\right)$.

证明. 由题意可知

$$x_1 = \varepsilon_1, x_2 = \theta x_1 + \varepsilon_2, \cdots, x_n = \theta x_{n-1} + \varepsilon_n,$$

可得条件分布

$$\begin{cases} X_2 \mid (X_1 = x_1) = \theta x_1 + \varepsilon_2 \sim N(\theta x_1, \sigma^2), \\ \cdots\cdots\cdots\cdots \\ X_n \mid (X_1 = x_1, \cdots, X_{n-1} = x_{n-1}) = \theta x_{n-1} + \varepsilon_n \sim N(\theta x_{n-1}, \sigma^2), \end{cases}$$

从而易得各概率密度函数

$$\begin{cases} f_{X_1}(x_1) = (2\pi\sigma^2)^{-\frac{1}{2}} \exp\left\{ -\dfrac{1}{2\sigma^2} x_1^2 \right\}, \\ \cdots\cdots\cdots\cdots \\ f_{X_n \mid X_1, \cdots, X_{n-1}} = (2\pi\sigma^2)^{-\frac{1}{2}} \exp\left\{ -\dfrac{1}{2\sigma^2} (x_n - \theta x_{n-1})^2 \right\}, \end{cases}$$

故我们可得联合密度函数为

$$\begin{aligned} f(x_1, \cdots, x_n) &= f(x_1) f(x_2 \mid x_1) \cdots f(x_n \mid x_1 \cdots, x_{n-1}) \\ &= (2\pi\sigma^2)^{-\frac{n}{2}} \exp\left\{ -\dfrac{1}{2\sigma^2} \left[x_1^2 + (x_2 - \theta x_1)^2 + \cdots + (x_n - \theta x_{n-1})^2 \right] \right\}. \end{aligned}$$

在零空间中, 易得似然函数最值

$$f(\boldsymbol{x}, \boldsymbol{\theta}) = \sup_{\sigma^2 > 0} (2\pi\sigma^2)^{-\frac{n}{2}} \exp\left\{ -\dfrac{1}{2\sigma^2} \sum_{i=1}^{n} x_i^2 \right\} = \left(2\pi \dfrac{\mathrm{e}}{n} \sum_{i=1}^{n} x_i^2 \right)^{-\frac{n}{2}}.$$

而在全空间中, 对数似然函数为

$$l(\boldsymbol{x}, \theta, \sigma^2) = -\dfrac{n}{2} \ln 2\pi\sigma^2 - \dfrac{1}{2\sigma^2} \left[x_1^2 + (x_2 - \theta x_1)^2 + \cdots + (x_n - \theta x_{n-1})^2 \right],$$

等式两侧分别对参数求导可得

$$\begin{cases} \dfrac{\partial l}{\partial \sigma^2}(\boldsymbol{x}, \theta, \sigma^2) = -\dfrac{n}{2\sigma^2} + \dfrac{1}{2\sigma^4} \left[x_1^2 + (x_2 - \theta x_1)^2 + \cdots + (x_n - \theta x_{n-1})^2 \right] = 0, \\ \dfrac{\partial l}{\partial \theta}(\boldsymbol{x}, \theta, \sigma^2) = -\dfrac{1}{2\sigma^2} \left[2(x_2 - \theta x_1)(-x_1) + \cdots + 2(x_n - \theta x_{n-1})(-x_{n-1}) \right] = 0, \end{cases}$$

解得

$$\begin{cases} \hat{\theta} = \dfrac{x_1 x_2 + \cdots + x_{n-1} x_n}{x_1^2 + \cdots + x_{n-1}^2}, \\[2mm] \hat{\sigma^2} = \dfrac{1}{n}\left[x_1^2 + \left(x_2 - \hat{\theta} x_1 \right)^2 + \cdots + \left(x_n - \hat{\theta} x_{n-1} \right)^2 \right], \end{cases}$$

由此可得似然函数在全空间中的最值

$$\sup f(\boldsymbol{x}, \theta, \sigma^2) = \left(2\pi \dfrac{e}{n} \left[x_1^2 + \left(x_2 - \hat{\theta} x_1 \right)^2 + \cdots + \left(x_n - \hat{\theta} x_{n-1} \right)^2 \right] \right)^{-\frac{n}{2}},$$

因而

$$\begin{aligned}
\lambda(\boldsymbol{x}) &= \left(\sum_{i=1}^n x_i^2 \Big/ \left[x_1^2 + \left(x_2 - \hat{\theta} x_1 \right)^2 + \cdots + \left(x_n - \hat{\theta} x_{n-1} \right)^2 \right] \right)^{-\frac{n}{2}} \\[2mm]
&= \left(\sum_{i=1}^n x_i^2 \Big/ \left[\sum_{i=1}^n x_i^2 - \dfrac{\left(\sum\limits_{i=2}^n x_i x_{i-1} \right)^2}{\sum\limits_{i=1}^{n-1} x_i^2} \right] \right)^{-\frac{n}{2}} \\[2mm]
&= \left(1 - \dfrac{\left(\sum\limits_{i=1}^n x_i x_{i-1} \right)^2}{\sum\limits_{i=1}^{n-1} x_i^2 \sum\limits_{i=1}^n x_i^2} \right)^{\frac{n}{2}},
\end{aligned}$$

故似然比检验统计量等价于 $-\left(\sum\limits_{i=2}^n X_i X_{i-1} \right)^2 \Big/ \left(\sum\limits_{i=1}^{n-1} X_i^2 \sum\limits_{i=1}^n X_i^2 \right)$.   □

25. 投掷 1000 次硬币, 560 次正面向上, 440 次反面向上, 假设硬币质地均匀是否合理? 证明你的结果.

解. 不妨设硬币正面向上的概率为 p, 构造示性函数

$$X_i = \begin{cases} 1, & \text{第 } i \text{ 次投掷正面向上}, \\ 0, & \text{否则}, \end{cases}$$

则可知 $X_1, \cdots, X_n \overset{\text{IID}}{\sim} b(1, p)$, 其中 $n = 1000$. 不妨构造假设

$$H_0 : p = \dfrac{1}{2} \longleftrightarrow H_1 : p \neq \dfrac{1}{2},$$

取检验统计量

$$U = \dfrac{\sum\limits_{i=1}^n X_i - n \cdot \dfrac{1}{2}}{\sqrt{n \cdot \dfrac{1}{2} \left(1 - \dfrac{1}{2} \right)}},$$

在 H_0 成立时, 由中心极限定理可知

$$U \xrightarrow{\mathscr{L}} N(0,1),$$

代入数据算得

$$P_{H_0}\{U \geqslant 3.97\} = 3.59 \times 10^{-5},$$

故在 H_0 成立时, p 值为 7.19×10^{-5}. 因而有充分理由相信质地不均匀. $\quad\square$

26. 假设有两个独立的随机样本: $X_1, \cdots, X_n$ 和 $Y_1, \cdots, Y_m$ 为指数分布, 参数分别为 θ 和 μ.

(1) 求 $H_0 : \theta = \mu \longleftrightarrow H_1 : \theta \geqslant \mu$ 的似然比检验;

(2) 证明 (1) 中的检验可以基于统计量 $T = \dfrac{\sum\limits_{i=1}^{n} X_i}{\sum\limits_{i=1}^{n} X_i + \sum\limits_{i=1}^{m} Y_i}$;

(3) 当 H_0 为真时, 写出 T 的分布.

解. (1) 由联合概率密度函数

$$f(\boldsymbol{x}, \boldsymbol{y}; \theta, \mu) = \theta^n \mathrm{e}^{-\theta \sum\limits_{i=1}^{n} x_i} \mu^m \mathrm{e}^{-\mu \sum\limits_{i=1}^{m} y_i},$$

易得似然函数在零空间中的最值

$$\sup_{\theta = \mu} f(\boldsymbol{x}, \boldsymbol{y}; \theta, \mu) = \left(\frac{m+n}{\sum\limits_{i=1}^{n} x_i + \sum\limits_{i=1}^{m} y_i} \right)^{m+n} \mathrm{e}^{-(m+n)}$$

与在全空间中的最值

$$\sup f(\boldsymbol{x}, \boldsymbol{y}; \theta, \mu) = \left(\frac{n}{\sum\limits_{i=1}^{n} x_i} \right)^n \left(\frac{m}{\sum\limits_{i=1}^{m} y_i} \right)^m \mathrm{e}^{-(m+n)},$$

可得似然比

$$\lambda(\boldsymbol{x}, \boldsymbol{y}) = \frac{(m+n)^{m+n}}{m^m n^n} \left(\sum\limits_{i=1}^{n} x_i \right)^n \left(\sum\limits_{i=1}^{m} y_i \right)^m \left(\sum\limits_{i=1}^{n} x_i + \sum\limits_{i=1}^{m} y_i \right)^{-(m+n)},$$

由此可构造似然比检验.

(2) 注意到

$$\lambda(\boldsymbol{x}, \boldsymbol{y}) = \frac{(m+n)^{m+n}}{m^m n^n} T^n (1-T)^m$$

仅与 T 有关, 故检验可以基于统计量 T.

(3) 当 H_0 为真时

$$X_i \sim \Gamma(1,\theta), \quad Y_i \sim \Gamma(1,\theta),$$

从而 $\sum\limits_{i=1}^{n} X_i \sim \Gamma(n,\theta)$ 与 $\sum\limits_{i=1}^{m} Y_i \sim \Gamma(m,\theta)$ 相互独立. 在第 1 章第 18 题中已证 $T \sim \beta(n,m)$, 此处采用另一方法. 不妨令 $X = \sum\limits_{i=1}^{n} X_i, Y = \sum\limits_{i=1}^{m} Y_i$, 再令

$$U = \frac{X}{X+Y} \quad V = X + Y,$$

即有

$$X = UV, \quad Y = V - UV.$$

已知 (X,Y) 的联合概率密度

$$
\begin{aligned}
f(x,y) &= f(x)f(y) \\
&= \frac{\theta^n}{\Gamma(n)} x^{n-1} \mathrm{e}^{-\theta x} \frac{\theta^m}{\Gamma(m)} y^{m-1} \mathrm{e}^{-\theta y} \\
&= \frac{\theta^{m+n} \mathrm{e}^{-\theta(x+y)}}{\Gamma(n)\Gamma(m)} x^{n-1} y^{m-1},
\end{aligned}
$$

故由概率密度变换公式可知

$$
\begin{aligned}
g(u,v) &= f(uv, v-uv) \\
&= \frac{\theta^{m+n} \mathrm{e}^{-\theta v}}{\Gamma(n)\Gamma(m)} (uv)^{n-1} [v(1-u)]^{m-1} v \\
&= \frac{\Gamma(n+m)}{\Gamma(n)\Gamma(m)} u^{n-1} (1-u)^{m-1} \cdot \frac{\theta^{m+n}}{\Gamma(n+m)} v^{m+n-1} \mathrm{e}^{-\theta v},
\end{aligned}
$$

即 $T \sim \beta(n,m)$. □

27. 设 $X_1, \cdots, X_n$ 为来自 $\{1, \cdots, \theta\}$ 上的离散型均匀分布的 IID 样本, 这里 θ 为整数且 $\theta \geqslant 2$, 求显著性水平为 α 的以下假设的似然比检验:

(1) $H_0 : \theta \leqslant \theta_0 \longleftrightarrow H_1 : \theta > \theta_0$, 其中 $\theta_0 \geqslant 2$, 为已知整数;

(2) $H_0 : \theta = \theta_0 \longleftrightarrow H_1 : \theta \neq \theta_0$.

解. (1) 由样本 $X_1, \cdots, X_n$ 的联合概率质量函数

$$f(\boldsymbol{x}, \theta) = \frac{1}{\theta^n} I_{(X_{(n)} \leqslant \theta)}$$

可得似然函数在全空间中的最值

$$\sup f(\boldsymbol{x}, \theta) = \frac{1}{X_{(n)}^n},$$

而在零空间中

$$\sup_{\theta \leqslant \theta_0} f(\boldsymbol{x}, \theta) = \begin{cases} 0, & X_{(n)} > \theta_0, \\ \dfrac{1}{X_{(n)}^n}, & X_{(n)} \leqslant \theta_0, \end{cases}$$

由此可得似然比

$$\lambda(\boldsymbol{x}) = \begin{cases} 1, & X_{(n)} \leqslant \theta_0, \\ 0, & X_{(n)} > \theta_0, \end{cases}$$

故 $\lambda(\boldsymbol{x}) < c$ 等价于 $X_{(n)} > \theta_0$, 从而只需 $P_{H_0} \{X_{(n)} > \theta_0\} < \alpha$ 即可, 而 $P_{H_0} \{X_{(n)} > \theta_0\} = 0$, 故可构造似然比检验

$$\phi(\boldsymbol{x}) = \begin{cases} 1, & X_{(n)} > \theta_0, \\ 0, & 否则. \end{cases}$$

(2) 由 (1) 可知

$$\sup_{\theta = \theta_0} f(\boldsymbol{x}, \theta) = \begin{cases} 0, & X_{(n)} > \theta_0, \\ \dfrac{1}{\theta_0^n}, & X_{(n)} \leqslant \theta_0, \end{cases}$$

因而似然比为

$$\lambda(\boldsymbol{x}) = \begin{cases} 0, & X_{(n)} > \theta_0, \\ \left(\dfrac{X_{(n)}}{\theta_0}\right)^n, & X_{(n)} \leqslant \theta_0, \end{cases}$$

故 $\lambda(\boldsymbol{x}) \leqslant c$ 等价于

$$P_{H_0} \left\{ \left(\frac{X_{(n)}}{\theta_0}\right)^n \leqslant c \right\} = \alpha,$$

即

$$P_{H_0} \{X_1, \cdots, X_n \leqslant \theta_0 \sqrt[n]{c}\} = \alpha,$$

故 $F^n (\theta_0 \sqrt[n]{c}) = \alpha$, 可得 $F (\theta_0 \sqrt[n]{c}) = \sqrt[n]{\alpha}$. 从而

$$P_{H_0} \{X_i = 1, 2, \cdots, [\theta_0 \sqrt[n]{c}]\} \geqslant \sqrt[n]{\alpha},$$

即有 $\frac{1}{\theta_0}[\theta_0 \sqrt[n]{c}] \leqslant \sqrt[n]{\alpha}$, 故

$$c_1 = \max \left\{ c \in \mathbf{Z} : \frac{1}{\theta_0}[\theta_0 \sqrt[n]{c}] \leqslant \sqrt[n]{\alpha} \right\},$$

可构造检验

$$\phi(\boldsymbol{x}) = \begin{cases} 1, & X_{(n)} \leqslant \theta_0 \sqrt[n]{c_1} \ 或 \ X_{(n)} > \theta_0, \\ 0, & 否则. \end{cases} \qquad \Box$$

28. 假设 $X_{i1}, \cdots, X_{in_i}, i = 1, 2$ 为两个 IID 样本, 服从均匀分布 $U(0, \theta_i)$, $i = 1, 2$, 这里 $\theta_1 > 0, \theta_2 > 0$ 均未知.

(1) 求显著性水平为 α 的假设 $H_0 : \theta_1 = \theta_2 \longleftrightarrow H_1 : \theta_1 \neq \theta_2$ 的似然比检验;

(2) 求 $-2\ln\lambda$ 的极限分布, 这里 λ 为 (1) 中的似然比.

解. (1) 由联合概率密度函数

$$f(\boldsymbol{x}_1, \boldsymbol{x}_2, \theta_1, \theta_2) = \frac{1}{\theta_1^{n_1}} \cdot \frac{1}{\theta_2^{n_2}} I_{\left(\max\left\{X_{i1}, \cdots, X_{in_i}\right\} \leqslant \theta_i, i=1,2\right)}$$

易知在零空间中的最值

$$\sup_{\theta_1 = \theta_2} f(\boldsymbol{x}_1, \boldsymbol{x}_2, \theta_1, \theta_2) = \left(\max\left\{x_{11}\cdots, x_{1n_1}, x_{21}, \cdots, x_{2n_2}\right\}\right)^{-(n_1+n_2)}$$

与在全空间中的最值

$$\sup f(\boldsymbol{x}_1, \boldsymbol{x}_2, \theta_1, \theta_2) = \left(\max\left\{x_{11}, \cdots, x_{1n_1}\right\}\right)^{-n_1} \left(\max\left\{x_{21}, \cdots, x_{2n_2}\right\}\right)^{-n_2},$$

由此可得似然比

$$\lambda(\boldsymbol{x}_1, \boldsymbol{x}_2) = \left(\max\left\{x_{11}, \cdots, x_{1n_1}\right\}\right)^{n_1} \left(\max\left\{x_{21}, \cdots, x_{2n_2}\right\}\right)^{n_2}$$
$$\left(\max\left\{x_{11}, \cdots, x_{1n_1}, x_{21}, \cdots, x_{2n_2}\right\}\right)^{-(n_1+n_2)},$$

可构造似然比检验

$$\phi(\boldsymbol{x}_1, \boldsymbol{x}_2) = \begin{cases} 1, & \lambda(\boldsymbol{x}_1, \boldsymbol{x}_2) \leqslant c_1, \\ 0, & \text{其他}. \end{cases}$$

(2) 计算参数空间的维度, 我们可知

$$\dim \Theta_0 = 1, \quad \dim \Theta = 2,$$

由 Wilks 定理, $-2\ln\lambda \to \chi^2(1)$. $\qquad\qquad\square$

29. 假设 $(X_{11}, X_{12}), \cdots, (X_{n1}, X_{n2})$ 为来自二元正态分布的 IID 样本, 均值和方差矩阵均未知. 假设 $H_0 : \rho = 0 \longleftrightarrow H_1 : \rho \neq 0$, 这里 ρ 为相关系数. 证明: $|W| > c$ 为一个似然比检验, 其中

$$W = \sum_{i=1}^{n} (X_{i1} - \bar{X}_1)(X_{i2} - \bar{X}_2) / \left[\sum_{i=1}^{n} \left(X_{i1} - \bar{X}_1\right)^2 + \sum_{i=1}^{n} \left(X_{i2} - \bar{X}_2\right)^2\right]^{\frac{1}{2}},$$

并求 W 的分布.

证明. 不妨设 $(X_{11}, X_{12}), \cdots, (X_{n1}, X_{n2}) \overset{\text{IID}}{\sim} N(\boldsymbol{\mu}, \boldsymbol{\Sigma})$, 其中

$$\boldsymbol{\mu} = (\mu_1, \mu_2)^{\mathrm{T}}, \quad \boldsymbol{\Sigma} = \begin{pmatrix} \sigma_1^2 & \rho\sigma_1\sigma_2 \\ \rho\sigma_1\sigma_2 & \sigma_2^2 \end{pmatrix},$$

由二元正态分布的概率密度函数

$$f(x_1, x_2) = \left(2\pi\sigma_1\sigma_2\sqrt{1-\rho^2}\right)^{-1} \cdot$$
$$\exp\left\{-\frac{1}{2(1-\rho^2)}\left(\frac{(x_1-\mu_1)^2}{\sigma_1^2} - \frac{2\rho(x_1-\mu_1)(x_2-\mu_2)}{\sigma_1\sigma_2} + \frac{(x_2-\mu_2)^2}{\sigma_2^2}\right)\right\}$$

可得联合概率密度函数

$$f(\boldsymbol{x}_1, \boldsymbol{x}_2) = \left(2\pi\sigma_1\sigma_2\sqrt{1-\rho^2}\right)^{-n} \exp\left\{-\frac{1}{2(1-\rho^2)}\left[\frac{1}{\sigma_1^2}\sum_{i=1}^{n}(x_{i1}-\mu_1)^2\right.\right.$$
$$\left.\left. -\frac{2\rho}{\sigma_1\sigma_2}\sum_{i=1}^{n}(x_{i1}-\mu_1)(x_{i2}-\mu_2) + \frac{1}{\sigma_2^2}\sum_{i=1}^{n}(x_{i2}-\mu_2)^2\right]\right\},$$

故可得对数似然函数

$$l(\boldsymbol{x}_1, \boldsymbol{x}_2) = -n\ln\left(2\pi\sigma_1\sigma_2\sqrt{1-\rho^2}\right) - \frac{1}{2(1-\rho^2)}\left[\frac{1}{\sigma_1^2}\sum_{i=1}^{n}(x_{i1}-\mu_1)^2\right.$$
$$\left. -\frac{2\rho}{\sigma_1\sigma_2}\sum_{i=1}^{n}(x_{i1}-\mu_1)(x_{i2}-\mu_2) + \frac{1}{\sigma_2^2}\sum_{i=1}^{n}(x_{i2}-\mu_2)^2\right],$$

等式两侧对参数求导可得

$$\frac{\partial l}{\partial \mu_1}(\boldsymbol{x}_1, \boldsymbol{x}_2) = -\frac{1}{2(1-\rho^2)}\left[-\frac{1}{\sigma_1^2}\cdot 2\sum_{i=1}^{n}(x_{i1}-\mu_1) + \frac{2\rho}{\sigma_1\sigma_2}\sum_{i=1}^{n}(x_{i2}-\mu_2)\right] = 0.$$

同理令 $\frac{\partial l}{\partial \mu_2}(\boldsymbol{x}_1, \boldsymbol{x}_2) = 0$, 解得 $\hat{\mu}_1 = \bar{x}_1, \hat{\mu}_2 = \bar{x}_2$. 进一步,

$$\frac{\partial l}{\partial \sigma_1} = -n\frac{1}{\sigma_1} - \frac{1}{2(1-\rho^2)}\left[\frac{-2}{\sigma_1^3}\sum_{i=1}^{n}(x_{i1}-\mu_1)^2 + \frac{2\rho}{\sigma_1^2\sigma_2}\sum_{i=1}^{n}(x_{i1}-\mu_1)(x_{i2}-\mu_2)\right] = 0,$$

$$\frac{\partial l}{\partial \sigma_2} = -n\frac{1}{\sigma_2} - \frac{1}{2(1-\rho^2)}\left[\frac{-2}{\sigma_2^3}\sum_{i=1}^{n}(x_{i2}-\mu_1)^2 + \frac{2\rho}{\sigma_2^2\sigma_1}\sum_{i=1}^{n}(x_{i1}-\mu_1)(x_{i2}-\mu_2)\right] = 0,$$

解得

$$\hat{\sigma}_1^2 = \frac{1}{n}\sum_{i=1}^{n}(x_{i1}-\bar{x}_1)^2, \quad \hat{\sigma}_2^2 = \frac{1}{n}\sum_{i=1}^{n}(x_{i2}-\bar{x}_2)^2,$$

最后对 ρ 求导可得

$$\frac{\partial l}{\partial \rho} = \frac{n\rho}{1-\rho^2} - \frac{\rho}{(1-\rho^2)^2}\left[\frac{1}{\sigma_1^2}\sum_{i=1}^{n}(x_{i1}-\mu_1)^2 + \frac{1}{\sigma_2^2}\sum_{i=1}^{n}(x_{i2}-\mu_2)^2\right] +$$

$$\frac{1}{\sigma_1 \sigma_2} \frac{1+\rho^2}{(1-\rho^2)^2} \sum_{i=1}^{n} (x_{i1} - \mu_1)(x_{i2} - \mu_2) = 0,$$

解得

$$\hat{\rho} = \frac{\frac{1}{n} \sum_{i=1}^{n} (x_{i1} - \bar{x}_1)(x_{i2} - \bar{x}_2)}{\sqrt{\frac{1}{n} \sum_{i=1}^{n} (x_{i1} - \bar{x}_1)^2 \frac{1}{n} \sum_{i=1}^{n} (x_{i2} - \bar{x}_2)^2}},$$

故假设 $H_0 : \rho = 0$ 的似然比统计量为 $\lambda = (1 - W^2)^{n/2}$. 因而, $|W| > c$ 为一个似然比检验. □

30. (p 值) 假设 X 的分布为 P_θ, 其中 $\theta \in \mathbf{R}$ 为未知参数, 对于拒绝域为 W_α 的零假设 $H_0 : \theta = \theta_0$ (或 $\theta < \theta_0$) 满足 $P_{\theta_0}\{X \in W_\alpha\} = \alpha, 0 < \alpha < 1$ 和 $W_{\alpha_1} = \bigcap_{\alpha > \alpha_1} W_\alpha, 0 < \alpha_1 < 1$, 考虑 H_0 的一族非随机化显著性检验:

(1) 证明: p 值为 $\hat{\alpha}(x) = \inf \{\alpha : x \in W_\alpha\}$;

(2) 证明: 当 $\theta = \theta_0$ 时, $\hat{\alpha}(x)$ 服从均匀分布 $U(0,1)$;

(3) 如果拒绝域为 W_α 的检验是无偏的, 证明: 在 H_1 下, $P_\theta\{\hat{\alpha}(x) \leqslant \alpha\} \geqslant \alpha$.

证明. (1) 注意到

$$p(x) = P_{\theta_0}\{X \in W_{p(x)}\} = P_{\theta_0}\left\{X \in \bigcap_{\alpha > p(x)} W_\alpha\right\},$$

由于对 $\forall \alpha_1 > \alpha_2$, 有 $W_{\alpha_2} = \bigcap_{\alpha > \alpha_2} W_\alpha \subseteq W_{\alpha_1}$, 故 $\{W_\alpha\}$ 随 α 递增, 可知

$$p(x) = P_{\theta_0}\{X \in W_{\hat{\alpha}(x)}, \hat{\alpha}(x) = \inf \{\alpha : \alpha > p(x)\}\}$$
$$= \hat{\alpha}(x) = \inf \{\alpha : \alpha > p(x)\}.$$

由 p 值的性质

$$x \in W_\alpha \Leftrightarrow p(x) < \alpha,$$

故 $p(x) = \hat{\alpha}(x) = \inf \{\alpha : \alpha > p(x)\} = \inf \{\alpha : x \in W_\alpha\}$.

(2) 对 $\forall \varepsilon > 0$, $\{p(x) < t\} \subset \{p(x) \leqslant t\} \subset \{p(x) < t + \varepsilon\}$, 从而可知

$$P_{\theta_0}\{p(x) < t\} \leqslant P_{\theta_0}\{p(x) \leqslant t\} \leqslant P_{\theta_0}\{p(x) < t + \varepsilon\}$$

等价于

$$P_{\theta_0}\{x \in W_t\} \leqslant P_{\theta_0}\{\hat{\alpha}(x) \leqslant t\} \leqslant P_{\theta_0}\{x \in W_{t+\varepsilon}\},$$

又即

$$t \leqslant P_{\theta_0}\{\hat{\alpha}(x) \leqslant t\} \leqslant t + \varepsilon.$$

令 $\varepsilon \to 0$, 则有 $P_{\theta_0}\{\hat{\alpha}(x) \leqslant t\} = t$, 因而 $\hat{\alpha}(x) \sim U(0,1)$.

(3) 势函数为 $\beta(\theta) = P_\theta\{x \in W_\alpha\}$, 由检验的无偏性, 在 H_1 下

$$P_\theta\{x \in W_\alpha\} \geqslant \alpha \Leftrightarrow P_\theta\{p(x) < \alpha\} \geqslant \alpha \Leftrightarrow P_\theta\{\hat{\alpha}(x) < \alpha\} \geqslant \alpha,$$

有 $P_\theta\{\hat{\alpha}(x) \leqslant \alpha\} \geqslant P_\theta\{\hat{\alpha}(x) < \alpha\} \geqslant \alpha.$ □

31. 假设 $X_1, \cdots, X_n$ 是来自正态总体 $N(\theta, \sigma^2)$ 的一组随机样本, σ^2 已知. 假设 $H_0 : \theta = \theta_0 \longleftrightarrow H_1 : \theta \neq \theta_0$ 的一个似然比检验为: 如果 $|\bar{X} - \theta_0| / (\sigma/\sqrt{n}) > w$, 则拒绝 H_0.

(1) 求这个检验的势函数, 用标准正态分布的概率写出这个表达式;

(2) 试验者希望在 $\theta = \theta_0 + \sigma$ 点犯第一类错误的概率是 0.05, 犯第二类错误的最大概率是 0.25. 求为达到这些要求的 n 和 w 的值.

解. (1) 势函数为

$$\begin{aligned}
\beta_\theta(\boldsymbol{x}) &= P_\theta\{\boldsymbol{x} \in W\} \\
&= P_\theta\left\{\frac{|\bar{X} - \theta_0|}{\sigma/\sqrt{n}} > w\right\} \\
&= P_\theta\left\{\frac{\bar{X} - \theta}{\sigma/\sqrt{n}} > w + \frac{\theta_0 - \theta}{\sigma/\sqrt{n}}\right\} + P_\theta\left\{\frac{\bar{X} - \theta}{\sigma/\sqrt{n}} < \frac{\theta_0 - \theta}{\sigma/\sqrt{n}} - w\right\} \\
&= 1 - \Phi\left(w + \frac{\theta_0 - \theta}{\sigma/\sqrt{n}}\right) + \Phi\left(\frac{\theta_0 - \theta}{\sigma/\sqrt{n}} - w\right).
\end{aligned}$$

(2) 当 $\theta = \theta_0 + \sigma$ 时, 第一类错误概率为 $1 - \Phi(w) + \Phi(-w) = 0.05$, 即 $\Phi(w) = 0.975$, 解得 $w = 1.96$; 而第二类错误概率

$$\Phi\left(w + \frac{\theta_0 - \theta}{\sigma/\sqrt{n}}\right) - \Phi\left(\frac{\theta_0 - \theta}{\sigma/\sqrt{n}} - w\right) \leqslant 0.25,$$

即 $\Phi(1.96 - \sqrt{n}) - \Phi(-1.96 - \sqrt{n}) \leqslant 0.25$, 解得 $n = 7$.

注 4.2. 我们可用 R 计算得到 n 的值, 参考代码如下:

```
1    fun31 <- function(n){
2        pnorm(1.96 - sqrt(n)) - pnorm(-1.96 - sqrt(n))
3    }
4    fun31(1:10)
```

□

32. 证明: 如果检验统计量具有连续分布, 那么在零假设下 p 值服从 $U(0,1)$ 分布.

证明. 不妨设 $T(\boldsymbol{X})$ 为检验统计量, 且 $T(\boldsymbol{X})$ 在零假设下服从分布 F. 再

记该假设的拒绝域为 $W = \{\boldsymbol{X} : T(\boldsymbol{X}) > C\}$，$t$ 为 $T(\boldsymbol{X})$ 的一次实现. 此时可算得 p 值

$$p(t) = P\{T(\boldsymbol{X}) > t\} = 1 - F(t),$$

即 $p(T) = 1 - F(T)$. 由此可得 $p(T)$ 的分布

$$\begin{aligned}
F_p(t) &= P\{p(T) \leqslant t\} \\
&= P\{1 - F(T) \leqslant t\} \\
&= P\{T \geqslant F^{-1}(1 - t)\} \\
&= 1 - (1 - t) \\
&= t,
\end{aligned}$$

因而 $p(T) \sim U(0, 1)$.　　　　　　　　　　　　　　　　　　　　　　$\square$

33. 设 $x_1, \cdots, x_n$ 是来自 $N(\mu, 1)$ 的样本，考虑如下假设检验问题:

$$H_0 : \mu = 2 \longleftrightarrow H_1 : \mu = 3,$$

若检验由拒绝域 $W = \{\bar{X} \geqslant 2.6\}$ 确定.

(1) 当 $n = 20$ 时求检验犯两类错误的概率;

(2) 如果要使得犯第二类错误的概率 $\beta \leqslant 0.01$，n 最小应该取多少;

(3) 证明: 当 $n \to \infty$ 时，$\alpha \to 0, \beta \to 0$.

解. (1) 由 $\bar{X} \sim N(\mu, \frac{1}{n})$ 可得第一类错误概率

$$\begin{aligned}
\alpha &= P_{H_0}\{\boldsymbol{x} \in W\} \\
&= P_{H_0}\{\bar{X} \geqslant 2.6\} \\
&= P_{H_0}\{\sqrt{n}(\bar{X} - 2) \geqslant \sqrt{n}(2.6 - 2)\} \\
&= 1 - \Phi(2.68) \\
&= 0.0037
\end{aligned}$$

与第二类错误概率

$$\begin{aligned}
\beta &= P_{H_1}\{\boldsymbol{x} \in \bar{W}\} \\
&= P_{H_1}\{\bar{X} < 2.6\} \\
&= P_{H_1}\{\sqrt{n}(\bar{X} - 3) < \sqrt{n}(2.6 - 3)\} \\
&= 0.0368.
\end{aligned}$$

(2) 由 (1) 可知

$$\begin{aligned}
\beta &= P_{H_1}\{\sqrt{n}(\bar{X} - 3) < \sqrt{n}(2.6 - 3)\} \\
&= \Phi(-0.4\sqrt{n}) \leqslant 0.01,
\end{aligned}$$

解得 $n \geqslant 33.8$, 即 $n_{\min} = 34$.

    (3) 由 (1) 可得第一类错误概率

$$\alpha = P_{H_0}\{\sqrt{n}(\bar{X} - 2) \geqslant \sqrt{n}(2.6 - 2)\} = 1 - \Phi(0.6\sqrt{n})$$

与第二类错误概率

$$\beta = \Phi(-0.4\sqrt{n}),$$

故当 $n \to \infty$ 时, $\alpha \to 0$, $\beta \to 0$.   □

    34. 设观测数据 $Y_1, \cdots, Y_n$ 满足如下的线性模型

$$Y_i = \beta x_i + \varepsilon_i, i = 1, \cdots, n,$$

其中 $x_1, \cdots, x_n$ 为已知常数, $\varepsilon_1, \cdots, \varepsilon_n$ 相互独立同分布, 且 $\varepsilon_1 \sim N(0, \sigma^2)$, 其中 $\beta, \sigma^2 > 0$ 为未知参数. 对于给定的 $\alpha \in (0, 1)$,

    (1) 求 β 的置信水平为 $1 - \alpha$ 的置信区间;

    (2) 求假设

$$H_0 : \beta = 0 \longleftrightarrow H_1 : \beta \neq 0$$

的水平为 α 的显著性检验.

    解. (1) 由条件可知

$$\begin{pmatrix} Y_1 \\ \vdots \\ Y_n \end{pmatrix} = \begin{pmatrix} x_1 \\ \vdots \\ x_n \end{pmatrix} \beta + \begin{pmatrix} \varepsilon_1 \\ \vdots \\ \varepsilon_n \end{pmatrix},$$

我们简记为 $\boldsymbol{y} = \boldsymbol{X}\beta + \boldsymbol{\varepsilon}$. 根据最小二乘估计,

$$\hat{\beta} = (\boldsymbol{X}^{\mathrm{T}}\boldsymbol{X})^{-1}(\boldsymbol{X}^{\mathrm{T}}\boldsymbol{y}) = \left(\sum_{i=1}^{n} x_i^2\right)^{-1} \left(\sum_{i=1}^{n} x_i Y_i\right)$$

且 $\hat{\beta} \sim N(\beta, \sigma^2(\boldsymbol{X}^{\mathrm{T}}\boldsymbol{X})^{-1})$. 进一步, $\mathrm{SSE} = (\hat{\boldsymbol{y}} - \boldsymbol{y})^{\mathrm{T}}(\hat{\boldsymbol{y}} - \boldsymbol{y}) = \boldsymbol{y}^{\mathrm{T}}(\boldsymbol{I} - \boldsymbol{X}(\boldsymbol{X}^{\mathrm{T}}\boldsymbol{X})^{-1}\boldsymbol{X}^{\mathrm{T}})\boldsymbol{y} \sim \sigma^2\chi^2(n-1)$, 且 $\hat{\beta}$ 与 SSE 相互独立. 因此

$$\frac{\hat{\beta} - \beta}{\sigma(\boldsymbol{X}^{\mathrm{T}}\boldsymbol{X})^{-\frac{1}{2}}} \sim N(0, 1)$$

且

$$\boldsymbol{y}^{\mathrm{T}}(\boldsymbol{I} - \boldsymbol{X}(\boldsymbol{X}^{\mathrm{T}}\boldsymbol{X})^{-1}\boldsymbol{X}^{\mathrm{T}})\boldsymbol{y}/\sigma^2 \sim \chi^2(n-1).$$

由 t 分布定义可得

$$\frac{\sqrt{n-1}(\boldsymbol{X}^{\mathrm{T}}\boldsymbol{X})^{\frac{1}{2}}(\hat{\beta} - \beta)}{\sqrt{\boldsymbol{y}'(\boldsymbol{I} - \boldsymbol{X}(\boldsymbol{X}^{\mathrm{T}}\boldsymbol{X})^{-1}\boldsymbol{X}^{\mathrm{T}})\boldsymbol{y}}} \sim t(n-1),$$

化简可得

$$\frac{\sqrt{n-1}\left(\sum\limits_{i=1}^{n}x_i^2\right)(\hat{\beta}-\beta)}{\sqrt{\left(\sum\limits_{i=1}^{n}x_i^2\right)\left(\sum\limits_{i=1}^{n}Y_i^2\right)-\sum\limits_{i=1}^{n}(x_iY_i)^2}} \sim t(n-1),$$

因此 β 的置信水平为 $1-\alpha$ 的置信区间为

$$\left[\hat{\beta}\mp t_{\alpha/2}(n-1)\left(\sqrt{n-1}\left(\sum\limits_{i=1}^{n}x_i^2\right)\right)^{-1}\sqrt{\left(\sum\limits_{i=1}^{n}x_i^2\right)\left(\sum\limits_{i=1}^{n}Y_i^2\right)-\sum\limits_{i=1}^{n}(x_iY_i)^2}\right].$$

(2) 由假设检验与置信区间的关系可知, 该假设检验的拒绝域为

$$\phi(\boldsymbol{X}) = \begin{cases} 1, & |\hat{\beta}| > a, \\ 0, & \text{其他}, \end{cases}$$

其中

$$a = t_{\alpha/2}(n-1)\left(\sqrt{n-1}\left(\sum\limits_{i=1}^{n}x_i^2\right)\right)^{-1}\sqrt{\left(\sum\limits_{i=1}^{n}x_i^2\right)\left(\sum\limits_{i=1}^{n}Y_i^2\right)-\sum\limits_{i=1}^{n}(x_iY_i)^2}.$$

$\square$

35. 设 $X_1,\cdots,X_n$ 为来自具有如下 PDF: $f(x,\mu,\sigma)=\frac{1}{\sigma}\exp\{-(x-\mu)/\sigma\}$, $x\geqslant\mu\in\mathbf{R},\sigma^2>0$ 的总体的 IID 样本,

(1) 求 μ,σ^2 的 MLE;

(2) 对于给定的 $t>\mu$, 求 $P\{X\geqslant t\}$ 的 MLE;

(3) μ 的最大似然估计是相合估计吗, 为什么?

(4) 当 $\sigma=1$ 时, 求假设 $H_0:\mu=0\longleftrightarrow H_1:\mu\neq 0$ 的水平为 α 的似然比检验.

解. (1) 对样本 $X_1,\cdots,X_n$ 有密度函数

$$f(\boldsymbol{x};\mu,\sigma)=\frac{1}{\sigma^n}\exp\left\{-\frac{1}{\sigma}\sum\limits_{i=1}^{n}(x_i-\mu)I_{(x_{(1)}\geqslant\mu)}\right\},$$

因此可得对数似然函数

$$l(\mu,\sigma;\boldsymbol{x})=-n\ln\sigma-\frac{1}{\sigma}\sum\limits_{i=1}^{n}(x_i-\mu)I_{(\mu\leqslant x_{(1)})}.$$

注意到 $l(\mu,\sigma;\boldsymbol{x})$ 随 μ 单调递增, 因此 $\hat{\mu}=X_{(1)}$. 而

$$\frac{\partial l}{\partial\sigma}=-\frac{n}{\sigma}+\frac{1}{\sigma^2}\sum\limits_{i=1}^{n}(x_i-\mu)=0,$$

故 $\hat{\sigma} = \bar{X} - \hat{\mu} = \bar{X} - X_{(1)}$.

(2) 由于

$$P\{X \geqslant t\} = 1 - F(t) = 1 - \int_{\mu}^{t} f(x; \mu, \sigma)\mathrm{d}x = \exp\left\{-\frac{t-\mu}{\sigma}\right\}.$$

考虑到 $\mu < t$ 且 $\mu \leqslant X_{(1)}$, 因而 $\hat{\mu}_{\mathrm{MLE}} = \min\{t, X_{(1)}\}$. 根据 MLE 的不变原则可得 $P\{X \geqslant t\}$ 的 MLE 为 $\exp\left\{-\frac{t-\min\{t,X_{(1)}\}}{\bar{X}-\min\{t,X_{(1)}\}}\right\}$.

(3) 考虑 μ 的最大似然估计的相合性即考虑 $X_{(1)}$ 的相合性, 而 $X_{(1)}$ 的 CDF 为

$$F_1(x) = P\{X_{(1)} \leqslant x\} = 1 - (1 - F(x))^n,$$

因而密度函数

$$f_1(x) = nf(x)(1 - F(x))^{n-1} = \frac{n}{\sigma}\exp\left\{-\frac{n}{\sigma}(x-\mu)\right\}.$$

我们不妨令 $Y = X_{(1)} - \mu$, 则 $Y \sim E(\frac{n}{\sigma})$, 因而 $EY = \frac{\sigma}{n}$, 由此计算可得 $EX_{(1)} = \frac{\sigma}{n} + \mu \to \mu(n \to \infty)$, 故 $X_{(1)}$ 为渐近无偏估计. 又 $\mathrm{Var}X_{(1)} = \mathrm{Var}(Y + \mu) = \mathrm{Var}Y = \frac{\sigma^2}{n^2} \to 0(n \to \infty)$, 故

$$E[X_{(1)} - \mu]^2 = \frac{2\sigma^2}{n^2} \to 0 \quad (n \to \infty),$$

即二阶矩收敛, 因而 $X_{(1)}$ 为相合估计.

(4) 当 $\sigma = 1$ 时, $f(x; \mu) = \exp\{-(x-\mu)\}$, 故对于假设

$$H_0 : \mu = 0 \longleftrightarrow H_1 : \mu \neq 0$$

在零空间中, 似然函数为

$$L(0; \boldsymbol{x}) = \exp\left\{-\sum_{i=1}^{n} x_i\right\},$$

在全空间中, 似然函数为

$$L(\mu; \boldsymbol{x}) = \exp\left\{-\sum_{i=1}^{n}(x_i - \mu)\right\} I_{(\mu \leqslant x_{(1)})},$$

则

$$\sup_{\mu \leqslant x_{(1)}} L(\mu; \boldsymbol{x}) = \exp\left\{-\sum_{i=1}^{n} x_i + nx_{(1)}\right\},$$

因而似然比为

$$\lambda(\boldsymbol{x}) = \frac{L(0; \boldsymbol{x})}{\sup\limits_{\mu \leqslant x_{(1)}} L(\mu; \boldsymbol{x})} = \exp\{-nx_{(1)}\},$$

故

$$\lambda(\boldsymbol{X}) \leqslant c \Leftrightarrow X_{(1)} \geqslant d,$$

由此可构造检验

$$\phi(\boldsymbol{X}) = \begin{cases} 1, & X_{(1)} \geqslant d, \\ 0, & X_{(1)} < d. \end{cases}$$

又因为 $E_{\mu_0}\phi(\boldsymbol{X}) = P_{\mu_0}\{X_{(1)} \geqslant d\} = 1 - F_1(d) = \exp\{-nd\} = \alpha$, 可解得 $d = -\frac{1}{n}\ln\alpha$. 综上

$$\phi(\boldsymbol{X}) = \begin{cases} 1, & X_{(1)} \geqslant -\dfrac{1}{n}\ln\alpha, \\ 0, & X_{(1)} < -\dfrac{1}{n}\ln\alpha. \end{cases} \qquad \square$$

5

第 5 章

假设检验——最大功效检验

1. 设 $X_1, \cdots, X_n$ 为来自均匀分布 $U(0,\theta)$ 的 IID 样本, 其中 $\theta > 0$ 为未知参数, 取检验函数

$$\phi(\boldsymbol{x}) = \begin{cases} 1, & X_{(n)} \geqslant c > 0, \\ 0, & \text{其他}. \end{cases}$$

(1) 计算检验 $\phi(\boldsymbol{x})$ 的势函数, 并证明它关于 θ 单增;

(2) 当 c 取何值时, 用 $\phi(\boldsymbol{x})$ 来检验假设 $H_0 : \theta \leqslant 1/2 \longleftrightarrow H_1 : \theta > 1/2$ 的显著性水平正好是 0.05?

(3) n 取多大才能使 (2) 中的检验对 $\theta = 3/4$ 有势 0.98?

解. (1) 不妨记 $X_{(n)} \sim f_n$, 易知

$$f_n(y) = \begin{cases} \dfrac{ny^{n-1}}{\theta^n}, & 0 < y < \theta, \\ 0, & \text{其他}, \end{cases}$$

从而

$$\beta(\theta, \phi) = P_\theta\left\{X_{(n)} \geqslant c\right\} = \int_c^\theta f_n(y)\mathrm{d}y = \begin{cases} 1 - \dfrac{c^n}{\theta^n}, & \theta > c, \\ 0, & \theta \leqslant c, \end{cases}$$

对 θ 求导得

$$\frac{\mathrm{d}\beta(\theta, \phi)}{\mathrm{d}\theta} = \begin{cases} \dfrac{nc^n}{\theta^{n-1}}, & \theta > c, \\ 0, & \theta \leqslant c, \end{cases}$$

故 $\beta'(\theta) \geqslant 0$, 因此 β 关于 θ 单增.

(2) 由于 β 关于 θ 单增, 故对任意的 $\theta \geqslant \frac{1}{2}$, 可得

$$E_\theta\phi = \beta(\theta, \phi) \leqslant \beta\left(\frac{1}{2}, \phi\right) = 1 - (2c)^n,$$

从而 $1 - (2c)^n = 0.05$, 即 $c = \frac{1}{2}\sqrt[n]{0.95}$, 故 $\left\{X_{(n)} \geqslant \frac{1}{2}\sqrt[n]{0.95}\right\}$ 即为所求.

(3) 计算此时的势

$$\beta\left(\frac{3}{4}, \phi\right) = 1 - \frac{\left(\frac{1}{2}\sqrt[n]{0.95}\right)^n}{(3/4)^n} = 0.98,$$

解得 $n = \dfrac{\ln 0.02}{\ln \frac{2}{3}\sqrt[3]{0.95}} = 9.07$, 故 n 取 10. $\qquad\square$

2. 设 X_1, X_2, X_3 为来自 Bernoulli 分布 $b(1,p)$ 的 IID 样本, 对于假设

$$H_0 : p = \frac{1}{2} \longleftrightarrow H_1 : p = \frac{3}{4},$$

若取一个检验的拒绝域为

$$W = \{(x_1, x_2, x_3) : x_1 + x_2 + x_3 \geqslant 2\},$$

则求此检验犯第一、二类错误的概率及 $p = 3/4$ 时的势.

解. 由 Bernoulli 分布的可加性可知, $X_1 + X_2 + X_3 \sim b(3, p)$. 由题得, 势函数可以写为

$$\phi(\boldsymbol{x}) = I_{\{X_1 + X_2 + X_3 \geqslant 2\}},$$

从而第一类错误概率为

$$\alpha = \beta\left(\frac{1}{2}, \phi\right) = \binom{3}{2}\left(\frac{1}{2}\right)^3 + \binom{3}{3}\left(\frac{1}{2}\right)^3 = \frac{1}{2},$$

在 $p = 3/4$ 时的势为

$$\beta\left(\frac{3}{4}, \phi\right) = \binom{3}{2}\left(\frac{3}{4}\right)^2\left(\frac{1}{4}\right) + \binom{3}{3}\left(\frac{3}{4}\right)^3 = \frac{27}{32},$$

第二类错误概率为

$$\beta = 1 - \beta\left(\frac{3}{4}, \phi\right) = \frac{5}{32},$$

综上, 第一、二类错误分别为: $\alpha = \frac{1}{2}$, $\beta = \frac{5}{32}$, $p = 3/4$ 时的势为 $\frac{27}{32}$. □

3. 设总体 X 的密度函数可取下面的 $f_0(x)$ 或 $f_1(x)$:

$$f_0(x) = \begin{cases} 1, & 0 \leqslant x \leqslant 1, \\ 0, & \text{其他}, \end{cases} \quad f_1(x) = \begin{cases} 2x, & 0 \leqslant x \leqslant 1, \\ 0, & \text{其他}, \end{cases}$$

现基于一个样本 X_1, 考虑如下假设

$$H_0 : f(x) = f_0(x) \longleftrightarrow H_1 : f(x) = f_1(x),$$

试在显著性水平 0.1 下, 求出使第二类错误概率最小的检验法.

解. 由 N-P 引理, 存在 $k \geqslant 0$ 使得第二类错误概率最小的检验法 ϕ 满足

$$\phi(x) = \begin{cases} 1, & 2x > k, \\ 0, & 2x < k. \end{cases}$$

由于 $E_{H_0}\phi(X) = 0.1$, 即

$$P_{H_0}\left\{X > \frac{k}{2}\right\} = \int_{\frac{k}{2}}^1 \mathrm{d}x = 0.1,$$

可得 $k = 1.8$, 故 $\phi(x) = I_{\{X > 0.9\}}$ 为所求. □

4. 设 $X_1, \cdots, X_n$ 为来自 Weibull 分布的 IID 样本, 其 PDF 为

$$f(x; \lambda) = \lambda c x^{c-1} \exp \left\{ -\lambda x^c \right\}, \quad x > 0,$$

其中 $\lambda > 0$ 为未知参数, $c > 0$ 为已知参数.

(1) 证明 $\sum\limits_{i=1}^{n} X_i^c$ 是检验假设 $H_0 : \frac{1}{\lambda} \leqslant \frac{1}{\lambda_0} \longleftrightarrow H_1 : \frac{1}{\lambda} > \frac{1}{\lambda_0}$ 的一个最优检验统计量;

(2) 如取上述检验的拒绝域为 $W = \left\{ \sum\limits_{i=1}^{n} X_i^c \geqslant k \right\}$, 则当其显著性水平为 α 时, 求临界值 k 及其势函数.

解. (1) 由联合概率密度函数

$$f(\boldsymbol{x}, \lambda) = \lambda^n c^n \exp \left\{ -\lambda \sum_{i=1}^{n} x_i^c \right\} \prod_{i=1}^{n} x_i^{c-1}$$

是单参数指数型分布族, 又由于 $-\lambda$ 关于 λ 严格单减, 从而 $T(\boldsymbol{X}) = \sum\limits_{i=1}^{n} X_i^c$ 为最优检验统计量, 且分布族为关于 $T(\boldsymbol{X})$ 的 MLR.

(2) $\{ f(T(\boldsymbol{X}), \lambda) : \lambda \in \mathbf{R} \}$ 为关于 $T(\boldsymbol{X})$ 的 MLR, 故若

$$\phi(T(\boldsymbol{X})) = \begin{cases} 1, & \sum\limits_{i=1}^{n} X_i^c \geqslant k, \\ 0, & \sum\limits_{i=1}^{n} X_i^c < k \end{cases}$$

为 UMPT, 则有 $P_{\lambda_0} \left\{ \sum\limits_{i=1}^{n} X_i^c \geqslant k \right\} = \alpha$. 设 $Y_i = X_i^c$, 则概率密度函数为

$$f_Y(y) = \lambda c y^{\frac{c-1}{c}} \exp\{ -\lambda y \} \cdot \frac{1}{c} y^{-\frac{c-1}{c}} = \lambda \mathrm{e}^{-\lambda y},$$

故 $Y_i \sim Exp(\lambda)$, 有 $\sum\limits_{i=1}^{n} X_i^c = \sum\limits_{i=1}^{n} Y_i \sim \varGamma(n, \lambda)$, 从而 $2\lambda \sum\limits_{i=1}^{n} X_i^c \sim \chi^2(2n)$. 故由

$$P_{\lambda_0} \left\{ 2\lambda_0 \sum_{i=1}^{n} X_i^c \geqslant \chi_\alpha^2(2n) \right\} = \alpha,$$

可得 $k = \frac{1}{2\lambda_0} \chi_\alpha^2(2n)$, 从而

$$\begin{aligned} \beta(\lambda, \phi) &= P_\lambda \left\{ \sum_{i=1}^{n} X_i^c \geqslant \frac{\chi_\alpha^2(2n)}{2\lambda_0} \right\} \\ &= P_\lambda \left\{ 2\lambda \sum_{i=1}^{n} X_i^c \geqslant \frac{\lambda}{\lambda_0} x_\alpha^2(2n) \right\} \end{aligned}$$

$$= \int_{\frac{\lambda}{\lambda_0} \chi^2_\alpha(2n)}^{\infty} \frac{1}{\Gamma(n)} \frac{y^{n-1} e^{-\frac{y}{2}}}{2^n} \mathrm{d}y. \qquad \square$$

习题讲解视频

5. 设 $X_1, \cdots, X_n$ 为来自 Poisson 分布 $P(\lambda)$ 的 IID 样本, 试求假设

$$H_0 : \lambda \geqslant \lambda_0 \longleftrightarrow H_1 : \lambda < \lambda_0 \ (\lambda_0 \text{ 已知})$$

的显著性水平为 α 的 UMPT.

解. 联合概率密度函数为

$$f(\boldsymbol{x}; \lambda) = \frac{\lambda^{\sum\limits_{i=1}^{n} x_i}}{x_1! \cdots x_n!} \mathrm{e}^{-n\lambda} = \mathrm{e}^{-n\lambda} \exp\left\{ \sum_{i=1}^{n} x_i \ln \lambda \right\} \frac{1}{x_1! \cdots x_n!}$$

是单参数指数型分布族, 又 $\ln \lambda$ 关于 λ 严格递增, 故存在显著性水平为 α 的 UMPT, 其检验函数为

$$\phi\left(\sum_{i=1}^{n} X_i\right) = \begin{cases} 1, & \sum\limits_{i=1}^{n} X_i < c, \\ \delta, & \sum\limits_{i=1}^{n} X_i = c, \\ 0, & \sum\limits_{i=1}^{n} X_i > c, \end{cases}$$

而 $\sum\limits_{i=1}^{n} X_i \sim P(n\lambda)$, 若存在自然数 c 使得 $P\left\{\sum\limits_{i=1}^{n} X_i < c\right\} = \alpha$, 即

$$\sum_{i=0}^{c-1} \frac{(n\lambda)^i}{i!} \mathrm{e}^{-n\lambda} = \alpha,$$

则 UMPT 为

$$\phi\left(\sum_{i=1}^{n} x_i\right) = \begin{cases} 1, & \sum\limits_{i=1}^{n} X_i < c, \\ 0, & \sum\limits_{i=1}^{n} X_i \geqslant c. \end{cases}$$

否则, 必存在自然数 c 使得

$$\alpha_0 \triangleq P\left\{\sum_{i=1}^{n} X_i < c\right\} < \alpha < P\left\{\sum_{i=1}^{n} X_i \leqslant c\right\}$$

且满足

$$E_{\lambda_0} \phi\left(\sum_{i=1}^{n} X_i\right) = \alpha_0 + \delta \frac{(n\lambda)^c}{c!} \mathrm{e}^{-n\lambda} = \alpha,$$

此时有

$$\phi\left(\sum_{i=1}^{n}X_i\right)=\begin{cases}1,&\sum_{i=1}^{n}X_i<c,\\[2mm]\dfrac{\alpha-\alpha_0}{\frac{(n\lambda)^c}{c!}\mathrm{e}^{-n\lambda}},&\sum_{i=1}^{n}X_i=c,\\[2mm]0,&\sum_{i=1}^{n}X_i>c.\end{cases}\qquad\square$$

6. 设 $X_1,\cdots,X_n$ 为来自均匀分布 $U(0,\theta)$ 的 IID 样本, 试求假设

$$H_0:\theta\leqslant\theta_0\longleftrightarrow H_1:\theta>\theta_0\,(\theta_0>0\ 已知)$$

的显著性水平为 α 的 UMPT.

解. 均匀分布族为关于 $X_{(n)}$ 的 MLR 分布族, 从而可知存在 $k\geqslant0$ 使得 UMPT 为

$$\phi(X_{(n)})=\begin{cases}1,&X_{(n)}>k,\\0,&X_{(n)}\leqslant k,\end{cases}$$

故 $P_{\theta_0}\left\{X_{(n)}>k\right\}=\alpha$, 即

$$\int_k^{\theta_0}n\frac{x^{n-1}}{\theta_0^n}\mathrm{d}x=\alpha,$$

可解得 $k=\theta_0(1-\alpha^{\frac{1}{n}})$, 故可构造 UMPT

$$\phi(X_{(n)})=I_{\left\{X_{(n)}>\theta_0(1-\alpha)^{\frac{1}{n}}\right\}}.\qquad\square$$

7. 设 $X_1,\cdots,X_n$ 为来自正态总体 $N(\mu,1)$ 的 IID 样本, 对于假设

$$H_0:\mu\leqslant0\longleftrightarrow H_1:\mu>0.$$

(1) 求显著性水平为 0.025 的 UMPT, 并求出其势函数 $\beta(\mu)$;

(2) 为了使上述检验在 $\mu\geqslant0.5$ 时的势函数 $\beta(\mu)\geqslant0.9$, 样本容量 n 应至少取多大?

解. (1) 联合概率密度函数为

$$\begin{aligned}f(\boldsymbol{x};\mu)&=\left(\frac{1}{\sqrt{2\pi}}\right)^n\exp\left\{-\frac{1}{2}\sum_{i=1}^{n}(X_i-\mu)^2\right\}\\&=\left(\frac{1}{\sqrt{2\pi}}\right)^n\mathrm{e}^{-\frac{n}{2}\mu^2}\exp\{n\mu\bar{X}\}\exp\left\{-\frac{1}{2}\sum_{i=1}^{n}X_i^2\right\},\end{aligned}$$

由于 $n\mu$ 为 μ 的严格增函数, 且该分布族为单参数指数型分布族, 从而该分布

族为关于 μ 的单增 MLR 分布族. 注意到 $\bar{X} \sim N(\mu, \frac{1}{n})$, 不妨构造检验

$$\phi(\bar{X}) = \begin{cases} 1, & \bar{X} > c, \\ 0, & \bar{X} \leqslant c, \end{cases}$$

再由

$$E_{\mu=0}\phi(\bar{X}) = P_{\mu=0}\{\bar{X} > c\} = P_{\mu=0}\left\{\sqrt{n}\bar{X} > \sqrt{n}c\right\} = \alpha = 0.025$$

可以求得 $c = \frac{1}{\sqrt{n}}u_{0.025}$, 从而可构造水平为 $\alpha = 0.025$ 的 UMPT

$$\phi(\bar{X}) = I_{\left\{\bar{X} > \frac{1}{\sqrt{n}}u_{0.025}\right\}}.$$

此时势函数为

$$\begin{aligned} \beta(\mu) &= E_\mu[\phi(\bar{X})] \\ &= P\left\{\bar{X} > \frac{1}{\sqrt{n}}u_{0.025}\right\} \\ &= P\left\{\sqrt{n}(\bar{X} - \mu) > u_{0.025} - \sqrt{n}\mu\right\} \\ &= 1 - \Phi\left(u_{0.025} - \sqrt{n}\mu\right) \\ &= \Phi\left(\sqrt{n}\mu - u_{0.025}\right). \end{aligned}$$

(2) 注意到 $\beta(\mu)$ 为 μ 的增函数, 因此只需要 $\beta(0.5) \geqslant 0.9$, 即

$$\Phi\left(\frac{\sqrt{n}}{2} - u_{0.025}\right) \geqslant 0.9$$

可解得

$$n \geqslant 4\left(u_{0.1} + u_{0.025}\right)^2 = 41.99,$$

故 n 至少取 42. □

8. 现从某正态总体中随机抽取了 9 个 IID 样本, 测得其均值为 $\bar{x} = 0.4$, 样本标准差为 $s_n = 1.0$. 在显著性水平 0.05 和 0.01 下分别检验假设

(1) $H_0 : \mu \leqslant 0 \longleftrightarrow H_1 : \mu > 0$;

(2) $H_0 : \mu \geqslant 0 \longleftrightarrow H_1 : \mu < 0$,

并解释检验结果的意义. 如果样本容量增加到 25, 而样本均值与标准差不变, 则再检验上述假设, 并解释结果的意义.

解. 易知

$$T = \frac{\sqrt{n}(\bar{X} - \mu)}{S_n} \sim t(n-1).$$

(i) 当 $n = 9$ 时:

(1) 由正态分布为单参数指数分布族, 易知 $\phi(T) = I_{\{T > t_\alpha(n-1)\}}$ 为 UMPT. 代入数据可知此时检验统计量的值为

$$T_0 = \frac{\sqrt{9}(0.4 - 0)}{1} = 1.2,$$

由此可计算该检验的 p 值

$$p = P_{\mu=0}\{T > T_0\} = 0.132.$$

由于 $0.01 < 0.05 < p = 0.132$, 因而在显著性水平 0.05 和 0.01 下均无法拒绝原假设.

(2) 同理, 易知 $\phi(T) = 1_{\{T < t_\alpha(n-1)\}}$ 为 UMPT, 计算 p 值可得

$$p' = P_{\mu=0}\{T < 1.2\} = 0.868 > 0.05 > 0.01,$$

因而在水平 0.05 和 0.01 下均无法拒绝原假设.

(ii) 当 $n = 25$ 时:

(1) 此时该检验统计量的值为

$$T_1 = \frac{\sqrt{25}(0.4 - 0)}{1} = 2,$$

计算 p 值可得 $p = P_{\mu=0}\{T > 2\} = 0.0285$, 由于 $0.01 < p < 0.05$, 因而显著性水平为 0.01 时, 无法拒绝原假设; 显著性水平为 0.05 时, 拒绝原假设.

(2) 同理可得 $p' = 0.9715$, 因而在显著性水平 0.05 和 0.01 下均无法拒绝原假设.

综上, 不同样本量以及不同的显著性水平均会对假设检验产生影响. □

9. 设 $X_1, \cdots, X_n$ 为来自均匀分布 $U(0, \theta)$ 的 IID 样本, 其中 $\theta > 0$ 为参数. 试求假设

(1) $H_0 : \theta = 1 \longleftrightarrow H_1 : \theta = 2$;

(2) $H_0 : \theta = 1 \longleftrightarrow H_1 : \theta = 1/2$

的显著性水平为 α 的 MPT.

解. (1) 由联合概率密度函数

$$f(\boldsymbol{x}, \theta) = \frac{1}{\theta^n} I_{\left(x_{(n)} < \theta\right)}$$

可得似然比统计量为

$$\lambda(\boldsymbol{x}) = \frac{f(\boldsymbol{x}, 2)}{f(\boldsymbol{x}, 1)} = \begin{cases} \dfrac{1}{2^n}, & 0 < X_{(n)} < 1, \\ \infty, & 1 \leqslant X_{(n)} < 2, \end{cases}$$

则其在原假设下的分布函数为

$$h(c) = P_{\theta_0}\{\lambda(\boldsymbol{x}) \leqslant c\} = \begin{cases} 0, & c < \dfrac{1}{2^n}, \\ 1, & c \geqslant \dfrac{1}{2^n}, \end{cases}$$

分布不连续, 由 N-P 引理知

$$\phi(\boldsymbol{x}) = \begin{cases} 1, & \lambda(\boldsymbol{x}) > \dfrac{1}{2^n}, \\ \delta, & \lambda(\boldsymbol{x}) = \dfrac{1}{2^n}, \end{cases}$$

其中

$$\alpha = E_{\theta_0}\phi(\boldsymbol{x}) = P_{\theta_0}\left\{\lambda(\boldsymbol{x}) > \dfrac{1}{2^n}\right\} + \delta P_{\theta_0}\left\{\lambda(\boldsymbol{x}) = \dfrac{1}{2^n}\right\} = \delta,$$

则可构造 MPT

$$\phi(\boldsymbol{x}) = \begin{cases} 1, & 1 \leqslant X_{(n)} < 2, \\ \alpha, & 0 < X_{(n)} < 1; \end{cases}$$

(2) 似然比统计量为

$$\lambda(\boldsymbol{x}) = \begin{cases} 2^n, & 0 < X_{(n)} < \dfrac{1}{2}, \\ 0, & \dfrac{1}{2} \leqslant X_{(n)} < 1, \end{cases}$$

其在原假设下的分布函数为

$$h(c) = P_{\theta_0}\{\lambda(\boldsymbol{x}) \leqslant c\} = \begin{cases} 0, & c < 0, \\ 1 - \left(\dfrac{1}{2}\right)^n, & 0 \leqslant c < 2^n, \\ 1, & c \geqslant 2^n. \end{cases}$$

情形 1: 当 $\alpha < \dfrac{1}{2^n}$ 时, MPT 为

$$\phi(\boldsymbol{x}) = \begin{cases} 1, & \lambda(\boldsymbol{x}) > 2^n, \\ \delta, & \lambda(\boldsymbol{x}) = 2^n, \\ 0, & \lambda(\boldsymbol{x}) < 2^n, \end{cases}$$

又 $E_{\theta_0}\phi(\boldsymbol{x}) = \delta P\left\{0 < X_{(n)} < \dfrac{1}{2}\right\} = \alpha$, 故 $\delta = 2^n\alpha$, 即

$$\phi(\boldsymbol{x}) = \begin{cases} 2^n\alpha, & 0 < X_{(n)} < \dfrac{1}{2}, \\ 0, & \dfrac{1}{2} \leqslant X_{(n)} < 1; \end{cases}$$

情形 2: 当 $\alpha = \frac{1}{2^n}$ 时, MPT 为

$$\phi(\boldsymbol{x}) = \begin{cases} 1, & \lambda(\boldsymbol{x}) > 0, \\ 0, & \lambda(\boldsymbol{x}) \leqslant 0, \end{cases}$$

即

$$\phi(\boldsymbol{x}) = \begin{cases} 1, & 0 < X_{(n)} < \dfrac{1}{2}, \\ 0, & \dfrac{1}{2} < X_{(n)} < 1; \end{cases}$$

情形 3: 当 $\frac{1}{2^n} < \alpha < 1$ 时, MPT 为

$$\phi(\boldsymbol{x}) = \begin{cases} 1, & \lambda(\boldsymbol{x}) > 0, \\ \delta, & \lambda(\boldsymbol{x}) = 0, \\ 0, & \lambda(\boldsymbol{x}) < 0, \end{cases}$$

又 $E_{\theta_0}\phi(\boldsymbol{x}) = \frac{1}{2^n} + \delta\left(1 - \frac{1}{2^n}\right) = \alpha$, 故 $\delta = \frac{\alpha - \frac{1}{2^n}}{1 - \frac{1}{2^n}}$, 即

$$\phi(\boldsymbol{x}) = \begin{cases} 1, & 0 < X_{(n)} < \dfrac{1}{2}, \\ \dfrac{\alpha - \frac{1}{2^n}}{1 - \frac{1}{2^n}}, & \dfrac{1}{2} \leqslant X_{(n)} < 1. \end{cases} \qquad \square$$

10. 证明: 设 $\alpha \in (0,1)$, 且 H_0, H_1 是两个简单假设. 则 ϕ 是假设 $H_0 \longleftrightarrow H_1$ 的显著性水平 α 的 MPT, 且 $\beta = E_{H_1}(\phi(X)) < 1$, 则 $1 - \phi$ 是假设 $H_1 \longleftrightarrow H_0$ 的显著性水平为 $1 - \beta$ 的 MPT.

证明. 设 ϕ 为 $H_0 \longleftrightarrow H_1$ 的 MPT, 由于 H_0 与 H_1 均为简单假设, 故不妨设 $H_0: \theta = \theta_0, H_1: \theta = \theta_1 \ (\theta_0 \neq \theta_1)$, 且 $E_{H_0}\phi(X) = \alpha, E_{H_1}\phi(X) < 1$, 由 N-P 引理, 存在 $k \geqslant 0$ 使

$$\phi(x) = \begin{cases} 1, & f(x, \theta_1) > kf(x, \theta_0), \\ 0, & f(x, \theta_1) < kf(x, \theta_0). \end{cases}$$

若 $k = 0$, 则有

$$\phi(x) = \begin{cases} 1, & f(x, \theta_1) > 0, \\ \delta, & f(x, \theta_1) = 0, \\ 0, & f(x, \theta_1) < 0, \end{cases}$$

从而我们可以计算得

$$\beta = E_{H_1}\phi(X)$$
$$= P_{\theta_1}\{f(X,\theta_1) > 0\} + \delta P_{\theta_1}\{f(X,\theta_1) = 0\}$$
$$= 1 + 0 = 1,$$

与 $\beta < 1$ 矛盾! 因此 $k > 0$, 此时满足

$$(1-\phi)(x) = \begin{cases} 1, & f(x,\theta_0) > \dfrac{1}{k}f(x,\theta_1), \\ 0, & f(x,\theta_0) < \dfrac{1}{k}f(x,\theta_1), \end{cases}$$

又 $E_{H_1}(1-\phi)(X) = 1 - E_{H_1}\phi(X) = 1 - \beta$, 由 N-P 引理知, $1-\phi$ 为显著性水平为 $1-\beta$ 的 MPT. $\qquad\square$

11. 设 $X_1, \cdots, X_n$ 为来自 Bernoulli 分布 $b(1,p)$ 的 IID 样本, 试求假设

$$H_0 : p = 1/2 \longleftrightarrow H_1 : p < 1/2$$

的显著性水平为 α 的 UMPT.

解. 样本 $X_1, \cdots, X_n$ 的联合概率密度函数为

$$f(\boldsymbol{x}, p) = p^{\sum\limits_{i=1}^{n} x_i}(1-p)^{n-\sum\limits_{i=1}^{n} x_i}$$
$$= (1-p)^n \left(\frac{p}{1-p}\right)^{\sum\limits_{i=1}^{n} x_i}$$
$$= (1-p)^n \exp\left\{\sum_{i=1}^{n} x_i \cdot \ln\frac{p}{1-p}\right\},$$

注意到 $Q(p) = \ln\frac{p}{1-p}$ 关于 p 严格递增, 从而可知 $f(\boldsymbol{x}, p)$ 为关于 $\sum\limits_{i=1}^{n} X_i$ 的单增 MLR 分布族, 因此存在自然数 c 使得 UMPT 满足

$$\phi(\boldsymbol{x}) = \begin{cases} 1, & \sum\limits_{i=1}^{n} X_i < c, \\ \delta, & \sum\limits_{i=1}^{n} X_i = c, \\ 0, & \sum\limits_{i=1}^{n} X_i > c, \end{cases}$$

且 $E_{\frac{1}{2}}\phi(\boldsymbol{X}) = \alpha$.

情形 1: 当存在 c 使得 $P\left\{\sum\limits_{i=1}^{n} X_i < c\right\} = \sum\limits_{i=0}^{c-1}\binom{n}{i}\left(\frac{1}{2}\right)^n = \alpha$ 时

$$\phi(\boldsymbol{x}) = \begin{cases} 1, & \sum\limits_{i=1}^{n} X_i < c, \\ 0, & \sum\limits_{i=1}^{n} X_i \geqslant c; \end{cases}$$

情形 2: 当存在 c 使得 $P\left\{\sum\limits_{i=1}^{n} X_i \leqslant c\right\} > \alpha > P\left\{\sum\limits_{i=1}^{n} X_i < c\right\} \triangleq \alpha_0$ 时, 有

$$\delta \binom{n}{c}\left(\frac{1}{2}\right)^n + \alpha_0 = \alpha,$$

可解得

$$\delta = \frac{\alpha - \alpha_0}{\binom{n}{c}\left(\frac{1}{2}\right)^n},$$

此时 UMPT 为

$$\phi(\boldsymbol{x}) = \begin{cases} 1, & \sum\limits_{i=1}^{n} X_i < c, \\ \dfrac{\alpha - \alpha_0}{\binom{n}{c}\left(\frac{1}{2}\right)^n}, & \sum\limits_{i=1}^{n} X_i = c, \\ 0, & \sum\limits_{i=1}^{n} X_i > c. \end{cases} \qquad \square$$

12. 设 $X_1, \cdots, X_n$ 为来自 Γ 分布 $\Gamma(1, p)$ 的 IID 样本, 试求假设

$$H_0 : p = p_0 \longleftrightarrow H_1 : p > p_0$$

的显著性水平为 α 的 UMPT.

解. 联合概率密度函数为

$$\begin{aligned} f(\boldsymbol{x}) &= \prod_{i=1}^{n} \frac{1}{\Gamma(p)} x_i^{p-1} \mathrm{e}^{-x_i} \\ &= \frac{1}{\Gamma(p)^n} \exp\left\{(p-1)\ln\prod_{i=1}^{n} x_i\right\} \exp\left\{-\sum_{i=1}^{n} x_i\right\}, \end{aligned}$$

由于其为单参数指数型分布族, 且 $p-1$ 关于 p 严格递增, 故令 $T(\boldsymbol{X}) = \ln\prod\limits_{i=1}^{n} X_i$, 因而该分布为关于 T 的 MLR 分布族, 故可构造 UMPT

$$\phi(T(\boldsymbol{X})) = \begin{cases} 1, & T \geqslant c, \\ 0, & T < c, \end{cases}$$

其中 c 满足 $E_{H_0}\phi(T) = P_{p_0}\{T \geqslant c\} = \alpha$. $\qquad \square$

13. 设 $X_1, \cdots, X_n$ 为来自 Bernoulli 分布 $b(1, p)$ 的 IID 样本, 试求假设

$$H_0 : p = p_0 \longleftrightarrow H_1 : p \neq p_0$$

的显著性水平为 α 的 UMPUT.

解. 联合概率密度函数为

$$f(\boldsymbol{x}, p) = p^{\sum\limits_{i=1}^{n} X_i} (1-p)^{\left(1 - \sum\limits_{i=1}^{n} X_i\right)}$$

$$= \exp \left\{ \sum_{i=1}^{n} X_i \ln p + \left(1 - \sum_{i=1}^{n} X_i\right) \ln(1-p) \right\}$$

$$= (1-p) \exp \left\{ \ln \frac{p}{1-p} T \right\},$$

其中

$$T = \sum_{i=1}^{n} X_i \sim b(n, p).$$

由于该分布为单参数指数型分布且 $\ln \frac{p}{1-p}$ 关于 $p \in (0, 1)$ 严格递增, 故可令

$$\phi(T) = \begin{cases} 1, & T < c_1 \text{ 或 } T > c_2, \\ \delta_i, & T = c_i, \quad i = 1, 2, \\ 0, & c_1 < T < c_2. \end{cases}$$

由于 UMPUT 需要满足以下两条件

$$E_{p=p_0} \phi(T) = P\{T < c_1 \text{ 或 } T > c_2\} + \delta_1 P\{T = c_1\} + \delta_2 P\{T = c_2\} = \alpha,$$

$$E_{p=p_0} \phi(T) \cdot T = \sum_{\substack{k < c_1 \\ c_2 < k \leqslant n}} k \binom{n}{k} p_0^k (1-p_0)^{n-k} + \sum_{i=1}^{2} \delta_i c_i \binom{n}{c_i} p_0^{c_i} (1-p_0)^{n-c_i}$$

$$= \alpha E_{p=p_0} T = \alpha n p_0,$$

故当我们找到满足上述的 $\delta_i, c_i, i = 1, 2$ 时, $\phi(T)$ 便为 UMPUT. $\qquad \square$

14. 设甲乙各有资本 M, N 元 (M, N 均为正整数), 且两人博弈时没有平局. 另设每一局若甲胜, 则乙给甲一元; 若乙胜, 则甲给乙一元, 且设每局中甲胜的概率为 $p(0 < p < 1)$. 问: 如果一局一局地赌下去, 甲输光的概率是多少? 平均几局后有一方输光?

解. 问题 1: 设 P_n 为甲有 n 元而最后输光的概率, 则

$$P_n = p P_{n+1} + (1-p) P_{n-1}, \quad 0 < n < M + N,$$

且 $P_0 = 1, P_{M+N} = 0$, 由此可以推出 $P_{n+1} - P_n = \frac{1-p}{p}(P_n - P_{n-1}), 0 < n < M + N$, 得到

$$P_n = \begin{cases} nP_1 - n + 1, & p = \frac{1}{2}, \\ 1 - \dfrac{p}{2p-1}\left[1 - \left(\dfrac{1-p}{p}\right)^n\right](1 - P_1), & p \neq \frac{1}{2}, \end{cases}$$

结合 $P_{M+N} = 0$ 有

$$P_1 = \begin{cases} \dfrac{M+N-1}{M+N}, & p = \frac{1}{2}, \\ 1 - \dfrac{2p-1}{p} \Big/ \left[1 - \left(\dfrac{1-p}{p}\right)^{M+N}\right], & p \neq \frac{1}{2}, \end{cases}$$

从而有

$$P_n = \begin{cases} \dfrac{M+N-n}{M+N}, & p = \frac{1}{2}, \\ \left[\left(\dfrac{1-p}{p}\right)^n - \left(\dfrac{1-p}{p}\right)^{M+N}\right] \Big/ \left[1 - \left(\dfrac{1-p}{p}\right)^{M+N}\right], & p \neq \frac{1}{2}, \end{cases}$$

因此甲输光的概率为

$$P_M = \begin{cases} \dfrac{N}{M+N}, & p = \frac{1}{2}, \\ \dfrac{p^N(1-p)^M - (1-p)^{M+N}}{p^{M+N} - (1-p)^{M+N}}, & p \neq \frac{1}{2}. \end{cases}$$

问题 2: 设 X_n 为甲有 n 元时完赛还需要的局数的随机变量, 记 $e_n = EX_n$, 因此本题即为求解 e_M. 由题意可得递推公式

$$e_n = 1 + pe_{n+1} + (1-p)e_{n-1}, \quad 0 < n < M + N, \quad e_0 = e_{M+N} = 0,$$

由此可推出

$$e_n = \begin{cases} ne_1 - n(n-1), & p = \frac{1}{2}, \\ \dfrac{p}{2p-1}\left[1 - \left(\dfrac{1-p}{p}\right)^n\right]\left(e_1 - \dfrac{1}{1-2p}\right) + \dfrac{n}{1-2p}, & p \neq \frac{1}{2}, \end{cases}$$

结合 $e_{M+N} = 0$ 可以得到

$$e_1 = \begin{cases} M + N - 1, & p = \frac{1}{2}, \\ \dfrac{M+N}{p} \Big/ \left[1 - \left(\dfrac{1-p}{p}\right)^{M+N}\right] + \dfrac{1}{1-2p}, & p \neq \frac{1}{2}, \end{cases}$$

从而有

$$e_n = \begin{cases} n(M+N-n), & p = \dfrac{1}{2}, \\[3mm] \dfrac{n}{1-2p} - \dfrac{M+N}{1-2p} \cdot \dfrac{1 - \left(\frac{1-p}{p}\right)^n}{1 - \left(\frac{1-p}{p}\right)^{M+N}}, & p \neq \dfrac{1}{2}, \end{cases}$$

因此从此刻开始直至有一方输光的平均局数为

$$e_M = \begin{cases} MN, & p = \dfrac{1}{2}, \\[3mm] \dfrac{M}{1-2p} - \dfrac{M+N}{1-2p} \cdot \dfrac{1 - \left(\frac{1-p}{p}\right)^M}{1 - \left(\frac{1-p}{p}\right)^{M+N}}, & p \neq \dfrac{1}{2}. \end{cases} \qquad \square$$

15. 设 $X_1, \cdots, X_n$ 为来自 PDF 为

$$f(x, \sigma) = \begin{cases} \dfrac{\sigma^3}{\sqrt{2\pi}} \sqrt{x} \exp\left\{-\sigma^2 x/2\right\}, & x > 0, \\[3mm] 0, & x \leqslant 0 \end{cases}$$

的总体的 IID 样本, 其中 $\sigma > 0$ 为未知参数. 对于给定的 $0 < \sigma_0 < \sigma_1$, 试求假设

$$H_0 : \sigma = \sigma_0 \longleftrightarrow H_1 : \sigma = \sigma_1$$

的序贯概率比检验.

解. 两个假设下的联合概率密度函数分别为

$$\prod_{i=1}^{n} f(X_i, \sigma_0) = \left(\frac{\sigma_0^3}{\sqrt{2\pi}}\right)^n \prod_{i=1}^{n} \sqrt{X_i} \exp\left\{-\frac{\sigma_0^2}{2} \sum_{i=1}^{n} X_i\right\},$$

$$\prod_{i=1}^{n} f(X_i, \sigma_1) = \left(\frac{\sigma_1^3}{\sqrt{2\pi}}\right)^n \prod_{i=1}^{n} \sqrt{X_i} \exp\left\{-\frac{\sigma_1^2}{2} \sum_{i=1}^{n} X_i\right\},$$

则似然比统计量为

$$\lambda_n = \frac{\prod\limits_{i=1}^{n} f(X_i, \sigma_1)}{\prod\limits_{i=1}^{n} f(X_i, \sigma_0)} = \left(\frac{\sigma_1}{\sigma_0}\right)^{3n} \exp\left\{-\frac{1}{2}\left(\sigma_1^2 - \sigma_0^2\right) \sum_{i=1}^{n} X_i\right\}.$$

给定第一、二类错误为 α, β, 令 $A = \frac{\beta}{1-\alpha}$, $B = \frac{1-\beta}{\alpha}$, 我们有 SPRT 停时为

$$\tau^* = \min\left\{n : \lambda_n \leqslant A = \frac{\beta}{1-\alpha} \text{ 或 } \lambda_n \geqslant B = \frac{1-\beta}{\alpha}\right\}.$$

设 $T_n = \sum\limits_{i=1}^{n} X_i$, 则通过反解, 我们可得停时为

$$\tau^* = \min \left\{ n : T_n \geqslant \frac{2 \ln \left[\frac{1-\alpha}{\beta} \left(\frac{\sigma_1}{\sigma_0} \right)^{3n} \right]}{\sigma_1^2 - \sigma_0^2} \ \text{或} \ T_n \leqslant \frac{2 \ln \left[\frac{\alpha}{1-\beta} \left(\frac{\sigma_1}{\sigma_0} \right)^{3n} \right]}{\sigma_1^2 - \sigma_0^2} \right\} \qquad \square$$

注 5.1. 本题的推导过程中需要注意 σ_1 和 σ_0 的大小.

16. 令 $X_1, \cdots, X_m$ 和 $Y_1, \cdots, Y_n$ 分别是来自正态总体 $N(\mu_x, \sigma_x^2)$ 和 $N(\mu_y, \sigma_y^2)$ 的 IID 随机变量. 假设 X_i 和 Y_j 是相互独立的.

(1) 当 $\sigma_x = \sigma_y = 1$ 时, 求

$$H_0 : \mu_x \leqslant \mu_y \longleftrightarrow H_1 : \mu_x > \mu_y$$

的显著性水平为 α 的 UMPT;

(2) 当 μ_x 和 μ_y 已知时, 求

$$H_0 : \sigma_x \leqslant \sigma_y \longleftrightarrow H_1 : \sigma_x > \sigma_y$$

的显著性水平为 α 的 UMPT.

解. (1) 令 $\mu = \mu_x - \mu_y$, 则假设可以写为

$$H_0 : \mu \leqslant 0 \longleftrightarrow H_1 : \mu > 0,$$

不妨令

$$Z = \frac{\bar{X} - \bar{Y}}{\sqrt{\frac{m+n}{mn}}} \sim N(\mu_x - \mu_y, 1) = N(\mu, 1),$$

可得其概率密度函数为

$$f_z(z) = \frac{1}{\sqrt{2\pi}} \exp \left\{ -\frac{1}{2}(z - \mu)^2 \right\} = \frac{1}{\sqrt{2\pi}} \mathrm{e}^{-\frac{\mu^2}{2}} \exp\{\mu z\} \mathrm{e}^{-\frac{z^2}{2}}.$$

注意到故该分布为关于 Z 的单增 MLR 分布, 从而 $\phi(Z) = I_{\{Z \geqslant u_\alpha\}}$ 为显著性水平为 α 的 UMPT, 即

$$\phi(\boldsymbol{x}, \boldsymbol{y}) = I_{\left\{ \bar{X} - \bar{Y} \geqslant \sqrt{\frac{m+n}{mn}} u_\alpha \right\}}.$$

(2) 注意到

$$\frac{\sum\limits_{i=1}^{m} (X_i - \mu_x)^2 / m\sigma_x^2}{\sum\limits_{i=1}^{n} (Y_i - \mu_y)^2 / n\sigma_y^2} \sim F(m, n),$$

即

$$\frac{\sigma_y^2}{\sigma_x^2} \cdot \frac{n \sum\limits_{i=1}^{m} (X_i - \mu_x)^2}{m \sum\limits_{i=1}^{n} (Y_i - \mu_y)^2} \sim F(m, n).$$

不妨令 $\theta = \frac{\sigma_y^2}{\sigma_x^2}$, 则上述假设等价于

$$H_0 : \theta \geqslant 1 \longleftrightarrow H_1 : \theta < 1,$$

又令

$$T = \dfrac{n \sum\limits_{i=1}^{m} \left(X_i - \mu_x\right)^2}{m \sum\limits_{i=1}^{n} \left(Y_i - \mu_y\right)^2},$$

从而可得 θT 的概率密度函数为

$$f_{\theta T}(z) = \frac{\Gamma\left(\frac{m+n}{2}\right)}{\Gamma\left(\frac{m}{2}\right)\Gamma\left(\frac{n}{2}\right)} \left(\frac{m}{n}\right) \left(\frac{mz}{n}\right)^{\frac{m}{2}-1} \left(1 + \frac{mz}{n}\right)^{-\frac{m+n}{2}},$$

故 T 的概率密度函数为

$$\begin{aligned} f_T(t, \theta) &= \frac{\Gamma\left(\frac{m+n}{2}\right)}{\Gamma\left(\frac{m}{2}\right)\Gamma\left(\frac{n}{2}\right)} \cdot \theta \left(\frac{m}{n}\right) \cdot \left(\frac{m\theta t}{n}\right)^{\frac{m}{2}-1} \left(1 + \frac{m\theta t}{n}\right)^{-\frac{m+n}{2}} \\ &= \frac{\Gamma\left(\frac{m+n}{2}\right)}{\Gamma\left(\frac{m}{2}\right)\Gamma\left(\frac{n}{2}\right)} \cdot \left(\frac{m}{n}\right)^{-\frac{n}{2}} \theta^{\frac{m}{2}} \exp\left\{-\frac{m+n}{2}\ln\left(\frac{n}{m} + \theta t\right)\right\} t^{\frac{m}{2}-1}. \end{aligned}$$

对于 $\theta_1 < \theta_2$, 似然比为

$$\lambda(t) = \frac{f_T\left(t, \theta_2\right)}{f_T\left(t, \theta_1\right)} = \left(\frac{\theta_2}{\theta_1}\right)^{\frac{m}{2}} \exp\left\{-\frac{m+n}{2}\ln\left(\frac{\frac{n}{m} + \theta_2 t}{\frac{n}{m} + \theta_1 t}\right)\right\},$$

求导可得

$$\lambda'(t) = -\frac{m+n}{2} \frac{\frac{n}{m}\left(\theta_2 - \theta_1\right)}{\left(\frac{n}{m} + \theta_1 t\right)\left(\frac{n}{m} + \theta_2 t\right)} \left(\frac{\theta_2}{\theta_1}\right)^{\frac{m}{2}} \exp\{\cdots\} < 0,$$

故 $\lambda(T)$ 为关于 T 的严格减函数, 因而 T 的分布属于单减 MLR 分布族, 则该假设显著性水平为 α 的 UMPT 为 $\phi(T) = I_{\{T \geqslant F_\alpha(m,n)\}}$, 即

$$\phi(\boldsymbol{x}, \boldsymbol{y}) = \begin{cases} 1, & \dfrac{n \sum\limits_{i=1}^{m}(X_i - \mu_x)^2}{m \sum\limits_{i=1}^{n}(Y_i - \mu_y)^2} \geqslant F_\alpha(m, n), \\ 0, & \text{其他}. \end{cases}$$ $\qquad\Box$

17. 设 $X_1, \cdots, X_n$ 来自均匀分布 $U(\theta, \theta+1), \theta \in \mathbf{R}$. 假设 $n \geqslant 2$.

(1) 求 $X_{(1)}$ 和 $X_{(n)}$ 的联合分布;

(2) 证明假设

$$H_0 : \theta \leqslant 0 \longleftrightarrow H_1 : \theta > 0$$

存在显著性水平为 α 的 UMPT, 且

$$T(X_{(1)}, X_{(n)}) = \begin{cases} 0, & X_{(1)} < 1 - \alpha^{1/n}, X_{(n)} < 1, \\ 1, & \text{其他}. \end{cases}$$

解. (1) 联合分布的概率密度函数为

$$f(x,y;\theta) = n(n-1)(y-x)^{n-2} I_{\{\theta \leqslant x \leqslant y \leqslant \theta+1\}}.$$

(2) 由于

$$\begin{aligned}
E_{\theta=0}T &= P_{\theta=0}\left\{ X_{(1)} \geqslant 1 - \alpha^{\frac{1}{n}} \text{ 或 } X_{(n)} \geqslant 1 \right\} \\
&= P_{\theta=0}\left\{ X_{(1)} \geqslant 1 - \alpha^{\frac{1}{n}} \right\} \\
&= \int_{\left\{ 1-\alpha^{\frac{1}{n}} \leqslant x \leqslant y \leqslant 1 \right\}} f(x,y;0) \mathrm{d}x \mathrm{d}y \\
&= \int_{1-\alpha^{\frac{1}{n}}}^{1} \int_{x}^{1} n(n-1)(y-x)^{n-2} \mathrm{d}y \mathrm{d}x \\
&= \int_{1-a^{\frac{1}{n}}}^{1} n(1-x)^{n-1} \mathrm{d}x \\
&= \alpha,
\end{aligned}$$

故 T 为该假设水平为 α 的检验, 计算检验 T 的势可得

$$\begin{aligned}
\beta(\theta, T) &= \int T f_{\theta}(x,y;\theta) \mathrm{d}x \mathrm{d}y \\
&= 1 - P_{\theta}\left\{ X_{(1)} < 1 - \alpha^{\frac{1}{n}}, X_{(n)} < 1 \right\} \\
&= \begin{cases} 0, & \theta < -\alpha^{\frac{1}{n}}, \\ \left(\theta + \alpha^{\frac{1}{n}}\right)^{n}, & -\alpha^{\frac{1}{n}} \leqslant \theta < 0, \\ 1 + \alpha - (1-\theta)^{n}, & 0 \leqslant \theta < 1 - \alpha^{\frac{1}{n}}, \\ 1, & \theta \geqslant 1 - \alpha^{\frac{1}{n}}. \end{cases}
\end{aligned}$$

要证 T 为 UMPT, 只需证 T 在备择假设下势全局最大. 又当 $\theta > 1 - \alpha^{\frac{1}{n}}$ 时, $\beta(\theta, T) = 1$ 为势的上限, 故只需证对任意的 $\theta_0 \in \left(0, 1 - \alpha^{\frac{1}{n}}\right]$,

$$H_0 : \theta = 0 \longleftrightarrow H_1 : \theta = \theta_0$$

的 MPT 的势等于 $\beta(\theta_0, T)$. 下求上述假设在 $\theta_0 \in \left(0, 1 - \alpha^{\frac{1}{n}}\right]$ 时的 MPT. 由 N-P 引理, 上述简单假设的 MPT 为

$$\phi(X) = \begin{cases} 1, & X_{(n)} > 1, \\ \dfrac{\alpha}{(1-\theta_0)^{n}}, & \theta_0 < X_{(1)} < X_{(n)} < 1, \\ 0, & \text{其他}, \end{cases}$$

计算其势可得

$$\beta(\theta_0, \phi) = 1 - (1-\theta_0)^n + \alpha = \beta(\theta_0, T),$$

因此我们可以得到 T 为原假设的显著性水平为 α 的 UMPT. □

18. 假设 F 和 G 为 $\mathbf{R}$ 上已知的累积分布函数, X 是来自分布 $\theta F(x) + (1-\theta)G(x)$ 的一个观测, 这里 $\theta \in [0,1]$ 是未知的.

(1) 求假设

$$H_0 : \theta \leqslant \theta_0 \longleftrightarrow H_1 : \theta > \theta_0$$

的显著性水平为 α 的 UMPT;

(2) 试证对于假设 $H_0 : \theta \leqslant \theta_1$ 或 $\theta \geqslant \theta_2 \longleftrightarrow H_1 : \theta_1 < \theta < \theta_2, T(X) \equiv \alpha$ 是一个显著性水平为 α 的 UMPT.

解. (1) 设 f, g 分别为 F, G 的密度函数, 从而 $X \sim \theta f(x) + (1-\theta)g(x)$, 对于 $0 \leqslant \theta_1 < \theta_2 \leqslant 1$, 可得似然比

$$\frac{\theta_2 f(x) + (1-\theta_2)\, g(x)}{\theta_1 f(x) + (1-\theta_1)\, g(x)} = \frac{\theta_2 \frac{f(x)}{g(x)} + (1-\theta_2)}{\theta_1 \frac{f(x)}{g(x)} + (1-\theta_1)}.$$

令 $S(X) = \frac{f(X)}{g(X)}$, 可知上式关于 $S(X)$ 非降, 故 X 的分布为关于 $S(X)$ 的单增 MLR 分布, 因此显著性水平为 α 的 UMPT 为

$$\phi(S) = \begin{cases} 1, & S(X) > c, \\ \delta, & S(X) = c, \\ 0, & S(X) < c, \end{cases}$$

其中 c, δ 由 $E_{\theta=\theta_0}[S(X)] = \alpha$ 决定.

(2) 对任意显著性水平为 α 的检验 T^*

$$\begin{aligned} \beta(\theta, T^*) &= E_\theta\left[T^*(X)\right] \\ &= \int_{\mathbf{R}} T^*(x)[\theta f(x) + (1-\theta)g(x)]\mathrm{d}x \\ &= \theta \int_{\mathbf{R}} T^*(x)[f(x) - g(x)]\mathrm{d}x + \int_{\mathbf{R}} T^*(x)g(x)\mathrm{d}x \\ &\triangleq a\theta + b. \end{aligned}$$

由于 T^* 的显著性水平为 α, 故对于 $\theta \leqslant \theta_1$ 或 $\theta \geqslant \theta_2$, 有 $E_\theta T^* = a\theta + b \leqslant \alpha$, 从而当 $\theta_1 < \theta < \theta_2$ 时, 可得

$$\beta(\theta, T^*) = a\theta + b \leqslant \max\{a\theta_1 + b, a\theta_2 + b\} \leqslant \alpha.$$

又 $T(X) \equiv \alpha$, 故 $\beta(\theta, T) = E_\theta[\alpha] = \alpha \geqslant \beta(\theta, T^*)$, 因而 T 为势在备择假设下全局最大的检验, 即 T 为 UMPT. $\square$

19. 在上题中, 如果假设为

$$H_0 : \theta \in [\theta_1, \theta_2] \longleftrightarrow H_1 : \theta \notin [\theta_1, \theta_2],$$

其中 $0 < \theta_1 \leqslant \theta_2 < 1$.

(1) 证明不存在 UMPT;

(2) 求一个显著性水平为 α 的 UMPUT.

解. (1) 设 $T^* \equiv \alpha$, 对于任意势函数不为常数的显著性水平为 α 的检验 T, 可知对任意的 $\theta \in [\theta_1, \theta_2]$, $\beta(\theta, T) = a\theta + b \leqslant \alpha$, 故 $a \neq 0$ 且

$$\min\{\beta(0, T), \beta(1, T)\} < \alpha.$$

不妨设 $\beta(0, T) < \alpha = \beta(0, T^*)$, 由于 T 的势不是 H_1 下一致最大的, 因此 T 不为 UMPT, 即 UMPT 需要满足 $\beta(\theta, T) \equiv k$. 再由置信水平为 α 可得, 只有对于 $\beta(\theta, \phi) \equiv \alpha$ 的检验 ϕ 才有成为 UMPT 的资格. 但显然对于 $a \neq 0$ 且 $\max\{\beta(\theta_1, T), \beta(\theta_2, T)\} = \alpha$ 的水平为 α 的检验, 我们可得

$$\max\{\beta(0, T), \beta(1, T)\} > \alpha = \beta(\theta, \phi),$$

从而上述 ϕ 也不为 UMPT. 综上, 该检验不存在 UMPT.

(2) 对于检验 ϕ, 若 $\beta(\theta, \phi)$ 不恒为常数, 则有

$$\min\{\beta(0, \phi), \beta(1, \phi)\} < \alpha,$$

此时, ϕ 不为无偏检验, 从而只有满足 $\beta(\theta, \phi) \equiv k$ 的检验才是无偏检验. 注意到满足 $\beta(\theta, \phi) \equiv \alpha$ 的检验为 UMPUT, 又由于 $T^* \equiv \alpha$ 时, $\beta(\theta, T^*) \equiv \alpha$, 因此 $T^* \equiv \alpha$ 为一个 UMPUT. $\square$

20. 假设 $X_i = \beta_0 + \beta_1 t_i + \varepsilon_i$, 其中 t_i 是一些不完全相同的固定的常数, ε_i 是来自正态总体 $N(0, \sigma^2)$ 的 IID 随机变量, 并且 $\beta_0, \beta_1, \sigma^2$ 是未知参数. 对于下列检验, 求一个显著性水平为 α 的 UMPUT.

(1) $H_0 : \beta_0 \leqslant \theta_0 \longleftrightarrow H_1 : \beta_0 > \theta_0$;

(2) $H_0 : \beta_0 = \theta_0 \longleftrightarrow H_1 : \beta_0 \neq \theta_0$;

(3) $H_0 : \beta_1 \leqslant \theta_0 \longleftrightarrow H_1 : \beta_1 > \theta_0$;

(4) $H_0 : \beta_1 = \theta_0 \longleftrightarrow H_1 : \beta_1 \neq \theta_0$.

解. 不妨记 $\boldsymbol{X} = (X_1, \cdots, X_n)^{\mathrm{T}}$, $\boldsymbol{T} = \begin{pmatrix} 1 & \cdots & 1 \\ t_1 & \cdots & t_n \end{pmatrix}^{\mathrm{T}}$, $\boldsymbol{\varepsilon} = (\varepsilon_1, \cdots, \varepsilon_n)^{\mathrm{T}} \sim N_n(\boldsymbol{\theta}, \sigma^2 \boldsymbol{I}_n)$, 故 $\boldsymbol{X} = \boldsymbol{T} \begin{pmatrix} \beta_2 \\ \beta_1 \end{pmatrix} + \boldsymbol{\varepsilon}$, 由最小二乘法知识得

$$\begin{pmatrix} \hat{\beta}_0 \\ \hat{\beta}_1 \end{pmatrix} = (\boldsymbol{T}^{\mathrm{T}}\boldsymbol{T})^{-1}\boldsymbol{T}^{\mathrm{T}}\boldsymbol{X} = \frac{1}{H}\begin{pmatrix} \sum\limits_{i=1}^{n} t_i^2 \sum\limits_{i=1}^{n} X_i - \sum\limits_{i=1}^{n} t_i \sum\limits_{i=1}^{n} t_i X_i \\ n \sum\limits_{i=1}^{n} t_i X_i - \sum\limits_{i=1}^{n} t_i \sum\limits_{i=1}^{n} X_i \end{pmatrix},$$

其中 $H = n \sum\limits_{i=1}^{n} t_i - \left(\sum\limits_{i=1}^{n} t_i\right)^2$. 又由多元正态分布的性质可知

$$\begin{pmatrix} \hat{\beta}_0 \\ \hat{\beta}_1 \end{pmatrix} = \begin{pmatrix} \beta_0 \\ \beta_1 \end{pmatrix} + (\boldsymbol{T}^{\mathrm{T}}\boldsymbol{T})^{-1}\boldsymbol{T}^{\mathrm{T}}\boldsymbol{\varepsilon} \sim N_2\left(\begin{pmatrix} \beta_0 \\ \beta_1 \end{pmatrix}, \sigma^2(\boldsymbol{T}^{\mathrm{T}}\boldsymbol{T})^{-1}\right),$$

又由于

$$(\boldsymbol{T}^{\mathrm{T}}\boldsymbol{T})^{-1} = \begin{pmatrix} n & \sum\limits_{i=1}^{n} t_i \\ \sum\limits_{i=1}^{n} t_i & \sum\limits_{i=1}^{n} t_i^2 \end{pmatrix}^{-1} = \frac{1}{H}\begin{pmatrix} \sum\limits_{i=1}^{n} t_i^2 & -\sum\limits_{i=1}^{n} t_i \\ -\sum\limits_{i=1}^{n} t_i & n \end{pmatrix},$$

从而 $\hat{\beta}_0 \sim N\left(\beta_0, \frac{1}{H}\sum\limits_{i=1}^{n} t_i^2\right)$, $\hat{\beta}_1 \sim N\left(\beta_1, \frac{n}{H}\right)$, 由于 σ^2 未知, 故需对 σ^2 进行估计, 即

$$\begin{aligned}
\hat{\sigma}^2 &= \frac{1}{n-2}\sum_{i=1}^{n}\left(X_i - \hat{\beta}_0 - \hat{\beta}_1 t_i\right)^2 \\
&= \frac{1}{n-2}\left[\boldsymbol{X} - \boldsymbol{T}\begin{pmatrix} \hat{\beta}_0 \\ \hat{\beta}_1 \end{pmatrix}\right]^{\mathrm{T}}\left[\boldsymbol{X} - \boldsymbol{T}\begin{pmatrix} \hat{\beta}_0 \\ \hat{\beta}_1 \end{pmatrix}\right] \\
&= \frac{1}{n-2}\left[\boldsymbol{\varepsilon} - \boldsymbol{T}(\boldsymbol{T}^{\mathrm{T}}\boldsymbol{T})^{-1}\boldsymbol{T}^{\mathrm{T}}\boldsymbol{\varepsilon}\right]^{\mathrm{T}}\left[\boldsymbol{\varepsilon} - \boldsymbol{T}(\boldsymbol{T}^{\mathrm{T}}\boldsymbol{T})^{-1}\boldsymbol{T}^{\mathrm{T}}\boldsymbol{\varepsilon}\right] \\
&= \frac{1}{n-2}\boldsymbol{\varepsilon}^{\mathrm{T}}\left(\boldsymbol{I} - \boldsymbol{T}(\boldsymbol{T}^{\mathrm{T}}\boldsymbol{T})^{-1}\boldsymbol{T}^{\mathrm{T}}\right)^{\mathrm{T}}\left(\boldsymbol{I} - \boldsymbol{T}(\boldsymbol{T}^{\mathrm{T}}\boldsymbol{T})^{-1}\boldsymbol{T}^{\mathrm{T}}\right)\boldsymbol{\varepsilon} \\
&= \frac{1}{n-2}\boldsymbol{\varepsilon}^{\mathrm{T}}\left(\boldsymbol{I} - \boldsymbol{T}(\boldsymbol{T}^{\mathrm{T}}\boldsymbol{T})^{-1}\boldsymbol{T}^{\mathrm{T}}\right)\boldsymbol{\varepsilon}.
\end{aligned}$$

由 $\boldsymbol{\varepsilon} \sim N_n(\boldsymbol{0}, \sigma^2 \boldsymbol{I}_n)$, 知

$$\frac{(n-2)\hat{\sigma}^2}{\sigma^2} \sim \chi^2(n-2), \quad E\hat{\sigma}^2 = \sigma^2.$$

综上, 我们可以得到上述假设的检验为:

假设 (1) 显著性水平为 α 的 UMPUT 为 $T = \begin{cases} 0, & t_0 > t_\alpha(n-2), \\ 1, & \text{其他}, \end{cases}$ 其中 $t_0 = \frac{\sqrt{H}\left(\hat{\beta}_0 - \theta_0\right)}{\hat{\sigma}\sqrt{\sum\limits_{i=1}^{n} t_i^2}}$;

假设 (2) 显著性水平为 α 的 UMPUT 为 $T = \begin{cases} 0, & |t_0| > t_\alpha(n-2), \\ 1, & \text{其他}; \end{cases}$

假设 (3) 显著性水平为 α 的 UMPUT 为 $T = \begin{cases} 0, & t_1 > t_\alpha(n-2), \\ 1, & \text{其他}, \end{cases}$ 其中

$t_1 = \frac{\sqrt{H}(\hat\beta_1 - \theta_0)}{\sqrt{n}\hat\sigma}$;

假设 (4) 显著性水平为 α 的 UMPUT 为 $T = \begin{cases} 0, & |t_1| > t_\alpha(n-2), \\ 1, & \text{其他}, \end{cases}$

其中 $H, \hat\beta_0, \hat\beta_1, \hat\sigma$ 均为上述所求. $\qquad\square$

21. 设 $X_1, \cdots, X_n$ 为来自总体 PDF 为

$$f(x, \lambda) = \lambda c x^{c-1} \exp\left\{-\lambda x^c\right\}, \quad x \geqslant 0$$

的 IID 样本, 其中 $c > 0$ 为常数, $\lambda > 0$ 为未知参数. 对于给定的 $\alpha \in (0,1)$, 求

$$H_0: \lambda^{-1} \leqslant \lambda_0^{-1} \longleftrightarrow H_1: \lambda^{-1} > \lambda_0^{-1}$$

的显著性水平为 α 的 UMPT.

解. 对样本 $X_1, \cdots, X_n$ 有

$$f(\boldsymbol{x}; \lambda) = \lambda^n c^n (x_1 \cdots x_n)^{c-1} \exp\left\{-\lambda \sum_{i=1}^n x_i^c\right\}$$

为单参数指数型分布族, 且 $Q(\lambda) = -\lambda$ 关于 λ 严格递减, 故为单调递减的 MLR 分布族, 因而可得 $E_\lambda \sum_{i=1}^n X_i^c$ 关于 λ 递减, 且

$$H_0: \lambda^{-1} \leqslant \lambda_0^{-1} \longleftrightarrow H_1: \lambda^{-1} > \lambda_0^{-1}$$

有 UMPT. 构造

$$\phi(\boldsymbol{X}) = \begin{cases} 1, & \sum_{i=1}^n X_i^c > d, \\ 0, & \sum_{i=1}^n X_i^c \leqslant d \end{cases}$$

且满足 $E_{\lambda_0}\phi(\boldsymbol{X}) = P_{\lambda_0}\left\{\sum_{i=1}^n X_i^c > d\right\} = \alpha$. 我们不妨令 $Y_i = X_i^c$, 可得累积分布函数

$$F_Y(x) = P\{Y_i \leqslant x\} = F_X(\sqrt[c]{x}),$$

对其求导可得

$$f_Y(x) = \frac{1}{c} f(x^{\frac{1}{c}}) x^{\frac{1}{c}-1} = \lambda e^{-\lambda x} = \Gamma(x; 1, \lambda),$$

因此 $\sum\limits_{i=1}^{n} X_i^c \sim \Gamma(n,\lambda)$, 则可知

$$P_{\lambda_0}\left\{\sum_{i=1}^{n} X_i^c > d\right\} = P_{\lambda_0}\left\{2\lambda_0 \sum_{i=1}^{n} X_i^c > 2\lambda_0 d\right\} = \alpha.$$

又 $2\lambda_0 \sum\limits_{i=1}^{n} X_i^c \sim \Gamma(n,\frac{1}{2}) = \chi^2(2n)$, 则 $2\lambda_0 d = \chi^2_\alpha(2n)$, 故 $d = \frac{1}{2\lambda_0}\chi^2_\alpha(2n)$. $\qquad\square$

22. 设 $X_1,\cdots,X_n$ 为来自标准正态总体 $N(0,\sigma^2)$ 的 IID 样本. 对于给定的 $\alpha \in (0,1)$, 关于如下假设

$$H_0 : \sigma^2 = \sigma_0^2 \longleftrightarrow H_1 : \sigma^2 \neq \sigma_0^2.$$

(1) 证明: 不存在显著性水平为 α 的 UMPT;

(2) 求其显著性水平为 α 的 UMPUT.

解. (1) 先考虑简单假设

$$H_0' : \sigma^2 = \sigma_0^2 \longleftrightarrow H_1' : \sigma^2 = \sigma_1^2(> \sigma_0^2),$$

其似然比统计量为

$$\lambda(\boldsymbol{x}) = \frac{f(\boldsymbol{x};\sigma_1^2)}{f(\boldsymbol{x};\sigma_0^2)},$$

而

$$f(\boldsymbol{x};\sigma^2) = (2\pi\sigma^2)^{-\frac{n}{2}}\exp\left\{-\frac{1}{2\sigma^2}\sum_{i=1}^{n} x_i^2\right\},$$

故

$$\lambda(\boldsymbol{x}) = \left(2\pi\frac{\sigma_1^2}{\sigma_0^2}\right)^{-\frac{n}{2}}\exp\left\{\left(\frac{1}{2\sigma_0^2} - \frac{1}{2\sigma_1^2}\right)\sum_{i=1}^{n} x_i^2\right\},$$

因而

$$\lambda(\boldsymbol{X}) > c \Leftrightarrow \sum_{i=1}^{n} X_i^2 > k,$$

由 N-P 引理, 构造检验

$$\phi(\boldsymbol{X}) = \begin{cases} 1, & \sum\limits_{i=1}^{n} X_i^2 > k, \\ 0, & \sum\limits_{i=1}^{n} X_i^2 \leqslant k \end{cases}$$

且 $E_{\sigma_0^2}\phi(\boldsymbol{X}) = P_{\sigma_0^2}\left\{\sum\limits_{i=1}^{n} X_i^2 > k\right\} = P_{\sigma_0^2}\left\{\sum\limits_{i=1}^{n} X_i^2/\sigma_0^2 > k/\sigma_0^2\right\} = \alpha$, 因而 $k/\sigma_0^2 = \chi^2_\alpha(n)$, 即 $k = \sigma_0^2\chi^2_\alpha(n)$. 则 $\phi(\boldsymbol{X})$ 为 $H_0' \longleftrightarrow H_1'$ 的 MPT, 也是

$$H_0'' : \sigma^2 = \sigma_0^2 \longleftrightarrow H_1'' : \sigma^2 > \sigma_0^2$$

的 UMPT. 而

$$\beta_\phi(\sigma^2) = E_{\sigma^2}\phi(\boldsymbol{X}) = P_{\sigma^2}\left\{\sum_{i=1}^n X_i^2/\sigma^2 > k/\sigma^2\right\} = \int_{k/\sigma^2}^\infty \chi^2(x;n)\mathrm{d}x,$$

当 $\sigma^2 \to 0^+$ 时, $\beta_\phi(\sigma^2) \to 0$, 故不是 UMPT. 综上所述, 该假设不存在显著性水平为 α 的 UMPT.

(2) 由 (1) 的计算可知, UMPUT 为

$$\phi(\boldsymbol{X}) = \begin{cases} 1, & \sum_{i=1}^n X_i^2 \leqslant c_1 \text{ 或 } \sum_{i=1}^n X_i^2 \geqslant c_2, \\ 0, & c_1 < \sum_{i=1}^n X_i^2 < c_2 \end{cases}$$

且满足

$$\begin{cases} E_{\sigma_0^2}\phi(\boldsymbol{X}) = \alpha, \\ E_{\sigma_0^2}\left[\phi(\boldsymbol{X})\sum_{i=1}^n X_i^2\right] = \alpha E_{\sigma_0^2}\left[\sum_{i=1}^n X_i^2\right] = \alpha n\sigma_0^2. \end{cases} \qquad \square$$

23. 设 $X_1,\cdots,X_n$ 为来自均匀分布 $U(0,\theta)$ 的 IID 样本, 其中 $\theta > 0$ 为未知参数. 求假设

$$H_0 : \theta = \theta_0 \longleftrightarrow H_1 : \theta \neq \theta_0$$

的显著性水平为 $\alpha \in (0,1)$ 的似然比检验, 并说明它是 UMPT 吗?

解. 由 $f(\boldsymbol{x};\theta) = \frac{1}{\theta^n}I_{(x_{(n)}<\theta)}$ 可知

$$\lambda(\boldsymbol{x}) = \frac{f(\boldsymbol{x};\theta_0)}{\sup_{\theta\in\mathbf{R}} f(\boldsymbol{x};\theta)} = \frac{\frac{1}{\theta_0^n}}{\frac{1}{x_{(n)}^n}} = \frac{x_{(n)}^n}{\theta_0^n},$$

故 $\lambda(\boldsymbol{x}) \leqslant c \Leftrightarrow x_{(n)} \leqslant d$. 而当 $\theta = \theta_0$ 时, $X_i/\theta_0 \sim U(0,1)$. 故 $F_n(x) = x^n$, 又

$$P_{\theta_0}\{X_{(n)} \leqslant d\} = P_{\theta_0}\{X_{(n)}/\theta_0 \leqslant d/\theta_0\} = F_n(d/\theta_0) = \alpha,$$

因而 $d = \theta_0\sqrt[n]{\alpha}$, 并可得似然比检验

$$\phi(\boldsymbol{X}) = \begin{cases} 1, & X_{(n)} \leqslant \theta_0\sqrt[n]{\alpha}, \\ 0, & \text{否则}. \end{cases}$$

进一步, 对 $\forall\theta_1 \in \mathbf{R}$, 我们建立假设

$$H_0' : \theta = \theta_0 \longleftrightarrow H_1' : \theta = \theta_1(\neq \theta_0),$$

则其似然比为

$$\frac{f(\boldsymbol{x};\theta_1)}{f(\boldsymbol{x};\theta_0)} = \frac{\frac{1}{\theta_1^n}I_{(x_{(n)}<\theta_1)}}{\frac{1}{\theta_0^n}I_{(x_{(n)}<\theta_0)}} = \begin{cases} \frac{\theta_0^n}{\theta_1^n}, & x_{(n)} < \theta_0, \\ \infty, & x_{(n)} \geqslant \theta_0, \end{cases}$$

由 N-P 引理可知, $P_{\theta_0}\{X_{(n)} \geqslant \theta_0\} = 0$, 故为退化分布, 由此可得 MPT

$$\phi_1(\boldsymbol{X}) = \begin{cases} 1, & X_{(n)} \geqslant \theta_0, \\ 0, & X_{(n)} < \theta_0, \end{cases}$$

再将其非随机化可得

$$\phi_1'(\boldsymbol{X}) = \begin{cases} 1, & X_{(n)} \geqslant c, \\ \alpha, & X_{(n)} < c, \end{cases}$$

且 $E_{\theta_0}\phi_1'(\boldsymbol{X}) = \alpha$, 可知 $\phi_1' = \phi$ 与 θ_1 无关, 故为 $H_0 \longleftrightarrow H_1$ 的 UMPT. □

6

第 6 章

几个常用的分布检验方法

1. 请检验下面的 20 个数据是否来自 $N(0,1)$:

−2.4	−2.1	−1.2	−0.7	−0.4	−0.3	−0.2	−0.1	−0.05	−0.02
0.01	0.04	0.15	0.2	0.4	0.8	1.4	2.2	2.8	3.1

解. 为了检验数据是否满足某种分布, 我们利用 Kolmogorov 检验

$$H_0 : F(x) = \Phi(x),$$

我们先建立如下表格方便 Kolmogorov 统计量的计算:

i	$x_{(i)}$	$F_0(x_{(i)})$	$\dfrac{i-1}{n}$	$\dfrac{i}{n}$	δ_i	i	$x_{(i)}$	$F_0(x_{(i)})$	$\dfrac{i-1}{n}$	$\dfrac{i}{n}$	δ_i
1	−2.4	0.008	0.0	0.05	0.042	11	0.01	0.504	0.50	0.55	0.046
2	−2.1	0.018	0.05	0.10	0.082	12	0.04	0.516	0.55	0.60	0.084
3	−1.2	0.115	0.10	0.15	0.035	13	0.15	0.560	0.60	0.65	0.090
4	−0.7	0.242	0.15	0.20	0.092	14	0.2	0.579	0.65	0.70	0.121
5	−0.4	0.345	0.20	0.25	0.145	15	0.4	0.655	0.70	0.75	0.095
6	−0.3	0.382	0.25	0.30	0.132	16	0.8	0.788	0.75	0.80	0.038
7	−0.2	0.421	0.30	0.35	0.121	17	1.4	0.919	0.80	0.85	0.119
8	−0.1	0.460	0.35	0.40	0.110	18	2.2	0.986	0.85	0.90	0.136
9	−0.05	0.480	0.40	0.45	0.080	19	2.8	0.997	0.90	0.95	0.097
10	−0.02	0.492	0.45	0.50	0.042	20	3.1	0.999	0.95	1.00	0.049

其中

$$\delta_i = \max\left\{\Phi(x_{(i)}) - \frac{i-1}{n}, \frac{i}{n} - \Phi(x_{(i)})\right\}, \quad i = 1, \cdots, 20$$

从表中, 我们可以直接得到 Kolmogorov 统计量

$$D_n = \max_{1 \leqslant i \leqslant n} \delta_i = 0.145 < D_{0.1}(20) = 0.265,$$

因此我们可以在显著性水平为 0.1 下认为原假设成立, 即数据来自标准正态分布. □

2. 在 π 的前 800 位小数的数字中, 0 至 9 十个数字分别出现了 74, 92, 83, 79, 80, 73, 77, 75, 76 和 91 次. 试在显著性水平 0.05 下检验这十个数字出现的可能性相等.

解. 设 $0, \cdots, 9$ 出现的可能性为 $p_0, p_1, \cdots, p_9 \left(\sum\limits_{i=0}^{9} p_i = 1\right)$, $0, \cdots, 9$ 实际出现次数为 $n_0, n_1, \cdots, n_9 \left(n = \sum\limits_{i=0}^{9} n_i = 800\right)$, 不妨构造假设

$$H_0 : p_i = 0.1, \quad i = 0, \cdots, 9,$$

则检验统计量为

$$\hat{\chi}^2 = \sum_{i=0}^{9} \frac{(n_i - n \cdot 0.1)^2}{n \cdot 0.1} = \sum_{i=0}^{9} \frac{(n_i - 80)^2}{80} = 5.125.$$

由于 $\chi^2_{0.05}(10-1) = 16.92$, 可得 $\hat{\chi}^2 < \chi^2_{0.05}(10-1)$, 故在显著性水平为 0.05 下无法拒绝原假设.   □

3. 在著名的 Rutherford-Chadwick-Ellis 试验中, 观测了一放射性物质每 $1/8$ min 内放射的 α 粒子数, 他共观察了 2612 次, 结果如下:

粒子数	0	1	2	3	4	5	6	7	8	9	10	11
频数	57	203	383	525	532	408	273	139	49	27	10	6

请问在显著性水平 0.1 下, 上述数据是否与 Poisson 分布相符?

解. 不妨构造假设

$$H_0 : X \sim P(\lambda),$$

由于未知该分布的参数 λ, 故先估计未知参数. 我们不妨采用 MLE, 此时联合概率密度为

$$f(\boldsymbol{x}; \lambda) = \left(\mathrm{e}^{-\lambda} \right)^n \frac{\lambda^{\sum\limits_{i=1}^{n} x_i}}{\prod\limits_{i=1}^{n} x_i!},$$

从而可得对数似然函数

$$l(\lambda; \boldsymbol{x}) = -n\lambda + \ln \lambda \sum_{i=1}^{n} x_i - \sum_{i=1}^{n} \ln x_i!,$$

因此可构造似然方程

$$\frac{\partial l}{\partial \lambda}(\lambda; \boldsymbol{x}) = -n + \frac{\sum\limits_{i=1}^{n} x_i}{\lambda} = 0,$$

可解得 MLE 估计为 $\hat{\lambda}_{\mathrm{MLE}} = \bar{X}$, 不妨令 $\hat{\lambda}_{\mathrm{MLE}} \triangleq \hat{\lambda} = \bar{X} = 3.876$, 则

$$p_{i0} = \mathrm{e}^{-\hat{\lambda}} \frac{(\hat{\lambda})^i}{i!}, \quad i = 0, 1, \cdots, 11,$$

因而可得

$$\hat{\chi}^2 = \sum_{i=0}^{11} \frac{(n_i - np_{i0})^2}{np_{i0}} = 11.388,$$

故此时 p 值为

$$p = P\{\chi^2 \geqslant \hat{\chi}^2\} = 0.328 > 0.1,$$

其中 $\chi^2 \sim \chi^2(12 - 1 - 1)$. 因而在显著性水平 0.1 下, 无法拒绝该假设. □

4. 设总体分布关于原点对称, 且 $X_1, \cdots, X_n$ 为来自此总体的 IID 样本, $X_{(1)} \leqslant \cdots \leqslant X_{(n)}$ 为次序统计量, 并记

$$EX_{(i)} = m_i, \quad \mathrm{Cov}(X_{(i)}, X_{(j)}) = v_{ij}, \quad i, j = 1, \cdots, n.$$

请证明:

(1) $m_i = -m_{n+1-i}$, 且 $\sum\limits_{i=1}^{n} m_i = 0$;

(2) $v_{ij} = v_{n+1-i, n+1-j}$, 且 $\boldsymbol{V} = (v_{ij})$ 不仅关于主对角线对称, 而且还关于副对角线对称.

证明. (1) 不妨设 $X \sim F$, 由 F 关于原点对称可知 $F(x) = 1 - F(-x)$; 又设 $X \sim f$, 则 $f(x) = f(-x)$; 最后设 $X_{(i)} \sim f_i$, 因而概率密度函数满足

$$f_i(x) = \frac{n!}{(i-1)!(n-i)!} F(x)^{i-1} (1 - F(x))^{n-i} f(x)$$

$$= \frac{n!}{(i-1)!(n-i)!} F(x)^{i-1} F(-x)^{n-i} f(x),$$

则可知

$$f_i(-x) = \frac{n!}{(n-i)!(i-1)!} F(-x)^{i-1} F(x)^{n-i} f(-x)$$

$$= \frac{n!}{(n-i)!(i-1)!} F(x)^{n+1-i-1} (1 - F(x))^{n-(n+1-i)} f(x)$$

$$= f_{n+1-i}(x),$$

因而期望满足

$$m_i = EX_{(i)} = \int_{\mathbf{R}} x f_i(x) \mathrm{d}x = \int_{\mathbf{R}} x f_{n+1-i}(-x) \mathrm{d}x$$

$$= \int_{\mathbf{R}} (-x) f_{n+1-i}(x) \mathrm{d}x = -EX_{(n+1-i)} = -m_{n+1-i}.$$

(i) 当 $n = 2k(k \in \mathbf{N}^*)$ 时,

$$\sum_{i=1}^{n} m_i = \sum_{i=1}^{2k} m_i = \sum_{i=1}^{k} (m_i + m_{n+1-i}) = 0;$$

(ii) 当 $n = 2k - 1(k \in \mathbf{N}^*)$ 时, $m_k = -m_{n+1-k} = -m_k \Rightarrow m_k = 0$, 有

$$\sum_{i=1}^{n} m_i = \sum_{i=1}^{2k-1} m_i = \sum_{i=1}^{k-1} (m_i + m_{n+1-i}) + m_k = 0,$$

综上, 结论成立.

(2) 不妨设 $(X_{(i)}, X_{(j)}) \sim f_{ij}$ $(i < j)$, 则联合概率密度满足

$$f_{ij}(y, z) = \frac{n!}{(i-1)!(j-i-1)!(n-j)!} F(y)^{i-1} (F(z) - F(y))^{j-i-1}.$$

$$(1 - F(z))^{n-j} \cdot f(y) f(z)$$

$$= C_{ij} (1 - F(-y))^{i-1} (F(-y) - F(-z))^{j-i-1} F(-z)^{n-j} f(-y) f(-z)$$

$$= C_{n+1-j, n+1-i} F(-z)^{n+1-j-1} (F(-y) - F(-z))^{(n+1-i)-(n+1-j)-1}.$$

$$(1 - F(-y))^{n+1-i-1} f(-y) f(-z)$$

$$= f_{n+1-j, n+1-i}(-z, -y),$$

其中 $C_{ij} = \frac{n!}{(i-1)!(j-i-1)!(n-j)!}$, $i < j$. 再计算二阶矩

$$\begin{aligned}
EX_{(i)} X_{(j)} &= \int_{\{y \leqslant z\}} yz f_{ij}(y, z) \mathrm{d}y \mathrm{d}z \\
&= \int_{\{y \leqslant z\}} yz f_{n+1-j, n+1-i}(-z, -y) \mathrm{d}y \mathrm{d}z \\
&= \int_{\{z \leqslant y\}} yz f_{n+1-j, n+1-i}(z, y) \mathrm{d}y \mathrm{d}z \\
&= EX_{(n+1-j)} X_{(n+1-i)},
\end{aligned}$$

故当 $i < j$ 时,

$$\begin{aligned}
v_{ij} &= EX_{(i)} X_{(j)} - m_i m_j \\
&= EX_{(n+1-i)} X_{(n+1-j)} - m_{n+1-i} m_{n+1-j} \\
&= v_{n+1-j, n+1-i},
\end{aligned}$$

由于 $\mathrm{Cov}(X, Y) = \mathrm{Cov}(Y, X)$, 故当 $i \neq j$ 时, $v_{ij} = v_{ji} = v_{n+1-j, n+1-i} = v_{n+1-i, n+1-j}$, 又

$$\begin{aligned}
EX_{(i)}^2 &= \int_{\mathbf{R}} x^2 f_i(x) \mathrm{d}x \\
&= \int_{\mathbf{R}} x^2 f_{n+1-i}(-x) \mathrm{d}x \\
&= \int_{\mathbf{R}} x^2 f_{n+1-i}(x) \mathrm{d}x \\
&= EX_{(n+1-i)}^2,
\end{aligned}$$

因而

$$v_{ii} = \mathrm{Var}\, X_{(i)} = EX_{(i)}^2 - m_i^2$$

$$= EX_{(n+1-i)}^2 - m_{n+1-i}^2$$

$$= v_{n+1-i,n+1-i},$$

综上可得 $v_{ij} = v_{ji} = v_{n+1-j,n+1-i} = v_{n+1-i,n+1-j}, \forall i,j$, 即 $\boldsymbol{V}$ 关于主对角线对称且关于副对角线对称. $\quad\square$

5. 证明: 当 $n = 3$ 时, 正态性 W 检验的统计量 W 的概率密度函数为

$$\frac{3}{\pi}[w(1-w)]^{-1/2}, \quad 3/4 \leqslant w \leqslant 1.$$

证明. 在零假设, 即正态性假设下, $X_i \sim N(\mu, \sigma^2)$, 设

$$W = \frac{(a_1(3)(X_{(3)} - X_{(1)}))^2}{\sum\limits_{i=1}^{3}(X_{(i)} - \bar{X})^2} \sim f(w),$$

我们令 $Z_i = \frac{X_i - \mu}{\sigma} \sim N(0,1)$, 从而有 $W = \frac{(a_1(3)(Z_{(3)} - Z_{(1)}))^2}{\sum\limits_{i=1}^{3}(Z_{(i)} - \bar{Z})^2}$, 以及 (Z_1, Z_2, Z_3) 的联合分布概率密度函数

$$f(z_1, z_2, z_3) = 3\left(\frac{1}{\sqrt{2\pi}}\right)^3 \cdot \exp\left\{-\frac{1}{2}(z_1^2 + z_2^2 + z_3^2)\right\} \cdot I_{\{z_1 \leqslant z_2 \leqslant z_3\}}.$$

令 $\boldsymbol{A} = \begin{pmatrix} \dfrac{1}{\sqrt{3}} & \dfrac{1}{\sqrt{3}} & \dfrac{1}{\sqrt{3}} \\ -\dfrac{1}{\sqrt{2}} & 0 & \dfrac{1}{\sqrt{2}} \\ \dfrac{1}{\sqrt{6}} & -\dfrac{2}{\sqrt{6}} & \dfrac{1}{\sqrt{6}} \end{pmatrix}$ 为正交矩阵, 再令 $\begin{pmatrix} Y_1 \\ Y_2 \\ Y_3 \end{pmatrix} = \boldsymbol{A}\begin{pmatrix} Z_{(1)} \\ Z_{(2)} \\ Z_{(3)} \end{pmatrix}$, 从而

$$\begin{pmatrix} Z_{(1)} \\ Z_{(2)} \\ Z_{(3)} \end{pmatrix} = \begin{pmatrix} \dfrac{1}{\sqrt{3}} & -\dfrac{1}{\sqrt{2}} & \dfrac{1}{\sqrt{6}} \\ \dfrac{1}{\sqrt{3}} & 0 & -\dfrac{2}{\sqrt{6}} \\ \dfrac{1}{\sqrt{3}} & \dfrac{1}{\sqrt{2}} & \dfrac{1}{\sqrt{6}} \end{pmatrix}\begin{pmatrix} Y_1 \\ Y_2 \\ Y_3 \end{pmatrix} \qquad (*)$$

且有

$$\sum_{i=1}^{3} Y_i^2 = \sum_{i=1}^{3} Z_{(i)}^2,$$

$$Y_2 = \frac{1}{\sqrt{2}}(Z_{(3)} - Z_{(1)}),$$

$$Y_2^2 + Y_3^2 = \sum_{i=1}^{3}(Z_{(i)} - \bar{Z})^2,$$

故

$$W = 2a_1^2(3)\frac{Y_2^2}{Y_2^2 + Y_3^2} = 2a_1^2(3)\frac{1}{1 + \left(\frac{Y_3}{Y_2}\right)^2}.$$

由于 $Z_{(1)} \leqslant Z_{(2)} \leqslant Z_{(3)}$, 故 $Z_{(2)} - Z_{(1)} \geqslant 0, Z_{(3)} - Z_{(2)} \geqslant 0$, 从而 $Y_2 - \sqrt{3}Y_3 \geqslant 0$ 且 $Y_2 + \sqrt{3}Y_3 \geqslant 0$. 再由 (∗) 式可得 Y_1, Y_2, Y_3 的联合概率密度函数为

$$f(y_1, y_2, y_3) = \frac{6}{\sqrt{2\pi}^3} \mathrm{e}^{-\frac{y_1^2}{2}} \mathrm{e}^{-\frac{y_2^2}{2}} \mathrm{e}^{-\frac{y_3^2}{2}} 1_{\left\{y_2 \geqslant \pm\sqrt{3}y_3\right\}},$$

可得 Y_1 与 (Y_2, Y_3) 独立, 且 (Y_2, Y_3) 具有密度函数

$$f(y_2, y_3) = \int_{\mathbf{R}} f(y_1, y_2, y_3) \mathrm{d}y_1 = \frac{3}{\pi} \mathrm{e}^{-\frac{y_2^2}{2}} \mathrm{e}^{-\frac{y_3^2}{2}} 1_{\left\{y_2 \geqslant \pm\sqrt{3}y_3\right\}},$$

利用随机变量商的密度函数公式可得 $\frac{Y_3}{Y_2}$ 的密度函数

$$\begin{aligned}
f_{\frac{Y_3}{Y_2}}(u) &= \int f(t, ut)|t|\mathrm{d}t = \int_0^\infty \frac{3}{\pi} \mathrm{e}^{-\frac{u^2 t^2}{2}} \mathrm{e}^{-\frac{t^2}{2}} t\mathrm{d}t \\
&= \frac{3}{\pi} \int_0^\infty t\mathrm{e}^{-\frac{(u^2+1)}{2}t^2} \mathrm{d}t = \frac{3}{\pi} \cdot \frac{1}{u^2+1} \quad \left(-\frac{1}{\sqrt{3}} \leqslant u \leqslant \frac{1}{\sqrt{3}}\right),
\end{aligned}$$

从而可得 $\frac{Y_3^2}{Y_2^2}$ 的分布函数

$$F_{32}(v) = P\left\{\frac{Y_3^2}{Y_2^2} \leqslant v\right\} = P\left\{-\sqrt{v} \leqslant \frac{Y_3}{Y_2} \leqslant \sqrt{v}\right\} = \int_{-\sqrt{v}}^{\sqrt{v}} \frac{3}{\pi} \frac{1}{u^2+1} \mathrm{d}u,$$

对等式两侧求导可得 $\frac{Y_3^2}{Y_2^2}$ 的密度函数

$$f_{32}(v) = \frac{3}{\pi} \cdot \frac{1}{\sqrt{v}(v+1)} \quad \left(0 \leqslant v \leqslant \frac{1}{3}\right).$$

由逆变换得

$$\begin{aligned}
f(w) &= \frac{3}{\pi} \cdot \frac{1}{\sqrt{\frac{2a_1(3)^2}{w} - 1} \cdot \frac{2a_1(3)^2}{w}} \cdot \left(\frac{2a_1(3)^2}{w}\right)^2 \\
&= \frac{6a_1(3)^2}{\pi} (2a_1(3)^2 - w)^{-\frac{1}{2}} w^{-\frac{1}{2}},
\end{aligned}$$

由 $0 \leqslant \frac{Y_3^2}{Y_2^2} \leqslant \frac{1}{3}$ 得 $\frac{3}{2}a_1(3)^2 \leqslant w \leqslant 2a_1(3)^2$, 故

$$\begin{aligned}
\int_{\frac{3}{2}a_1(3)^2}^{2a_1(3)^2} f(w)\mathrm{d}w &= \frac{6a_1(3)^2}{\pi} \int_{\frac{3}{2}a_1(3)^2}^{2a_1(3)^2} \frac{\mathrm{d}w}{\sqrt{w\left(2a_1(3)^2 - w\right)}} \\
&= \frac{6a_1(3)^2}{\pi} \arcsin\frac{w - a_1(3)^2}{a_1(3)^2}\bigg|_{\frac{3}{2}a_1(3)^2}^{2a_1(3)^2}
\end{aligned}$$

$$= \frac{6a_1(3)^2}{\pi} \cdot \frac{\pi}{3} = 2a_1(3)^2 = 1,$$

解得 $a_1(3) = \frac{\sqrt{2}}{2}$. 因而

$$f(w) = \frac{3}{\pi} w^{-\frac{1}{2}} (1-w)^{-\frac{1}{2}} \quad \left(\frac{3}{4} \leqslant w \leqslant 1\right). \qquad \square$$

6. 为研究慢性气管炎与每日吸烟量 (单位: 支) 的关系, 现调查了 272 人, 其结果如下:

是否患病	每日吸烟量/支			合计
	$0 \sim 9$	$10 \sim 19$	$\geqslant 20$	
是	22	98	25	145
否	22	89	16	127
合计	44	187	41	272

请问慢性气管炎与每日的吸烟量有关吗 ($\alpha = 0.05$)?

解. 我们假设 A 指标为是否患慢性气管炎疾病, B 指标为每日吸烟量. 不妨构造假设

$$H_0: \text{指标 } A \text{ 与 } B \text{ 相互独立}$$

设 A_1 为患病, A_2 为不患病; 又设 B_1 为 $0 \sim 9$ 支, B_2 为 $10 \sim 19$ 支, B_3 为不少于 20 支. 再设 n_{ij} 为 A_i 且 B_j 的样本量, 其中

$$\begin{cases} n_{i.} = \sum_{j=1}^{3} n_{ij}, \\ n_{.j} = \sum_{i=1}^{2} n_{ij}, \\ n = \sum_{i=1}^{2} \sum_{j=1}^{3} n_{ij}. \end{cases}$$

由列联表知识, 拒绝域为 $\{\chi^2 \geqslant \chi_{0.05}^2((2-1) \cdot (3-1))\}$. 代入数据可得

$$\hat{\chi}^2 = n \cdot \sum_{i=1}^{2} \sum_{j=1}^{3} \frac{\left(n_{ij} - \frac{n_{i.} n_{.j}}{n}\right)^2}{n_{i.} n_{.j}} = 1.22294 < \chi_{0.05}^2(2) = 5.9915,$$

因此我们不拒绝原假设, 即可以在显著性水平为 0.05 的情况下认为慢性气管炎与每日吸烟量无关. $\qquad \square$

7. 消费者协会为了解消费者对市场上 5 种矿泉水的偏好, 现随机调查了 1000 人, 得到如下数据:

品牌	1	2	3	4	5
喜欢的人数	210	212	170	185	223

请问调查结果是否说明消费者对这 5 种品牌的矿泉水存在着不同的偏好 ($\alpha = 0.05$)?

解. 设消费者对 5 种品牌喜爱的概率为 $p_i(i = 1, \cdots, 5)$, 人数分别为 $n_i(i = 1, \cdots, 5)$, $n = \sum\limits_{i=1}^{5} n_i = 1000$. 不妨构造假设

$$H_0 : p_i = \frac{1}{5}, \quad i = 1, \cdots, 5 \text{ (不存在偏好)},$$

检验统计量为

$$\chi^2 = \sum_{i=1}^{5} \frac{(n_i - np_i)^2}{np_i} \sim \chi^2(5-1),$$

代入数据可算得 $\hat{\chi}^2 = 9.49$, 因此 p 值为

$$p = P\left\{\chi^2 \geqslant \hat{\chi}^2\right\} = 0.04995 < 0.05,$$

因而, 在显著性水平为 0.05 的条件下, 我们拒绝 H_0 假设, 即认为消费者存在某种偏好. $\qquad\square$

8. 假设 F 为 **R** 上的连续分布函数, 记

$$D_n^+(F) = \sup_{x \in \mathbf{R}} \left[F_n(x) - F(x)\right], \quad D_n^-(F) = \sup_{x \in \mathbf{R}} \left[F(x) - F_n(x)\right].$$

证明: 对于固定的 n,

$$P\left\{D_n^+(F) \leqslant t\right\} = \begin{cases} 0, & t \leqslant 0, \\ n! \prod\limits_{i=1}^{n} \int_{\max\{0, \frac{n-i+1}{n}-t\}}^{u_{n-i+2}} \mathrm{d}u_1 \cdots \mathrm{d}u_n, & 0 < t < 1, \\ 1, & t \geqslant 1, \end{cases}$$

且 $D_n^-(F)$ 与 $D_n^+(F)$ 分布相同.

证明. 由于

$$F_n(x) = \frac{1}{n} \sum_{i=1}^{n} I_{\{X_i < x\}} = \begin{cases} 0, & x \leqslant X_{(1)}, \\ \dfrac{k}{n}, & X_{(k)} < x \leqslant X_{(k+1)}, k = 1, \cdots, n-1, \\ 1, & x > X_{(n)}, \end{cases}$$

故

$$D_n^+(F) = \sup_{x \in \mathbf{R}}(F_n(x) - F(x)) = \max_{1 \leqslant k \leqslant n} \left\{ \frac{k}{n} - F\left(X_{(k)}\right) \right\}.$$

由于对 $X \sim F$, 有 $F(X) \sim U(0,1)$, 因此我们令 $U_i = F(X_{(i)})$, 可得 U_i 为 $U(0,1)$ 的次序统计量. 由第 1 章的知识, 我们知其联合分布函数为

$$f(u_1, \cdots, u_n) = \binom{n}{1, \cdots, 1} \cdot 1^n = n!,$$

故

$$\begin{aligned} P\{D_n^+(F) \leqslant t\} &= P\left\{ \max_{1 \leqslant k \leqslant n} \left\{ \frac{k}{n} - U_k \right\} \leqslant t \right\} \\ &= P\left\{ \frac{k}{n} - U_k \leqslant t \mid k = 1, \cdots, n \right\} \\ &= P\left\{ U_k \geqslant \frac{k}{n} - t \mid k = 1, \cdots, n \right\}. \end{aligned}$$

(i) 当 $t \geqslant 1$ 时, $\frac{n}{n} - t \leqslant 0$, 故 $P\{D_n^+(F) \leqslant t\} = 1$;

(ii) 当 $t \leqslant 0$ 时, $\frac{n}{n} - t \geqslant 1$, 故 $P\{D_n^+(F) \leqslant t\} = 0$;

(iii) 当 $0 < t < 1$ 时,

$$\begin{aligned} P\{D_n^+(F) \leqslant t\} &= P\left\{ \max\left\{ 0, \frac{k}{n} - t \right\} \leqslant U_k \leqslant U_{k+1} \mid k = 1, \cdots, n, U_{n+1} = 1 \right\} \\ &= \int_{\prod\limits_{i=1}^n \left(\max\left\{ 0, \frac{i}{n} - t \right\}, u_{i+1} \right)} f(u_1, \cdots, u_n) \mathrm{d}u_1 \cdots \mathrm{d}u_n \\ &= \int_{\max\{0, 1-t\}}^1 \cdots \int_{\max\{0, \frac{1}{n} - t\}}^{u_2} n! \mathrm{d}u_1 \cdots \mathrm{d}u_n \\ &= n! \prod_{i=1}^n \int_{\max\left\{ 0, \frac{n-i+1}{n} - t \right\}}^{u_{n-i+2}} \mathrm{d}u_1 \cdots \mathrm{d}u_n, \end{aligned}$$

其中 $u_{n+1} = 1$, 综上可知

$$P\left\{ D_n^+(F) \leqslant t \right\} = \begin{cases} 0, & t \leqslant 0, \\ n! \prod\limits_{i=1}^n \int_{\max\left\{ 0, \frac{n-i+1}{n} - t \right\}}^{u_{n-i+2}} \mathrm{d}u_1 \cdots \mathrm{d}u_n, & 0 < t < 1, \\ 1, & t \geqslant 1, \end{cases}$$

同理可得

$$D_n^-(F) = \sup_{x \in \mathbf{R}}(F(x) - F_n(x)) = \max_{1 \leqslant k \leqslant n} \left\{ F(X_{(k)}) - \frac{k-1}{n} \right\},$$

因而可计算概率

$$P\left\{D_n^-(F) \leqslant t\right\} = P\left\{\max_{1 \leqslant k \leqslant n}\left\{F(X_{(n)}) - \frac{k-1}{n}\right\} \leqslant t\right\}$$

$$= P\left\{F(X_{(k)}) - \frac{k-1}{n} \leqslant t \mid k = 1, \cdots, n\right\}$$

$$= P\left\{F(X_{(k)}) \leqslant t + \frac{k-1}{n} \mid k = 1, \cdots, n\right\}$$

$$= P\left\{1 - F(X_{(k)}) > \frac{n-k+1}{n} - t \mid k = 1, \cdots, n\right\}$$

$$(由 \ F(X_{(k)}) \ 对称性) = P\left\{F(X_{(n-k+1)}) > \frac{n-k+1}{n} - t \mid k = 1, \cdots, n\right\}$$

$$= P\left\{F(X_{(k)}) > \frac{k}{n} - t \mid k = 1, \cdots, n\right\}$$

$$(由 \ F \ 连续性) = P\left\{F(X_{(k)}) \geqslant \frac{k}{n} - t \mid k = 1, \cdots, n\right\}$$

$$= P\left\{D_n^+(F) \leqslant t\right\},$$

综上, 结论成立. □

7

第 7 章
统 计 模 拟

1. Pareto(a, b) 分布具有 CDF

$$F(x) = 1 - \left(\frac{b}{x}\right)^a, \quad x \geqslant b > 0, \quad a > 0.$$

推导其逆变换 $F^{-1}(x)$, 并使用逆分布函数方法从 Pareto$(2, 2)$ 分布中抽取随机样本; 绘制样本的密度直方图, 并将 Pareto$(2, 2)$ 密度叠加以进行比较.

解. 通过简单计算可得

$$F^{-1}(x) = \frac{b}{(1-x)^{1/a}}.$$

Pareto$(2, 2)$ 分布的样本的密度直方图如图 7.1 所示.

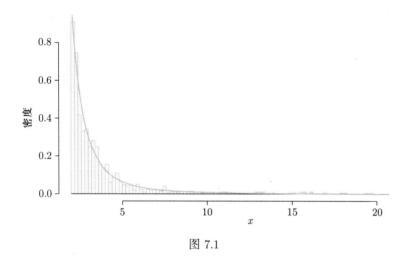

图 7.1

```
1   Pareto <- function(a, b, n){
2       u = b/(runif(n))^(1/a)
3       return(u)
4   }
5   y <- Pareto(2, 2, 1000)
6   z <- data.frame(y)
7   hist(z$y, freq = FALSE, breaks = 1000, col = "red",
        xlim = c(2,20), xlab = "x", main = "Density
        function of Pareto(2,2)")
8   curve(8/(x^3), 2, 20, add = T)
```

□

2. 离散随机变量 X 满足 $P\{X = 0\} = 0.1$, $P\{X = 1\} = P\{X = 2\} = P\{X = 3\} = 0.2$, $P\{X = 4\} = 0.3$, 使用逆变换方法从 X 的分布中生成大小为 1000 的随机样本; 并将各样本的频率与理论概率进行比较.

解. 参考代码如下

```
1    f <- function(i){
2        r <- runif(1)
3        t <- if(r <= 0.1) 0 else{if(r <= 0.3) 1 else{if(r
              <= 0.5) 2 else{if(r <= 0.7) 3 else 4}}}
4        return(t)
5    }
6    rd <- sapply(1:1000,f)
7    table(rd)/1000
```

可见样本频率与其理论概率基本相等. □

3. 使用分层抽样方法估计

$$\int_0^1 \frac{\mathrm{e}^{-x}}{1+x^2}\mathrm{d}x.$$

将 $(0,1)$ 划分为 K 个子区间, 使用总数的 $1/K$ 计算每个子区间积分的 Monte Carlo 估计值, 并将 K 个估计值相加得到积分的估计值.

解. 参考代码如下

```
1    M <- 1e4
2    T <- numeric(100)
3    g <- function(x){
4        exp(-x)/(1 + x^2)
5    }
6    for(i in 1:100){
7        T[i] <- mean(g(runif(M/100, (i - 1)/100, i/100)))
8    }
9    est <- mean(T)
```

□

4. 假定 $X \sim N(0,1)$, 通过下述 Monte Carlo 方法计算期望

$$I = E(X^3\mathrm{e}^X).$$

(1) 使用标准 Monte Carlo 方法;

(2) 使用控制变量 $g(X) = X^3$, 由于 $E(X^3) = 0$, 故只需计算

$$\widehat{I}_2 = X^3\mathrm{e}^X - g(X)$$

的期望;

(3) 使用对偶变量, 由于 X 与 $-X$ 均服从 $N(0,1)$, 故只需计算

$$\widehat{I}_3 = \frac{1}{2}\left\{X^3\mathrm{e}^X + (-X)^3\mathrm{e}^{-X}\right\}$$

的期望.

解. (1) 对于标准 Monte Carlo 方法, 只需抽取 $U(0,1)$ 分布的随机数, 并代入函数 $X^3\mathrm{e}^X$ 计算均值即可. 参考代码如下

```
g1 <- function(x){
    x^3*exp(x)
}
n <- 1e5
u <- rnorm(n)
est1 <- mean(g1(u))
```

(2) 对于控制变量, 我们只需抽取 $U(0,1)$ 分布的随机数, 并代入函数 $X^3\mathrm{e}^X - g(X)$ 计算均值即可. 参考代码如下

```
g2 <- function(x){
    x^3*exp(x) - x^3
}
est2 <- mean(g2(u))
```

(3) 对于对偶变量, 只需抽取 $U(0,1)$ 分布的随机数, 并代入函数 $\frac{1}{2}\{X^3\mathrm{e}^X + (-X)^3\mathrm{e}^{-X}\}$ 计算均值即可. 参考代码如下

```
g3 <- function(x){
    1/2*(x^3*exp(x) + (-x)^3*exp(-x))
}
est3 <- mean(g3(u))
```

$\square$

5. 说明筛选抽样法为什么能够产生我们需要的随机数.

解. 设随机变量 X 和 Y 的 pdf 为 f_X 和 f_Y, 并存在常数 $c > 0$, 使得 $\dfrac{f_X(x)}{f_Y(x)} \leqslant c$ 对于所有 x 和 $f_Y(x) > 0$ 均成立, 抽取服从密度 f_X 的随机数. 我们不妨先考虑筛选抽样法的步骤:

(1) 从密度函数 f_Y 的分布生成 y;

(2) 从 $U(0,1)$ 分布生成 u;

(3) 如果 $u \leqslant f_X(y)/(cf_Y(y))$, 则 y 为符合要求的随机数 Z, 否则返回第一步.

因此, 我们只需证明
$$F_Z(x) = F_X(x),$$

不妨先计算接受概率
$$P\{接受\} = P\left\{U \leqslant \frac{f_X(Y)}{cf_Y(Y)}\right\}$$
$$= \int_{\mathbf{R}} P\left\{U \leqslant \frac{f_X(y)}{cf_Y(y)}\right\} f_Y(y)\mathrm{d}y$$
$$= \int_{\mathbf{R}} \frac{f_X(y)}{cf_Y(y)} f_Y(y)\mathrm{d}y = \frac{1}{c},$$

再计算 $F_Z(x)$ 可得
$$F_Z(x) = P\{Z \leqslant x\}$$
$$= P\left\{Y \leqslant x \mid U \leqslant \frac{f_X(Y)}{cf_Y(Y)}\right\}$$
$$= \frac{P\left\{Y \leqslant x, U \leqslant \frac{f_X(Y)}{cf_Y(Y)}\right\}}{P\left\{U \leqslant \frac{f_X(Y)}{cf_Y(Y)}\right\}}$$
$$= \frac{\int_{\mathbf{R}} P\left\{y \leqslant x, U \leqslant \frac{f_X(y)}{cf_Y(y)}\right\} f_Y(y)\mathrm{d}y}{1/c}$$
$$= c \int_{-\infty}^{x} P\left\{U \leqslant \frac{f_X(y)}{cf_Y(y)}\right\} f_Y(y)\mathrm{d}y$$
$$= c \int_{-\infty}^{x} \frac{f_X(y)}{cf_Y(y)} f_Y(y)\mathrm{d}y$$
$$= F_X(x). \qquad \square$$

6. 使用筛选抽样法生成 $\mathrm{Beta}(a = 2, b = 3)$ 的随机数.

解. 我们已知 β 分布的 PDF 为
$$f(x) = \frac{\Gamma(a+b)}{\Gamma(a)\Gamma(b)} x^{a-1}(1-x)^{b-1}, \quad 0 \leqslant x \leqslant 1,$$

因此, 该概率密度的众数为 $\dfrac{a-1}{a+b-2}$, 由此, 我们选择 $Y \sim U(0,1)$, 且 $c = f\left(\frac{a-1}{a+b-2}\right)$.

当 $a = 2, b = 3$ 时, 众数为 $\frac{1}{3}$, $c = f(\frac{1}{3}) \approx 1.78$, 参考代码如下

```
1    n <- 1e3
2    r <- runif(n)
3    c <- 1.78
4    y <- runif(n)
5    f <- function(X){
6        12*X*(1 - X)^2
7    }
8    x <- y[u <= (f(y)/c)]
```

□

7. 使用重要性抽样方法估计

$$\int_0^1 \frac{\mathrm{e}^{-x}}{1+x^2}\mathrm{d}x,$$

其中, 重要性函数分别为

$$
\begin{aligned}
g_1(x) &= 1, & x &\in (0,1),\\
g_2(x) &= \mathrm{e}^{-x}, & x &\in (0,\infty),\\
g_3(x) &= \frac{1}{\pi(1+x^2)}, & x &\in (-\infty,\infty),\\
g_4(x) &= \frac{\mathrm{e}^{-x}}{1-\mathrm{e}^{-1}}, & x &\in (0,1),\\
g_5(x) &= \frac{4}{\pi(1+x^2)}, & x &\in (0,1).
\end{aligned}
$$

并比较各重要性函数对于估计的影响.

解. 我们设函数 $f(x)$ 与 $h(x)$ 为

$$
f(x) = \begin{cases} 1, & x \in (0,1),\\ 0, & 否则, \end{cases}
$$

$$
h(x) = \frac{\mathrm{e}^{-x}}{1+x^2},
$$

则只需计算

$$\int_0^1 f(x)h(x)\mathrm{d}x.$$

注意到, 虽然五个可能的重要性函数在集合 $\{x|0<x<1\}$ 上均为正值, 但 g_2 和 g_3 的支撑集范围更大, 并且许多模拟值将毫无贡献, 因此相对低效. 参考代码如下

```
set.seed(520)
n <- 1e4
u1 <- runif(n)
h <- function(x) exp(-x)/(1+x^2)*(x>0)*(x<1)
g1 <- function(x) 1.0
est1 <- h(u1)
est1mu <- mean(est1)
est1var <- var(est1)

u2 <- rexp(n)
g2 <- function(x) exp(-x)
est2 <- h(u2)/g2(u2)
est2mu <- mean(est2)
est2var <- var(est2)

u3 <- rcauchy(n)
g3 <- function(x) 1/(pi*(1+x^2))
est3 <- h(u3)/g3(u3)
loc <- c(which(u3>1),which(u3<0))
est3[loc] <- 0
est3mu <- mean(est3)
est3var <- var(est3)

u4 <- -log(1-(1-exp(-1))*u1)
g4 <- function(x) exp(-x)/(1-exp(-1))
est4 <- h(u4)/g4(u4)
est4mu <- mean(est4)
est4var <- var(est4)

u5 <- tan(pi/4*u1)
g5 <- function(x) 4/(pi*(1+x^2))
est5 <- h(u5)/g5(u5)
est5mu <- mean(est5)
est5var <- var(est5)

c(est1mu,est2mu,est3mu,est4mu,est5mu)
## 0.5250144 0.5138777 0.5350532 0.5247104 0.5248650
c(est1var,est2var,est3var,est4var,est5var)
## 0.060311155 0.175745389 0.930511590 0.009399096
   0.020023754
```

□

8. 使用逆累积分布函数法产生密度函数为 $f(x) = \frac{3x^2}{2}, -1 \leqslant x \leqslant 1$ 的随机数.

解. 通过计算可得

$$F(x) = \frac{1}{2}x^3 + \frac{1}{2},$$

$$F^{-1}(x) = (2x - 1)^{\frac{1}{3}},$$

参考代码如下

```
1    u <- runif(1)
2    r <- if(u < 0.5) -(1 - 2*u)^(1/3) else (2*u - 1)^(1/3)
```

$\square$

8

第 8 章

自助法和经验似然

1. 假设总体均值为 μ, 我们感兴趣的是估计 μ^2, 现考虑直接使用 $\bar{X}^2$ 作为估计, 请问如何使用自助法进行偏差修正?

解. 不妨设样本为 $X_1, \cdots, X_n$, 则对 $X_1, \cdots, X_n$ 进行 B 次有放回抽样, 得到的样本记为

$$\tilde{X}_1^{(i)}, \cdots, \tilde{X}_n^{(i)}, i = 1, \cdots, B.$$

记所得 Bootstrap 样本的各均值平方为 $\tilde{X}^{(1)2}, \cdots, \tilde{X}^{(B)2}$, 由此可得偏差修正后的估计值为 $2\bar{X}^2 - \frac{1}{B}\sum\limits_{i=1}^{B} \tilde{X}^{(i)2}$. □

2. R 语言包 "bootstrap" 中的法学院数据集 law 来自 Efron 和 Tibshirani 的著作. 数据集包含 15 所法学院的 LSAT (法学院入学考试平均分数) 和 GPA (本科平均绩点). 数据集 law82 是从 15 所法学院中随机抽取的 82 条数据. 请用 law82 估计 LSAT 和 GPA 分数之间的相关系数, 并编写函数计算其标准差的自助法估计值.

解. 参考代码如下

```
1   library(bootstrap)
2   data(law)
3   B <- 200
4   n <- nrow(law)
5   theta.boot <- numeric(B)
6   theta.hat <- cor(law$LSAT,law$GPA)
7   for(b in 1:B){
8       i <- sample(1:n,size = n,replace = TRUE)
9       lsat <- law$LSAT[i]
10      gpa <- law$GPA[i]
11      theta.boot[b] <- cor(lsat,gpa)
12  }
13  sd(theta.boot)
```

□

3. 续上题, 请给出相关系数的 Boostrap 置信区间.

解. 参考代码如下

```
1    ## 方法1:使用包 boot 的函数
2    library(boot)
3    r <- function(x, i) {
4        cor(x[i,1], x[i,2])
5    }
6    obj <- boot(data = law, statistic = r, R = 2000)
7    boot.ci(obj,conf = 0.95,type = c('norm','basic','perc'
         ))
8    ## 方法2:编写函数
9    # Normal
10   c(obj$t0 - qnorm(0.975)*sd(obj$t),obj$t0 + qnorm
         (0.975)*sd(obj$t))
11   # Basic
12   2*obj$t0 - quantile(obj$t,probs = c(0.975,0.025))
13   # Percentile
14   quantile(obj$t,probs = c(0.025,0.975))
```

□

4. 已知 5 维总体 $X = (X_1, \cdots, X_5)$ 具有 5×5 的协方差矩阵 $\boldsymbol{\Sigma}$, 且该矩阵特征值 $\lambda_1 \geqslant \lambda_2 \geqslant \cdots \geqslant \lambda_5 > 0$, 在主成分分析中

$$\theta = \frac{\lambda_1}{\sum\limits_{k=1}^{5} \lambda_k}$$

用于度量第一主成分对方差的解释程度; 令 $\widehat{\lambda}_1 \geqslant \widehat{\lambda}_2 \geqslant \cdots \geqslant \widehat{\lambda}_5 > 0$ 为样本协方差阵 $\widehat{\boldsymbol{\Sigma}}$ 的特征值, 请由此估计 θ, 即

$$\widehat{\theta} = \frac{\widehat{\lambda}_1}{\sum\limits_{k=1}^{5} \widehat{\lambda}_k}$$

并用自助法估计其偏差与标准差.

解. 参考代码如下

```
1    library(boot)
2    r <- function(x,i){
3        s <- cov(x[i,])
4        eig <- eigen(s)$values
5        max(eig)/sum(eig)
6    }
7    obj3 <- boot(scor,r,2000)
8    obj3
```

□

5. 假设 $X_1, \cdots, X_n$ 是来自某一未知连续分布的简单随机样本. 请问如何构造经验似然比检验 $H_0 : \mu = \mu_0$ 且 $\sigma^2 = \sigma_0^2$, 其中 μ 和 σ^2 分别代表其期望和方差.

解. 经验似然函数为

$$R(\mu, \sigma^2) = \sup_{p_1, \cdots, p_n} \left\{ \prod n p_i \,\middle|\, 0 \leqslant p_i \leqslant 1, i = 1, \cdots, n, \sum_{i=1}^n p_i = 1, \right.$$

$$\left. \sum_{i=1}^n p_i X_i = \mu_0, \sum_{i=1}^n p_i \left(X_i - \sum_{i=1}^n X_i p_i \right)^2 = \sigma_0^2 \right\}$$

由于 $-2\ln(R(\mu, \sigma^2))$ 的极限分布为 $\chi^2(1)$, 故当 $R(\mu, \sigma^2) > \chi_\alpha^2(1)$ 时, 我们以极限水平为 α 拒绝原假设, 反之则无法拒绝原假设. □

参考文献

[1] 王兆军, 邹长亮, 周永道. 数理统计教程. 2 版. 北京: 高等教育出版社, 2014.

[2] 陈希孺. 数理统计引论. 北京: 科学出版社, 1981.

[3] 陈希孺. 高等数理统计学. 合肥: 中国科学技术大学出版社, 2009.

[4] 陈希孺, 倪国熙. 数理统计学教程. 合肥: 中国科学技术大学出版社, 2009.

[5] 茆诗松, 王静龙, 濮晓龙. 高等数理统计. 3 版. 北京: 高等教育出版社, 2022.

[6] 应坚刚, 何萍. 概率论. 2 版. 上海: 复旦大学出版社, 2016.

[7] ROSS S. A First Course in Probability. 10nd ed. Boston: Pearson, 2018.

[8] 张润楚. 多元统计分析. 北京: 科学出版社, 2006.

[9] 茆诗松, 程依明, 濮晓龙. 概率论与数理统计教程. 3 版. 北京: 高等教育出版社, 2019.

[10] 王松桂, 陈敏, 陈立萍. 线性统计模型: 线性回归与方差分析. 北京: 高等教育出版社, 1999.

郑重声明

高等教育出版社依法对本书享有专有出版权。任何未经许可的复制、销售行为均违反《中华人民共和国著作权法》，其行为人将承担相应的民事责任和行政责任；构成犯罪的，将被依法追究刑事责任。为了维护市场秩序，保护读者的合法权益，避免读者误用盗版书造成不良后果，我社将配合行政执法部门和司法机关对违法犯罪的单位和个人进行严厉打击。社会各界人士如发现上述侵权行为，希望及时举报，我社将奖励举报有功人员。

反盗版举报电话 （010）58581999　58582371

反盗版举报邮箱　dd@hep.com.cn

通信地址　北京市西城区德外大街4号　高等教育出版社知识产权与法律事务部

邮政编码　100120

读者意见反馈

为收集对教材的意见建议，进一步完善教材编写并做好服务工作，读者可将对本教材的意见建议通过如下渠道反馈至我社。

咨询电话　400-810-0598

反馈邮箱　hepsci@pub.hep.cn

通信地址　北京市朝阳区惠新东街4号富盛大厦1座　高等教育出版社理科事业部

邮政编码　100029